Harald Küppers

# Farbe

Ursprung
Systematik
Anwendung

Callwey Verlag München

ISBN 3 7667 0229 7

Schutzumschlag und Gestaltung: Baur + Belli Design, München, unter Verwendung eines Farbsignets von Harald Küppers
Satz und Druck: Kastner & Callwey, München
Bindung: Klotz, Augsburg
Lithos: Wittemann + Küppers KG, Frankfurt
Printed in Germany

# Inhalt

## Verzeichnis der Abbildungen

# Allgemeiner Teil

## Die Farbigkeit unserer Umwelt

Die Welt, die uns umgibt, erscheint uns farbig. Dinge, die wir sehen, unterscheiden sich nicht nur durch ihre Form und Größe voneinander, sondern auch durch ihre Farbigkeit. Das Merkmal der Farbigkeit hat in der Natur eine wesentliche Bedeutung. Farbigkeit ist Signal, Farbigkeit ist Aussage über einen bestimmten Zustand. Die leuchtend farbige Rose soll weithin sichtbar den Insekten verkünden: Kommt her, hier gibt es Blütenstaub und Honig. Während die Insekten ihre Nahrung finden, werden die Blüten befruchtet. Die Natur findet ihren Ausgleich. Auch die rote Kirsche und die blaue Pflaume signalisieren: Wir sind reif! Und der Vogel, der die Kirsche verzehrt, gibt dem Kirschkern die Chance, an eine Stelle befördert zu werden, wo er die Möglichkeit zu keimen und zu wachsen findet. Im System der Natur scheint somit die Farbe Mittel zu sein, einen bestimmten Zweck zu erreichen.

Sehen wir ein rotglühendes Stück Eisen, so ist unsere instinktive Reaktion: »Vorsicht!« Feuer ist rot, rot ist aber auch Blut. Die sofortige gefühlsmäßige Beurteilung heißt: »Gefahr«. Wegen dieser im Unterbewußtsein des Menschen verankerten Gefühlswerte hat man die Farbe »Rot« als Zeichen für »Halt« im Straßenverkehr verwendet. Genausowenig, wie die Wahl der Farben für die Verkehrssignale zufällig ist, sind jene Farben zufällig, die ein Maler für sein Gemälde auswählt. Und auch eine Frau, die ihre Kleidung zusammenstellt, wird die Farbenkombination nicht dem Zufall überlassen. Unter Umständen sind Farben daher wohlbedacht, oder sie entsprechen in anderen Fällen einer Gefühlsstimmung beziehungsweise einem im Unterbewußtsein vorgestellten Zweck. Die Auswahl von Farbnuancen und ihre Zuordnung zueinander sagt Erhebliches aus über den Wählenden und über die Absichten, die er verfolgt.

Mit diesen knappen Beispielen sei angedeutet, wie groß die Bedeutung der Farbigkeit für den Menschen, für *jeden* Menschen, ja, für die gesamte Natur ist. Farberscheinung und Farbempfindung wirken daher auch im täglichen Leben stark auf uns ein. Manchmal pausenlos. Es gibt jedoch nur wenige Menschen, die sich verstandesmäßig mit diesen Phänomenen auseinandersetzen. So schlagen Farbempfindungen häufig sofort auf das Gefühl durch, ohne den Umgang über das Bewußtsein zu nehmen. Erstaunlicherweise ist das gerade bei jenen Fachleuten oft der Fall, die beruflich mit Farbe zu tun haben, zum Beispiel bei Kunstmalern, Grafikern, Dekorateuren oder Textilverkäufern.

Woher mag es wohl kommen, daß die Menschen stets der Form ein soviel größeres Interesse entgegenbrachten als der Farbe?

Mit Selbstverständlichkeit lehrt man in der Schule die Grundkenntnisse der Geometrie. Der Schüler lernt die Dimensionen zu unterscheiden. Er studiert ideale geometrische Formen, wie Kreis, Rechteck und Dreieck, einschließlich ihrer sämtlichen Gesetzmäßigkeiten und Formeln. Man befaßt sich mit geometrischen Körpern, mit symmetrischen und unsymmetrischen, man läßt Schnitte und Perspektiven von ihnen zeichnen und Rauminhalte und Flächengrößen berechnen. Dagegen ist das, was in den Schulen über Farbe und Farbigkeit gelehrt wird, vergleichsweise wenig. Warum ist dies so? Wie ist es zu erklären, daß das Gebiet der Farbenlehre derartig vernachlässigt wurde und wird? Sollte man nicht meinen, daß das »Sehen-Lernen«, das bewußte Empfinden von Farbharmonien, das Zusammenstellen von persönlich ausgewählten Farbklängen ein wesentliches Stück Kultur ist? Sollte nicht die Erziehung auf diesem Gebiete ebensowichtig sein, wie diejenige in der Musik?

Der Musik kann man sich entziehen. Wer keine Neigung zu ihr verspürt, meidet den Kontakt mit ihr. Der Farbe aber kann sich niemand entziehen, denn immer, wenn ein Mensch sieht, sieht er auch Farbe (wobei die »unbunten« Farben, also Schwarz, Grau und Weiß, als extreme Grenzwerte der Farbwahrnehmung anzusehen sind).

Wenn also zwangsläufig beim Sehvorgang die Farbigkeit der Dinge ein wesentlicher Bestandteil der Information ist, dann sollte dieser Tatsache auch die gebührende Aufmerksamkeit gewidmet werden. Das bedeutet: Richtiges Sehen muß gelehrt und gelernt werden. Und so, wie es möglich ist, den allgemeinen Geschmack zu schulen [1], sollte es auch möglich sein, den Farbgeschmack auszubilden.

Komponisten, Menschen also, denen Melodien einfallen, sind nicht allzu häufig. Die meisten Leute begnügen sich damit, Musik nicht zu erfinden, sondern sie anzuhören. Im Bereich der Farbe könnten die Verhältnisse aber grundsätzlich anders sein. Hier sollte jeder sein eigener »Komponist« werden. In diesem Bereich gibt es für jeden Menschen eine individuelle Ausdrucksmöglichkeit, da ja die Anschaffung eines jeden Gegenstandes beinahe immer gleichzeitig auch die Entscheidung zu einer bestimmten Farbe ist. Das beginnt bei der Wahl von Kleidern, Geschirr, Möbeln, Tapeten und Teppichen. Es ist der Fall beim Aussuchen eines neuen Autos. Selbst Gartengestaltung ist Gestaltung mit Farben, oder könnte es jedenfalls sein. Ja, man kann, wenn man will, so weit gehen, zu sagen, daß sogar der Entschluß zur Ehe häufig gleichzeitig auch eine Entscheidung in bezug auf Farbe ist. Denn schließlich ist es eine farbbestimmte Wahl, wenn sich ein junger Mann für ein blondes oder ein schwarzhaariges Mädchen entscheidet, ob er sich in grüne, graue oder braune Augen verliebt. Vielleicht gelingt es einmal, nachzuweisen, daß diejenigen Ehen besonders harmonisch sind, bei denen die Augen- und Haarfarben, oder gar der Teint der beiden Partner in einer bestimmten Weise korrespondieren. Daß der gleiche Farbgeschmack zweier Partner ein wesentliches Kriterium dafür sein kann, ob sie sich verstehen werden oder nicht, machen sich bereits Eheanbahnungsinstitute für ihre Beratung zunutze.

Ständig wirken also Farben auf uns ein, auch dann, wenn wir sie nicht zur Kenntnis nehmen: in den Geschäftsstraßen einer Stadt, durch die wir bummeln, im Hotel, in dem wir abgestiegen sind, in der eigenen Wohnung, beim Spaziergang, auf einer Wanderung. Die Abb. 1 und 2 sind Beispiele für unterschiedlichste Farbklänge, wie wir sie in unmittelbarer Nachbarschaft antreffen können. Beide Aufnahmen sind in den gleichen Herbsttagen im Engadin entstanden: Die fröhlichbunte Herbststimmung auf Abb. 1 beim Abstieg vom Muottas-Muragl bei Samedan, Abb. 2 mit seiner gedämpften und schwermütigen Farbharmonie im Diavolezza-Gebiet, wenige Kilometer davon entfernt.

Farbe ist, wie gesagt, überall präsent. Doch müssen wir lernen, sie zu beachten, alles wahrzunehmen, was unsere Umgebung an Farbigkeit, an Farbüberraschung für uns bereithält. »Sehen« zu lernen wird für viele ein Beitrag sein, bewußter, vielleicht auch erfüllter zu leben.

## »Farbe« als Problem

Jedes Ding kann man aus verschiedenen Blickwinkeln betrachten. Geht man um ein Haus herum, so wird sich dauernd die Perspektive ändern. Es ist ein gehöriger Unterschied, ob man das gleiche Haus vom Flugzeug oder von einem Liegestuhl aus sieht.

Ähnlich verhält es sich mit einem Problem. Auch das »Problem Farbe« kann aus den verschiedensten Perspektiven gesehen werden. Abb. 3 zeigt das Schema eines »Problemkreises« um den Begriff »Farbe«. Dieser Kreis zeigt einen recht organischen Verlauf und fügt sich ziemlich nahtlos. In dieser Hinsicht ähnelt er dem Farbenkreis, bei dem ja auch jede Farbe in die andere übergeht, ohne daß irgendwo ein Bruch entsteht.

An sich ist es gleichgültig, wo wir mit der Betrachtung dieses Schemas beginnen. Sinnvoll dürfte es sein, bei der Atomphysik anzufangen, denn sie ist die Quelle des Verständnisses für alle materiellen Erscheinungen. Sie offenbart die Grundstrukturen und zeigt, daß es in diesem Bereich keinen Unterschied zwischen Materie und Energie gibt. Hier wird auch die Existenz der unterschiedlichen Lichtquanten oder Photonen und deren Bewegung erklärt. Demnach ist Licht eine Vielzahl von verschiedenen großen »Energiestückchen«, die entweder von irgendwelchen Atomen eingefangen und festgehalten oder aber wieder auf die Reise geschickt werden. Dieser Vorgang erinnert an das Kinderspiel »Bäumchen wechsele dich«. Energie – und dazu gehört natürlich auch jedes einzelne Lichtquant – ist eine Größe, die, physikalisch gesehen, nicht verlorengehen kann, sondern nur umgewandelt zu werden vermag.

Sinnfälliges Beispiel dafür, daß Materie und Energie den gleichen Ursprung haben, ist eine Atombombenexplosion. Durch Zerstörung des gesetzmäßigen Gefüges im atomaren Aufbau, nämlich durch das Auseinanderreißen der einzelnen Atomkonstruktionen, wird die ursprüngliche Materie in Energie verwandelt, wird die Energie freigesetzt, die durch die feste Struktur der Materie vorher gebunden war.

Es scheint also wohl begründet, daß eine umfassende Farbenlehre an dieser Stelle beginnt.

Die klassische Physik, der unmitelbare Nachbar der Atomphysik, gibt Auskunft über das Zustandekommen von Farbreizen durch unterschiedliche elektromagnetische Schwingungen. (Als Farbreiz bezeichnet man die meßbaren vorhandenen Strahlen, die in einem Individuum auf dem Wege über einen physiologischen Prozeß Farbempfindungen auslösen können.) Die klassische Physik lehrt, daß im weißen Licht sämtliche sichtbaren Farben verborgen sind. Optische Versuche zur Zerlegung des Lichtes in Spektren und die Spektralanalyse von Materie gehören in diesen Bereich.

Folgerichtig schließt sich an dieser Stelle die Farbenlehre an. Sie gibt Auskunft, welche Ergebnisse mit mathematischer Sicherheit zu erwarten sind, wenn Farbstoffe oder Farblichter in bestimmten Mengenverhältnissen gemischt werden. Sie zeigt die Beziehungen und Gesetzmäßigkeiten auf, welche zwischen den Farben untereinander bestehen.

Aus den Gesetzmäßigkeiten, die sich beim Mischen von Körperfarben und Farblichtern ergeben, lassen sich Farbtheorien und Ordnungssysteme entwickeln. Diese haben den Sinn, die Vielfalt der Farberscheinungen in logischen und verständlichen Zusammenhängen zu zeigen und in Schemen anschaulich darzustellen. Es gibt Systeme, mit deren Hilfe es möglich ist, eine Vielzahl von Farbnuancen eindeutig zu bezeichnen und dadurch zu einer klaren Verständigung zu gelangen. Andere wiederum schaffen die Grundlage für die mengenmäßige Vorausberechnung von Mischergebnissen. Außerdem gibt es solche, die lediglich als Denkschema oder als Anschauungsmodell dienen sollen.

Für die technische Beherrschung der Farbe sind jene Systeme Voraussetzung, die mit hinreichender mathematischer Genauigkeit die praktischen Ergebnisse beim Zusammenmischen von Grundfarben vorausbestimmbar machen. Ohne sie wäre der Einsatz von elektronisch gesteuerten Geräten zur Herstellung von Farbauszügen in der Reproduktionstechnik und zur Ermittlung von Rezepturen in Farbenfabriken und Textilfärbereien nicht denkbar, ohne sie gäbe es weder Farbfotografie noch Farbfernsehen.

Die Reproduktionstechnik ist heute die entscheidende Vorbereitungsstufe für die verschiedensten Drucktechniken. Vielfarbige Bildvorlagen, seien es gemalte, gezeichnete oder fotografierte, Aufsichtbilder oder Dias, werden in ihre Anteile an den einzelnen Grundfarben zerlegt. Die Reproduktionstechnik analysiert gewissermaßen jede einzelne Farbnuance eines bunten Bildes in bezug auf ihre Mischungsbestandteile. In den entsprechenden Druckstöcken müssen an den richtigen Stellen die Tonwerte genau diesen Anteilen an den Teildruckfarben entsprechen. Durch Zusammendruck der verschiedenen Druckstöcke, also durch das Aufdrucken der verschiedenen Teildruckfarben nacheinander auf die gleiche Fläche des Papiers, entstehen dann durch Farbmischung die gewünschten Farben.

Auf diese Weise ist es mit Hilfe der Reproduktionstechnik und der folgenden Drucktechnik möglich, farbige Bilder in beliebig hohen Stückzahlen industriell zu fertigen. Denken wir nur an die im Tiefdruckverfahren hergestellten Illustrierten, an Versandhauskataloge oder Plakate, die gerne im Offsetverfahren produziert werden, oder an Kunstreproduktionen, Bildkalender und Prospekte, die im Buchdruckverfahren entstehen. Neben diesen drei Hauptdruckverfahren gibt es noch eine Reihe anderer Drucktechniken. Eines aber haben alle gemeinsam: in jedem Fall werden bestimmte Farben (Farbpasten) auf irgendwelches Material (Bedruckstoffe) aufgetragen, wobei durch Übereinanderdruck gewisser Farbanteile neue Farbtöne als Mischergebnis entstehen können.

Das Wort »Farbpaste« hat bereits das nächste Stichwort geliefert. Farben, gemeint sind hier Farbstoffe, Pigmente und Farbpasten, werden heutzutage vorwiegend chemisch produziert. In früheren Zeiten war dies nicht der Fall, man bediente sich vorhandener natürlicher Farbstoffe. Diese wurden meist aus tierischen oder pflanzlichen Produkten gewonnen, waren also organischer Herkunft. Jetzt liefert die chemische Industrie die »Pigmente«, die den Druckfarben, Lackfarben und Ölfarben ihr farbiges Aussehen verleihen.

Chemie und Foto-Chemie liegen natürlich dicht beieinander. Die Bewältigung der überaus komplizierten Vorgänge der Foto-Chemie hat das Farbfotografieren erst möglich gemacht. Wie einfach ist das doch heute: Man kauft sich in einem Geschäft einen Umkehrfilm und legt ihn in seine Kamera ein. Ein automatischer Belichtungsmesser gibt die richtige Belichtungszeit an. Man braucht nur noch den Auslöseknopf zu betätigen. Anschließend wird der belichtete Film mit der Post zu einem Umkehrdienst geschickt und wenige Tage später kann man bereits bequem in seinem Sessel sitzend die fertigen Dias in der Wohnstube projizieren.

Wer denkt dabei schon an die verwickelten chemischen Prozesse, die vor und hinter all dem stehen.

Farbdia und Farbfilm werden grundsätzlich nach dem gleichen foto-chemischen Prinzip hergestellt. Farbfilme bestehen, wenn man von den als Filter dienenden Zwischenschichten absieht, aus drei Schichten für die drei zur Anwendung kommenden Grundfarben. Diese Schichten sind für verschiedene Bereiche des Spektrums empfindlich. Der Vorgang ist nun ähnlich wie beim Entstehen der Mischfarben in der Drucktechnik. Für jede Farbnuance bildet sich in der entsprechenden Schicht ein bestimmter Tonwert.

Die Farbenschichten werden chromogen entwickelt, d. h. sie sind von einer lasierenden (durchsichtigen) Farbigkeit. Die unterschiedlichen Tonwerte in den drei übereinanderliegenden Farbschichten ergeben dann an jeder Stelle des Farbfilms durch Farbmischung die entsprechenden Farbnuancen.

Die organische Chemie ist die Überleitung zur Lehre vom Leben der Organismen, zur Biologie. Im vorhergehenden Kapitel wurde schon festgestellt, daß es kein Zufall sein kann, welche Farbe eine bestimmte Materie, aber auch ein Organismus hat. Nicht ohne Grund färben sich die Blätter eines Baumes im Herbst rot, gelb und braun, oder wird das Gras in sommerlicher Hitze gelb. Farbe und biologische Funktion stehen in unmittelbarer Wechselbeziehung zueinander. Intensive Sonnenbestrahlung ändert nicht nur die Farbe der Haut des Menschen, die je nach individueller Veranlagung braun, aber auch rot (Sonnenbrand) werden kann.

Licht und Sonne lassen Früchte und Blätter farbig werden. Für alles Leben auf der Welt ist Licht unerläßlicher Energiespender, für Pflanzen, Tiere und für den Menschen. Das Licht erst macht es der Pflanze möglich, den Prozeß der Fotosynthese zu vollbringen, d. h. aus Wasser und Kohlendioxyd ($CO_2$) Fruchtzucker und Cellulose zu erzeugen. Die Energie des Lichtes ist somit der Treibstoff, der die Maschinerie des Pflanzenorganismus in Bewegung und damit am Leben erhält.

Von der Biologie läßt sich der Schritt tun zur Medizin. Medizin ist Heilkunst, ist die Wissenschaft vom gesunden und vom kranken Menschen. Farbe hilft bei Forschung und Diagnose. Durch Anfärben von Präparaten lassen sich Bakterien und Viren sichtbar machen. Farbe kann aber auch ein bedeutender Faktor der Therapie sein. Die Begegnung mit Farben vermag den Menschen zu fesseln, ihm zur Konzentration zu verhelfen oder ihn zu zerstreuen. Farbe kann das Lebensgefühl beeinflussen, Optimismus bestärken, die Stimmung heben. Warum sonst würde sich der Mensch so sehr freuen über einen prächtigen Strauß bunter Blumen? Materiell gesehen hat ein solcher Strauß kaum einen Wert, ja, er wird in zählbaren Tagen verwelken. Hier wird das Gefühl angesprochen und dadurch Freude ausgelöst. Farben können unter Umständen aber auch Ursache und Anlaß von Depressionen, Leistungsabfall und Fehlverhalten sein.

An dieser Stelle sind wir bei der Wahrnehmung der Farben angekommen. Hier eröffnet sich die Frage: »Wie kommt es eigentlich im Bewußtsein des Menschen zur Farbempfindung?« Diese Frage gehört in den Bereich der Physiologie, der Wissenschaft von den Tätigkeiten der Zellen, Gewebe und Organe. Der objektiv vorhandene Farbreiz, also die physikalische Gegebenheit, führt auf dem Wege über das menschliche Organ »Auge« zur subjektiven Farbempfindung. Diese Farbempfindung ist schließlich Anlaß zum Farberlebnis des einzelnen Menschen. Dabei gibt es neben der Vielzahl von Leuten, die Farben »normal« sehen auch andere, die gewisse Farbtöne nicht erkennen, also »farbenblind« sind. Mit Hilfe von geeigneten bunten Schaubildern kann man derartige Fehler in der Farbtüchtigkeit sicher und ohne viele Umstände ermitteln. Berufsberater stellen so fest, ob Jugendliche für bestimmte Berufe, in denen sie mit Farbe zu tun haben werden, zum Beispiel für die Druckindustrie oder für das Textilgewerbe, überhaupt geeignet sind. Sehr genau kann »Farbtüchtigkeit« durch Geräte geprüft werden, wie sie Augenärzte verwenden, eine mit dem zunehmenden Verkehr und immer zahlreicheren Führerscheinanwärtern unerhört wichtige Maßnahme.

Von der Physiologie, der Lehre vom Funktionieren der Organe, ist es nicht weit zur Psychologie. Diese befaßt sich mit dem Seelenleben des Menschen, mit seinen seelischen Empfindungen. Das Gefühl des einzelnen und seine Reak-

Abb. 1 Bunte Herbstlandschaft im Engadin. Blick von Muottas-Muragl auf die Bernina-Gruppe.

Abb. 2 Aufstieg zur Diavolezza-Hütte. Ein Farbakkord, der nur auf zwei Farben basiert, dem Graubraun der Berge und dem Blau des Himmels.

tionen werden erforscht und beeinflußt. Es wurde schon gesagt, daß Farbempfindungen zumeist direkt auf das Gefühl wirken und sich der verstandesmäßigen Beurteilung zunächst entziehen. So ist also der Einfluß, den bestimmte Farben auf das Unterbewußtsein von Menschen ausüben, psychologischer Natur. Insofern bedarf auch die Frage, welche Farben für welche Zwecke geeignet sind, einer psychologischen Beantwortung. Ob es um die Ausgestaltung von Arbeitsräumen, um die Farbe von Straßenbahnen, um Lichtsignale oder um farbige Bezeichnungen von Leitungssystemen geht, die Wahl wird stets nach psychologischen Gesichtspunkten zu treffen sein. Dasselbe gilt für die Farbgebung für die Verpackung eines kosmetischen Produktes oder für ein bestimmtes Plakat. Um Menschen richtig anzusprechen, muß die Wahl der Farbe psychologisch richtig erfolgen. Jeder weiß aus Erfahrung, daß ein Spaziergang durch Wald und Wiesen Entspannung beschert. Die Tatsache, daß hierbei die Umgebung vorwiegend grüne Farben aufweist, ist ohne Frage ein wesentlicher Faktor. Grün ist bekannt als Farbe, die auf die Gemütsverfassung des Betrachters beruhigend wirkt. Deshalb sind auch die Tücher auf Konferenztischen grün. Ein rotes Tuch an der gleichen Stelle würde die Teilnehmer sicherlich aggressiver stimmen.

Hier öffnen sich bereits die Bereiche der Tiefenpsychologie. Im Unterbewußtsein des Menschen ist eine bestimmte individuelle und nuancierte Haltung der Farbe gegenüber vorhanden. Die seelische Gestimmtheit einschließlich eventuell vorhandener Störungen im Unterbewußtsein kann sichtbar gemacht werden, indem man Versuchspersonen Farbtöne zur Beurteilung vorlegt und sie auffordert, zu erklären, welche Farben ihnen sympathisch, welche ihnen gleichgültig und welche ihnen unsympathisch sind. Diese Methode ist wissenschaftlich ausgearbeitet worden. Besonders ausführlich hat sich Professor Lüscher [2] damit befaßt. Er baut auf seinem »Lüscher-Test« eine umfassende Charakteranalyse des Menschen auf. Komplexe, Schwierigkeiten und Störungen im psychischen und psychosomatischen Bereich sollen damit aufgedeckt und erkennbar gemacht werden können.

Daß eine derartige Analyse nicht nur für Kranke, sondern durchaus auch für Gesunde Bedeutung haben kann, ist einleuchtend.

Wir erwähnten bereits die von Eheanbahnungsinstituten geübte Praxis, anhand von Farb-Kurztesten, die jeder Bewerber auszufüllen hat, zu erforschen, welche Partner hinsichtlich seelischer Einstimmung und Grundhaltung zueinander passen würden. Die Auswertung erfolgt dann mit Hilfe entsprechend programmierter Computer.

Natürlich bietet sich eine derartige Möglichkeit auch an, um bei der Beurteilung von mehreren Bewerbern z. B. bei Einstellungen ein besseres Bild über den Eignungsgrad der Betreffenden zu bekommen. Farbenteste könnten somit in Zukunft durchaus anstelle eines graphologischen Gutachtens oder als Ergänzung dazu eingesetzt werden.

Auf mögliche negative, durch Farbwirkung ausgelöste Reaktionen, wurde früher schon hingewiesen.

Die Tiefenpsychologie mündet ein in die Symbolik, in die Symbolbedeutung der Farben. Weiß gilt – zumindest in westlichen Ländern – als Verkörperung des Reinen, des Strahlenden, des Jungfräulichen. Der Volksmund spricht von der »weißen Weste«. Wie helle Farbigkeit der Ausdruck für Lebendigkeit ist, bedeutet Schwarz Zurückgezogenheit und Isolierung. So kleidet man sich in unserem Teil der Erde in Schwarz, wenn man trauert. Mit dem schwarzen Anzug bei großen Festen will man einer Sache die Ehre geben und die Aufmerksamkeit nicht auf die eigene Person lenken. Wenn ein Servierfräulein Schwarz trägt, hat dies einen ähnlichen Grund. Sie möchte möglichst keine individuelle äußerliche Wirkung ausüben. Der Mensch wird »wertneutral« und tritt gewissermaßen hinter der Aufgabe zurück, die es zu erfüllen gilt.

Rot als Farbe des Blutes ist aggressiv, extrovertiert. Gelb dagegen ist defensiv und introvertiert. Grün bedeutet Gleichmaß und Ruhe. Blau vermag als Farbe des Himmels das Schwebende, Transzendente zu versinnbildlichen. Violett kann Abgeklärtheit, Geläutertheit, das Über-den-Dingen-Stehen ausstrahlen, während Orange und Orange-Rot Bewegung, Energie ausdrücken. Braun zeigt das Erdbezogene, das Schwersinnige, das Suchen nach Geborgenheit.

Instinktmäßig sind im Unterbewußtsein des Menschen die Farben mit unterschiedlichen Wertungen verankert. Diesen Urgrund des Unterbewußten anzusprechen, ist das Anliegen der Kunstmaler, der Künstler. Sie versuchen zunächst einmal, bestimmte Vorstellungen, die oft nur gefühlsmäßig vorhanden sind, farbig zu realisieren. Sie bemühen sich, mit Farbe so zu gestalten, daß beim Betrachter bestimmte Emotionen, beabsichtigte Reaktionen hervorgerufen werden. Mag es Trauer sein, leichte Beschwingtheit, stürmische Begeisterung, mag der Künstler das Bestreben haben, Widerspruch, Ablehnung oder Ekel auszulösen: Immer wird es sein Ziel sein, den Betrachter gefühlsmäßig einzufangen und im Unterbewußten anzusprechen und zu fesseln.

Die Beziehung, die ein Künstler zu seinen Farben, also zu den Farbpasten und Farbstoffen hat, mit denen er schafft und gestaltet, ist natürlich eine intensive. Sie ist naturgemäß durchaus anders, als die des Wissenschaftlers, des Technikers oder des Chemikers. Selbstverständlich ringt auch der Kunstmaler um ganz bestimmte Farbnuancen, die ihm vorschweben, und er versucht sie zu realisieren. Nur interessiert ihn dabei die Farbenlehre meist nur sehr wenig. Er hat eine Vielzahl von Tuben zur Verfügung und ist bemüht, ausgehend von demjenigen Farbton, den er bereits fertig einer dieser Tuben entnehmen kann, durch Zumischen anderer Farben auf die gewünschte Farbnuance zu kommen. Unter Umständen ergeben sich dabei auf seiner Palette zufällig Farbtöne, die ihm noch besser gefallen und die er dann verwendet. Mit den Grundfarben arbeitet er nur selten, es sei denn, daß er für einen bestimmten Zweck gerade diesen oder jenen Farbton verwenden möchte. Die Farben, die der Kunstmaler miteinander vermischt, sind zumeist deckende Farben, deren Farbton weit von den eigentlichen Grundfarben entfernt liegt. So kommt es, daß Künstler häufig keine oder nur recht geringe Kenntnisse der Farbenlehre besitzen. Bedauerlicherweise sind sie auch oft für wissenschaftliche und logische Erkenntnisse nicht sehr zugänglich. Daher rührt es wohl, daß vielfach alte und neue Autoren verehrt werden, die ausschließlich im Mystischen beheimatet sind und die Farbenlehre mit Hilfe des Gefühls, nicht aber nach den exakten Kenntnissen der Wissenschaft erklären wollen.

Erste Schritte zur Ausarbeitung einer Farbenharmonielehre sind nunmehr getan [3]. Um aber zu einer sicheren Farbenharmonielehre zu kommen, scheint es unerläßlich, auf den objektiven wissenschaftlichen Gegebenheiten aufzubauen. Wer eine solche objektive und endgültige Farbenharmonielehre schaffen will, müßte gleichzeitig Künstler, Wissenschaftler und Farbtechniker sein. Sicherlich wird es diese Farbenharmonielehre eines Tages geben, genauso, wie eine Harmonielehre für die Musik existiert. Dabei geht es auch hier nicht um Geschmacksfragen, nicht darum, ob etwas als hübsch oder häßlich empfunden wird, sondern es geht vielmehr um die Wirkung von Farben und Farbzusammenstellungen auf den Menschen, auf das Gefühl des Betrachters. Eine solche Farbenharmonielehre sollte die Gesetzmäßigkeiten aufzeigen, nach denen harmonische Farbklänge entstehen und disharmonische zustande kommen. Sie sollte erklären, wann nebeneinanderstehende Farben sich neutral verhalten, also den Betrachter nicht gefühlsmäßig ansprechen, und wann sie Spannungen entstehen lassen.

Dichtung könnte man als »bildende Kunst mit anderen Mitteln« bezeichnen. Nicht optische Wirkung sondern der Klang, der Rhythmus der Sprache, das Wort sind das Material des Dichters. Welcher Dichter hätte nicht die Farbigkeit der Welt besungen? Aber er findet sich in einem großen Dilemma. Die sprachlichen Mittel, die ihm zur Verfügung stehen, sind vergleichsweise spärlich. Wie schwierig muß es sein, Farberlebnisse damit in packende Worte zu kleiden.

Und wo ist schließlich die Grenze zwischen Dichtung und Theologie? Wo ist der Unterschied? Das erste Buch Mose beginnt »Am Anfang schuf Gott Himmel und Erde. Und die Erde war wüst und leer und es war finster in der Tiefe und der Geist Gottes schwebte auf dem Wasser. Und Gott sprach: Es werde Licht...« Die Erschaffung des Lichtes wird nach dem Vorhandensein von Himmel und Erde als erste Tat Gottes bezeichnet. Welche überragende Bedeutung hat schon der Schreiber dieses ersten Buches Mose dem Licht zugemessen! Sollte nicht vielleicht das Licht, diese geheimnisvolle Kraft, von der das Leben weitgehend abhängt, dieses Leben hervorgebracht haben und ständig hervorbringen? Im Licht ist alle sichtbare Farbigkeit enthalten – sollte dieses Licht vielleicht der Ursprung aller bunten Lebendigkeit sein?

Bindeglied zwischen der Theologie und der Atomphysik ist ohne Zweifel die Philosophie. Der Philosoph sucht nach Deutungen der erlebten materiellen und geistig-seelischen Welt. Er sucht nach einer Gesamtschau, die es ermöglicht, beides als eine Einheit zu sehen, als zwei verschiedene Seiten der gleichen Medaille, als zwei Erscheinungsformen einer Welt.

Immer werden es die Philosophen sein, die auf ihrer Suche nach Erkenntnis geistig den Raum zwischen Religion und Atomphysik durchforschen und durchstreifen. Ihnen obliegt es, die jeweiligen neuen Erkenntnisse der Wissenschaft genauso gut wie die alten Überlieferungen der Religionen und Mythen einzuordnen in ein logisches Weltbild.

Auf der Suche nach Erklärungen, nach bildhaften Beispielen, ist ein Philosoph [4] so weit gegangen, das ganze Weltgeschehen an einem Analogiesystem der Farbenlehre erklären und ausdeuten zu wollen. Unglücklicherweise waren aber seine wissenschaftlichen Kenntnisse über die Gegebenheiten völlig unzureichend.

Der Kreis der verschiedenen Blickwinkel, die sich um das Problem »Farbe« gruppieren, hat sich geschlossen. Organisch fügt er sich zusammen. Er ist ein Darstellungschema, welches auf einer Fläche, also innerhalb von zwei Dimensionen, verschiedene Perspektiven zeigt, aus welchen man mit ganz unterschiedlichen Voraussetzungen, Erfahrungen, Kenntnissen, Zielsetzungen und Vorbehalten ein und dasselbe Problem betrachten kann. Eine wesentliche Komponente allerdings fehlt: die historische Entwicklung in allen diesen Wissensbereichen. Man kann sich deswegen dieses Denksystem zu einem Kegel erweitert vorstellen, von dessen Spitze alle Linien der Entwicklungsgeschichte der einzelnen Spezialgebiete ausgehen. Im Punkt Null, der Kegelspitze, ist der Zustand völliger Unwissenheit des Menschen charakterisiert. Die Zeit, also die geschichtliche Entwicklung, wäre demnach in diesem Modell die dritte Dimension.

## Farbe und Sprache

Das Wort »Farbe« hat in der deutschen Sprache keine feste, unverwechselbare Bedeutung. Es ist unbestimmt. In anderen Sprachen ist das anders. Im Englischen gibt es zum Beispiel eine Unterscheidung zwischen »color« und »ink«. Mit dem Wort »color« wird mehr das farbige Aussehen bezeichnet, während »ink« nicht nur, wie man im Englischunterricht in der Schule lernt, »Tinte« heißt, sondern auch »Druckfarbe«. Dieses Wort »ink« meint also im Gegensatz zur Farberscheinung ausschließlich das Material, das zum Einfärben verwendet wird.

Fragt jemand: »Warum ist dieser Wein rosa?«, so fragt er nach der Farbe des Weines, also nach seiner speziellen Eigenschaft, rosa auszusehen. Mit der Frage ist somit die Farbwahrnehmung gemeint. Fragt er dagegen »Welche Farbe gefällt Dir am besten?«, dann interessiert ihn die Wirkung auf den Betrachter, also die Farbempfindung. Will jedoch jemand zum Einfärben ein geeignetes Material, einen geeigneten Farbstoff kaufen, so verlangt er ebenfalls »Farbe«, die man dann in Tuben, Dosen oder Tüten verpackt erhält.

Das Wort »Farbe« scheint in der deutschen Sprache eine Sammelbezeichnung für die unterschiedlichsten Begriffe zu sein. Es läßt sich deshalb nicht umgehen, nach genaueren Definitionen zu suchen.

### 1. Körperfarbe

Als Körperfarbe bezeichnet man das farbige Aussehen von Materie, von Material. Körperfarbe ist die Eigenschaft von Stoffen, bei bestimmter Beleuchtung eine entsprechende »Farbe« zu zeigen. Bedingt ist dieses unterschiedliche Aus-

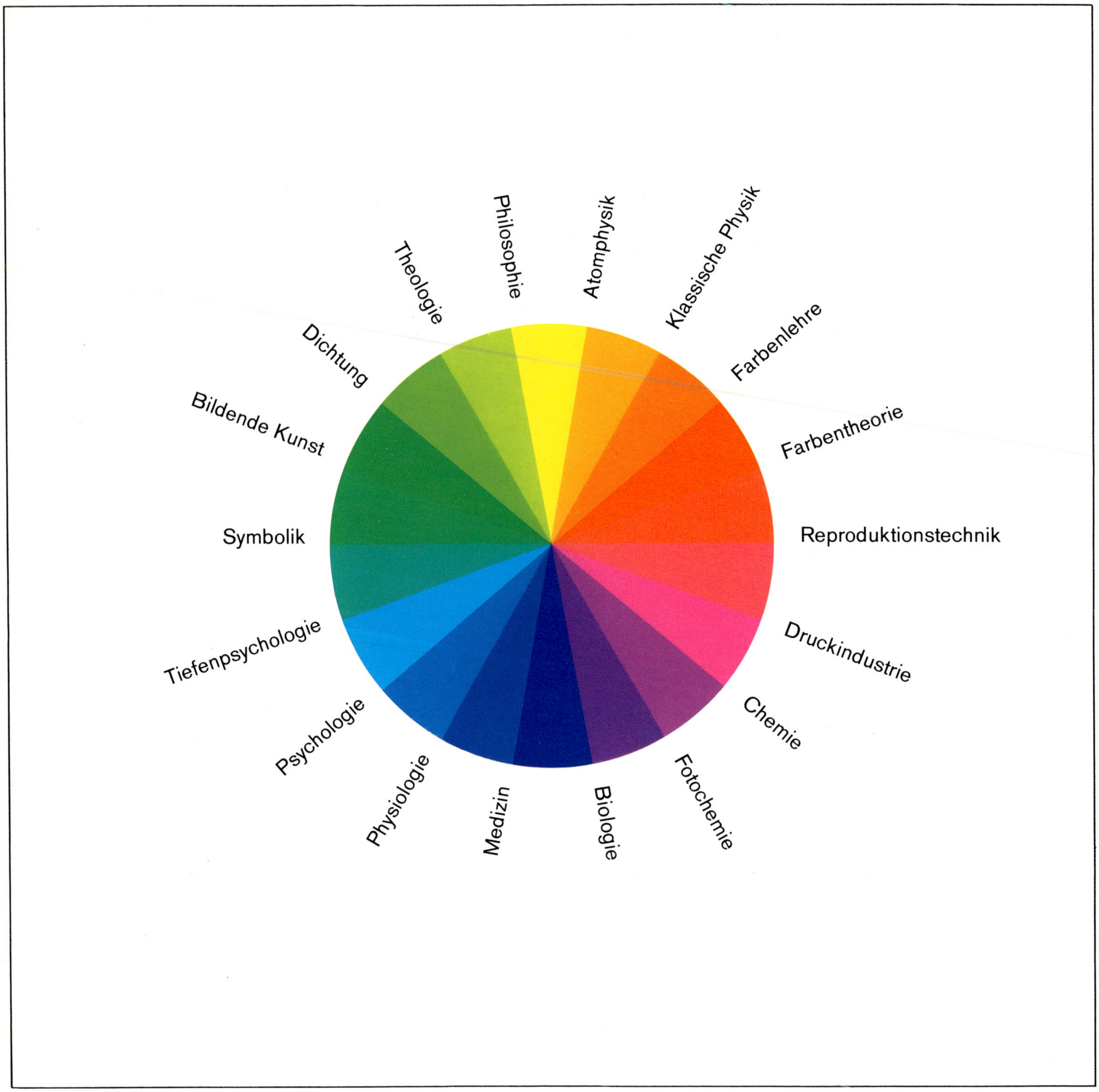


Abb. 3 Das Problem Farbe muß aus den unterschiedlichen Perspektiven der verschiedenen Fachgebiete betrachtet werden. Diese gehen organisch ineinander über, ähnlich, wie der gezeigte Farbenkreis. Es entsteht ein »Problemkreis Farbe«.

sehen durch die unterschiedliche molekulare Struktur der Stoffe. Dieser differenzierte Aufbau der Materie ist der Grund dafür, daß verschiedene Materialien das gleiche Licht in verschiedener Weise remittieren, beziehungsweise absorbieren. Körperfarbe wird also dadurch sichtbar, daß das von einem Gegenstand ins Auge remittierte Licht sich von der Allgemeinbeleuchtung durch seine spektrale Zusammensetzung unterscheidet.

**2. Lichtfarbe**

Lichtfarbe ist das farbige Aussehen der Emission einer Lichtquelle. Sie kommt zustande durch die unterschiedliche spektrale Zusammensetzung des Lichtes.

**3. Farbreiz**

Als Farbreiz bezeichnet man jene sichtbaren elektromagnetischen Schwingungen, die im Auge eines Lebewesens einen Sehvorgang auslösen. Diese Schwingungen können entweder von einer Lichtquelle direkt oder aber auf dem Umweg über eine Materie, die sie reflektiert oder durchläßt, in ein Auge gelangen. Auch der Farbreiz ist eine meßbare physikalische Größe.

**4. Farbempfindung**

Farbempfindung ist das Farberlebnis, der Farbeindruck, der im Gehirn eines Betrachters entsteht, sobald durch den Farbreiz der Prozeß des Sehens ausgelöst worden ist.
Farbempfindung ist somit das Ergebnis eines physiologischen Prozesses.

**5. Färbemittel**

Färbemittel unterteilen sich in zwei große Gruppen, nämlich
a) lösliche Farbstoffe und
b) unlösliche Pigmente.

Es handelt sich um Materialien, die dazu verwendet werden, andere Materie durch Beimischen zu färben. Somit ist also Druckfarbe selbst kein Färbemittel, sondern sie bedarf eines solchen, das ihr Farbigkeit verleiht. Neben diesem Färbemittel sind in einer Farbpaste meist noch andere Stoffe, Firnisse, Bindemittel u. ä. vorhanden.

**6. Einfärbemittel**

Material, welches dazu dient, auf ein anderes Material aufgetragen zu werden, um diesem ein bestimmtes farbiges Aussehen zu gehen. Ölfarben, Wasserfarben und Druckfarben gehören dazu.

Hier offenbart sich bereits eine erhebliche Unzulänglichkeit unserer Sprache. Aber noch erstaunlicher wird es, wenn wir den Versuch unternehmen, mit Hilfe unseres gebräuchlichen Wortschatzes Farbnuancen genauer zu bezeichnen. Während ein Mensch in der Regel gut 10 000 Farbnuancen unterscheiden kann, bietet unsere Sprache kaum ein Dutzend eigentliche Farbnamen an: Schwarz, Weiß, Grau, Blau, Gelb, Rot, Grün und Braun sind die wesentlichen ursprünglichen Sprachbezeichnungen.

Weil aber damit auch nicht annähernd auszukommen ist, hat man den Farbnamen ergänzende Beispielworte angehängt: Feuerrot, Himmelblau, Grasgrün usw. Wer gewohnt ist aufmerksam zu beobachten, weiß, wie unterschiedlich blau der Himmel, wie vielartig grün das Gras erscheinen kann. Also sind auch diese Ergänzungen nicht präzis. Selbst die Möglichkeit, zwei Farbnamen – wie zum Beispiel bei Blaugrün oder Grüngrau – aneinanderzuhängen, um eine größere Differenzierung zu erreichen, führte nicht sehr viel weiter. Schließlich behalf man sich, indem man den Farbnamen zusätzliche Eigenschaftsworte beigab: hell, dunkel, rein, trübe, rußig, schmutzig, intensiv, pastellartig, giftig, warm oder kalt.

Dann gibt es noch eine weitere Gruppe von Farbnuancen, bei denen der Name der Sache zur Farbbezeichnung wird und in dieser Anwendung die Färbung meint: Kamelhaar, Anthrazit, Türkis, Erika, Terrakotta und dergleichen. Zu dieser Gruppe gehören eigentlich auch die Farbnamen Orange und Violett. Beide wurden aus dem Französischen entlehnt. Dort ist »Orange« der Name für eine Frucht, die Apfelsine, und »La violette« heißt das allbekannte Veilchen.

Erwähnt werden müssen auch die wenigen Farbnamen, die sich speziell, meist auch wieder von dinglicher Herkunft, für einen bestimmten Farbton eingeführt haben. Hierzu gehören Bezeichnungen wie Marineblau, Russischgrün oder Postgelb, aber auch Khaki oder Beige.

Aus all dem geht hervor, daß mit den erwähnten sprachlichen Mitteln die genaue Bezeichnung einer Farbnuance nicht möglich ist. Was kann sich ein Leser nicht alles darunter vorstellen, wenn es in einem Roman heißt: »Ihr blaßrosa Kleid hob sich vor dem bereits in Dämmerung getauchten grünschwarzen Hintergrund wie eine zarte Kamelienblüte ab«? Sicherlich wird der Romanschreiber nicht vom Leser erwarten, daß er sich die geschilderte Farbsituation optisch präzise vor Augen führt. Ist in einem Roman aber von Prag oder Belgrad die Rede, so läßt sich durchaus denken, daß der Leser einen Atlas zur Hand nimmt, um sich über die geografische Situation ein genaues Bild zu machen. Warum sollte man sich also nicht auch mit Hilfe eines Farbatlanten vor Augen führen, welche Farbnuancen bei einer bestimmten Schilderung gemeint sind? Noch scheint für unsere heutige Zeit diese Vorstellung übertrieben, obgleich solche Farbatlanten existieren. Aber für die Zukunft ist derartiges durchaus denkbar.

Im Bereich der Industrie ist es selbstverständlich schon heute unerläßlich, sich auch über große Entfernungen hinweg unmißverständlich und präzise über genaue Farbnuancen zu verständigen. Es gibt eine Reihe von Farbsystemen, die dies gestatten. Wir werden sie später kennenlernen.

Die genannten wenigen ursprünglichen Farbnamen unserer Sprache überdecken, wir sagten es schon, in ihrer Bedeutung einen breiten Farbbereich. Der Farbname »Braun« allein sagt nichts Genaues aus. Wie unterschiedlich können die Farbnuancen sein, die mit dieser pauschalen Bezeichnung »Braun« bedacht werden: Braun (gebrannt) kann jemand sein, der aus dem Skiurlaub zurückkommt. Braun ist das Fell eines Bären, ein Baumstamm, der Lehmboden, braun waren Hemden und Uniformen der Parteiorganisationen im nationalsozialistischen

Staat. Aber auch Schokolade ist braun, und zwar sowohl Milchschokolade als auch bittere. Diese Beispiele zeigen, wie schwer, ja fast unmöglich es für die Sprache ist, in bezug auf Farberscheinungen exakt zu formulieren. Die wenigen zur Verfügung stehenden Farbbezeichnungen können keinen bestimmten Farbton meinen, sondern sie geben eine große Gruppe, einen weiten Farbbereich an. So ist zum Beispiel Rot alles, was im Bereich zwischen Orangerot und Magentarot liegt. (In der linken Spalte von Abb. 4 wird gezeigt, wie breite Farbbereiche mit den Farbnamen in der Umgangssprache gemeint sein können.) In der Farbenlehre führen diese Unzulänglichkeiten der Sprache zu besonderen Schwierigkeiten, da mit den verwendeten Farbnamen ganz bestimmte Farbtöne, nämlich die Grundfarben zu bezeichnen sind. Das Fehlen differenzierter Farbbenennungen hat ein großes sprachliches Dilemma verursacht, da ein jeder, ob Wissenschaftler, Techniker, Künstler oder Laie, unter der gleichen Farbbezeichnung etwas gänzlich verschiedenes verstehen kann. Was zum Beispiel der Wissenschaftler Blau nennt, ist für den Drucker Violett, für den Künstler Einglischblau oder Marineblau, für den Laien gar Veilchenblau oder Lila. Alle diese verschiedenen Namen werden somit für den gleichen Farbton gebraucht (siehe Abb. 4).

Es ist also auch, wenn man sich mit der Farbenlehre in der Literatur befaßt, mit dem Lesen und Studieren allein nicht getan. Vorab sieht man sich genötigt, herauszufinden, was der betreffende Autor mit den verwendeten Farbnamen eigentlich meint, sonst können einem die Zusammenhänge niemals klarwerden. Dabei kann es passieren, daß in ein und derselben Schrift, manchmal sogar auf der gleichen Seite, für gleiche Farben zwei verschiedene Namen verwendet werden, oder daß zwei verschiedene Farbtöne die gleiche Bezeichnung erhalten.

## Welche Farbnamen sind »richtig«?

Die Menschen, die beruflich mit Farbtheorie zu tun haben, spalten sich auf in zwei Gruppen. Zur einen, den Theoretikern gehören Wissenschaftler, Fotografen, die Leute vom Fernsehen und die Filmhersteller. Die andere Gruppe bilden die Techniker und Praktiker, vor allem die Drucker, die Reproduktionstechniker, die Gestalter, die Werbeleute und ein großer Teil der Maler und Anstreicher. Die Farbenhersteller standen bis vor wenigen Jahren fest auf der Seite der Praktiker; sie sind aber inzwischen schwankend geworden und teilweise zur Seite der Theoretiker übergewechselt.

Die beiden Lager unterscheiden sich ganz wesentlich durch den Gebrauch der Farbnamen (siehe Spalte 3 und 4 von Abb. 4). Die Theoretiker bezeichnen die additiven Grundfarben, das sind auch die Ausgangsfarben für das Fernsehen, als Rot, Grün und Blau, während die Praktiker ihre Grundfarben, die Ausgangsfarben für den Druckprozeß, Gelb, Rot und Blau nennen.

Die Farbbezeichnungen Rot und Blau werden von den beiden Gruppen für ganz verschiedene Farbtöne verwendet. Dies ist nicht nur ein unerfreulicher sondern auch ein untragbarer Zustand.

Daher sind die Bemühungen des Deutschen Normenausschusses (DNA), durch die Sprachregelung in den neu erscheinenden DIN-Blättern Einfluß auf den Sprachgebrauch zu nehmen, zu begrüßen. So hat man sich in den DIN-Blättern DIN 16 508 und 16 509 offiziell für die Grundfarben zum Druck von den Farbnamen Rot und Blau getrennt und dafür die international gebräuchlichen Bezeichnungen Magenta und Cyan eingeführt. Die drei subaktiven Grundfarben heißen demnach jetzt offiziell Gelb, Magenta und Cyan. Diese Regelung ist unbedingt zu befürworten, da es sich hier um unverwechselbare Farbbezeichnungen handelt.

Nicht praktikabel erscheint allerdings, und zwar aus sprachlichen Gründen, aus Gründen der Verständigungsmöglichkeit und aus logischen Erwägungen heraus, der Vorschlag, die Farbnamen Rot und Blau in Zukunft offiziell für diejenigen Farben zu verwenden, die bisher von den Praktikern Orange und Violett genannt worden sind.

In der verworrenen gegenwärtigen Situation schiene es wohl die beste Lösung, wenn beide Lager, also sowohl die Wissenschaftler wie auch die Praktiker auf die einfachen Farbnamen Rot und Blau ganz verzichteten und wenn die sechs Grundfarben mit folgenden Namen bezeichnet würden: Gelb, Grün, Cyan, Violett, Magenta, Orange (Spalte 5 von Abb. 4).

Dieser Vorschlag hat jedoch bedauerlicherweise keine Chance Anklang zu finden, weil die relativ kleine Gruppe der Wissenschaftler den Standpunkt vertritt, daß die von ihr gebrauchten Farbbezeichnungen »richtig« sind und deshalb von der Praxis übernommen werden sollten.

Diese Forderung erscheint – von allen sachlichen Gegenargumenten abgesehen – höchst unrealistisch, denn es ist wohl nicht zu erwarten, daß ganze Berufsgruppen aufgrund von Normenfestlegungen ihren Sprachgebrauch derart ändern, daß sie eine Farbe, die bisher mit Orange bezeichnet wurde, nunmehr mit Rot bezeichnen und daß die Farbe, die bisher Rot geheißen hat, von Stund an Magenta genannt wird.

In dieser verzwickten Situation zeichnet sich als beste praktikable Möglichkeit der Vorschlag von Herrn Dr. Georg Kurt Schauer ab (Spalte 6 von Abb. 4), die ursprünglichen Farbnamen Rot und Blau nicht ganz zu verbannen, sondern als erklärendes Zusatzwort den Bezeichnungen Magenta und Orange bzw. Cyan und Violett anzuhängen.
Die Farbnamen für die Grundfarben, die in diesem Buch verwendet werden, sind daher folgende:

Gelb
Grün
Cyanblau
Violettblau
Magentarot
Orangerot

Damit dürfte eine Synthese zwischen der Umgangssprache, den Gewohnheiten der Wissenschaftler und der Techniker und den Formulierungen in den DIN-Blättern erreicht sein. Die ursprünglichen deutschen Farbnamen Rot und Blau bleiben voll erhalten. Sie werden durch die vorausgestellten Worte differenziert. Jeder, gleich aus welchem Lager er kommt, kann eindeutig verstehen, was mit diesen Bezeichnungen gemeint ist.

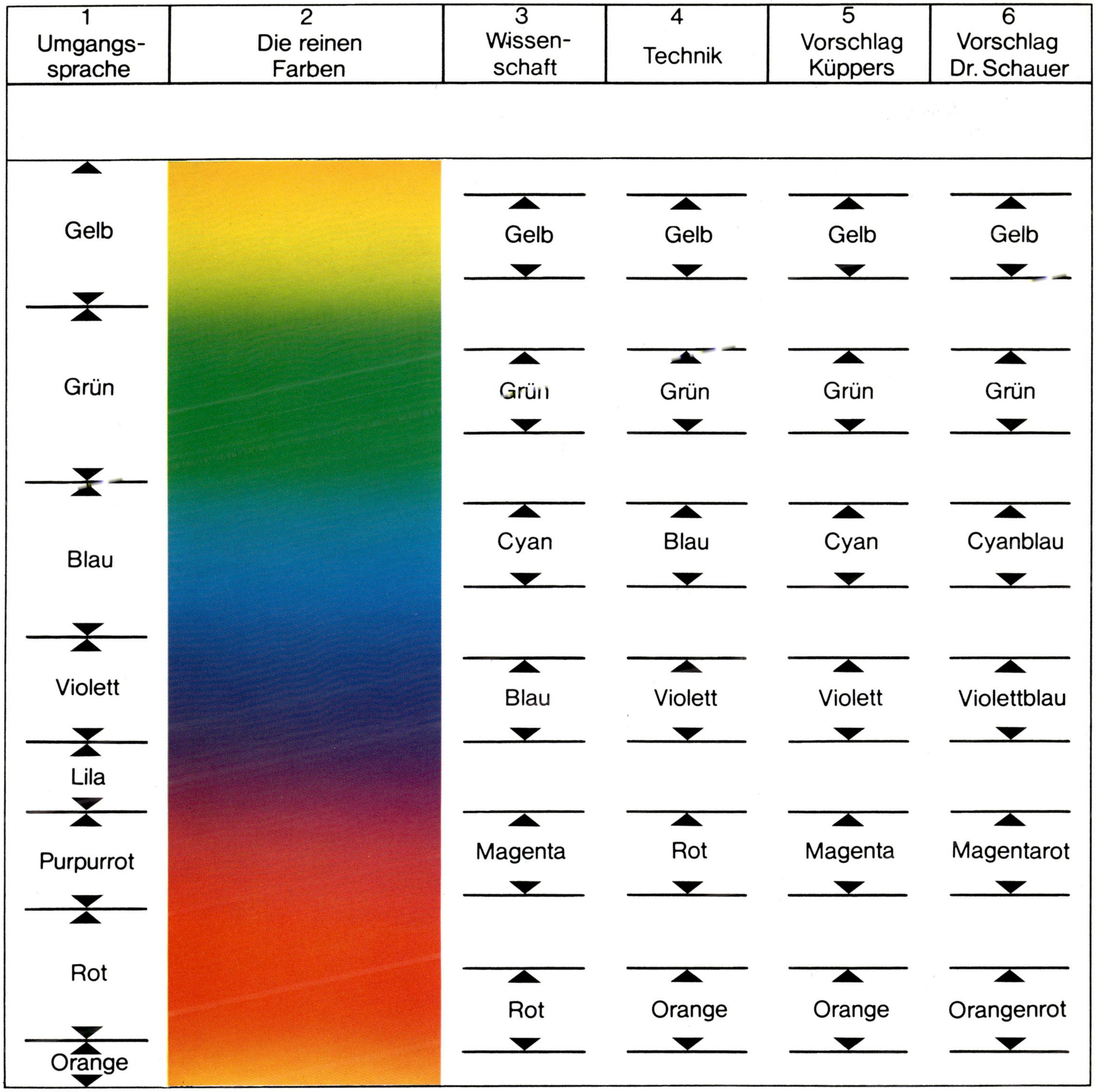


Abb. 4 Diese Übersicht läßt erkennen, wie für die gleichen Farben bei verschiedenen Gruppen von Menschen ganz unterschiedliche Farbnamen in Gebrauch sind. Dabei können gleiche Farbnamen ganz verschiedene Farben bedeuten.

Ein weiterer nicht zu unterschätzender Vorteil ist, daß sich diese Wortverbindungen adjektivisch gut in die deutsche Sprache einbauen lassen.

Das Sprachgefühl läßt es einfach nicht zu, Sätze zu bilden wie »Das magentane Kleid ist zauberhaft« oder »Die orangen Autos sind am besten sichtbar«. Werden jedoch anstelle dieser beiden Farbbezeichnungen die neuen Wortverbindungen verwendet, so ist auch dem anspruchsvollsten Sprachgefühl Genüge getan. »Das magentarote Kleid ist zauberhaft« oder »Die orangeroten Autos sind am besten sichtbar« sind Formulierungen, die vom Sprachlichen her nicht kritisiert werden können.

Wenn man das Schema in Abb. 4 sorgfältig studiert, wird man zwangsläufig zu dem Kompromißvorschlag von Dr. Schauer hingeführt.

In Abb. 5 sind die Grundfarben mit den in diesem Buch verwendeten Farbnamen gezeigt.

Abb. 5 Die in diesem Buch verwendeten Farbnamen sind Orangerot (A), Gelb (B), Grün (C), Cyanblau (D), Violettblau (E), Magentarot (F), Weiß (G) und Schwarz (H). ▷

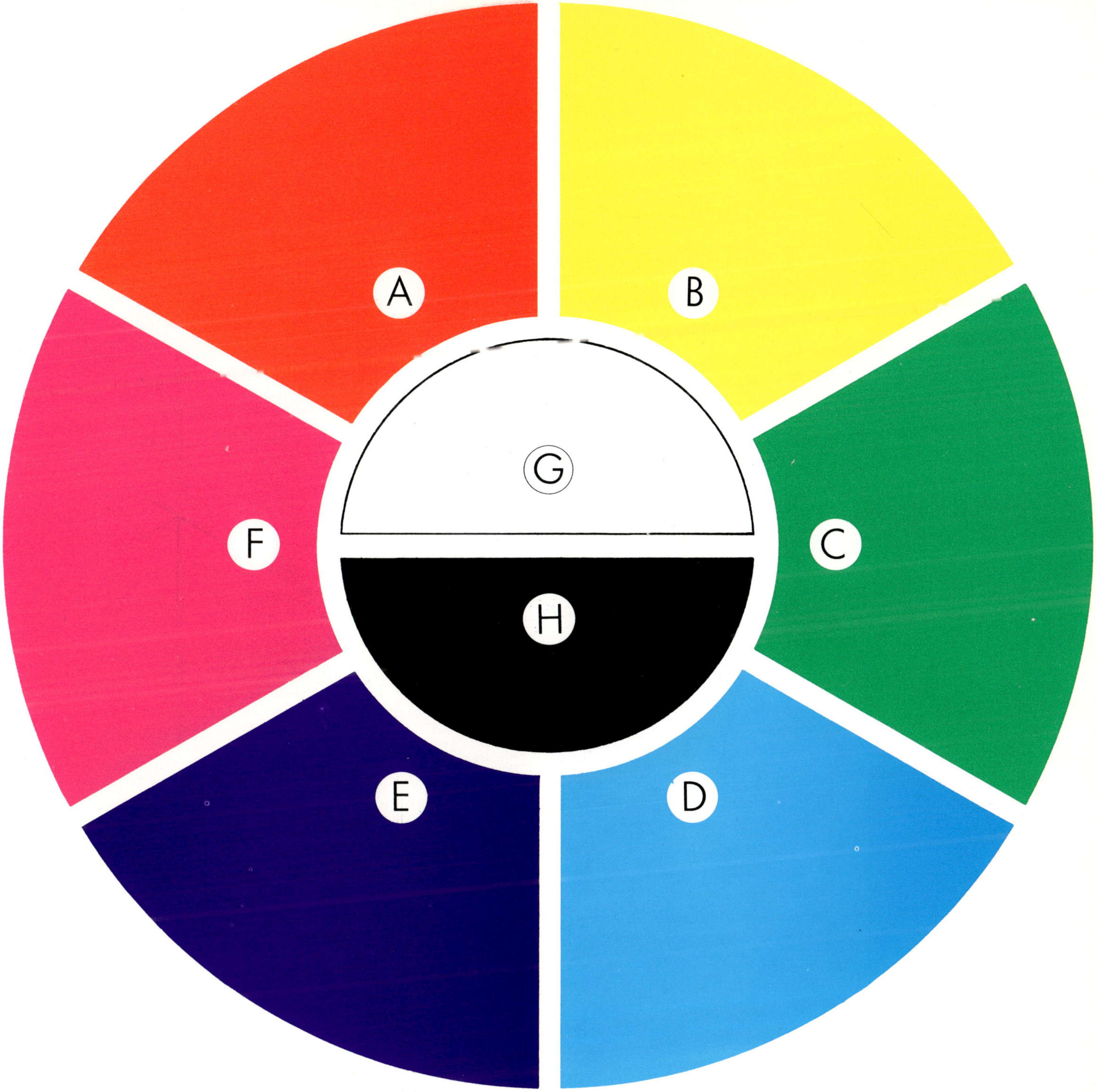
A
B
C
D
E
F
G
H

# Physiologischer Teil

## Eigentlich ist alles Grau

Wohlweislich wurde zu Beginn gesagt, daß unsere Umwelt uns farbig erscheine. Es wurde vermieden zu behaupten, daß sie farbig sei. Denn der Schein trügt: die Welt an sich ist völlig farblos. Die sichtbare Welt besteht aus unbunter Materie und ebenfalls unbunten elektromagnetischen Schwingungen, die sich lediglich durch ihre Wellenlängen von einander unterscheiden.

Materie ist im allgemeinen nicht direkt sichtbar. Wir sehen sie nur in jenen Ausnahmefällen direkt, wo sie sichtbare Strahlungen aussendet, d. h. wenn sie glüht oder in einer anderen Weise selbst strahlt. Sonst aber erkennen wir sie lediglich dadurch, daß sie sichtbare elektromagnetische Strahlungen in unser Auge reflektiert. Sichtbare Strahlung, die in unser Auge fällt, bezeichnen wir als »Licht«.

Dieses Licht kann von einer Strahlungsquelle direkt, aber auch indirekt, und zwar indem es von Materie zurückgestrahlt oder durchgelassen wird, in unser Auge gelangen.

Wie oben bereits erwähnt, unterscheiden sich elektromagnetische Schwingungen nur durch ihre Wellenlängen und durch ihre Energie voneinander, nicht aber durch ihre Farbigkeit. Das bunte Aussehen kommt erst durch den physiologischen Prozeß des Sehvorganges zustande. Farberlebnis, Farbempfindung, existiert somit, das sei hier wiederholt, nur innerhalb des Gehirnes eines Individiums.

Für den Betrachter sieht die Materie in ihren vielfältigen Erscheinungsformen deshalb verschiedenfarbig aus, weil sie entsprechend ihrer unterschiedlichen molekularen Konstruktion das auffallende Licht unterschiedlich absorbiert bzw. remittiert.

Von einem undurchsichtigen bunten Gegenstand wird aus dem weißen Licht ein Teil der auftreffenden Strahlungen absorbiert (verschluckt) und nur der Rest wird remittiert (zurückgestrahlt) und kann in das Auge des Betrachters fallen. Handelt es sich um transparente Materie, so ist der Vorgang analog. Der nicht absorbierte Teil des Lichtes wird durch die Materie durchgelassen, wodurch das farbige Aussehen entsteht. Das ist zum Beispiel bei Farbfiltern, bei Gläsern aber auch bei Farbfilmen der Fall.

Die rote Blüte und der grüne Stiel einer Tulpe (Abb. 6) unterscheiden sich durch den molekularen Aufbau der Gewebestruktur. So kommt es, daß die Blüte aus dem weißen Sonnenlicht den grünen Bereich absorbiert. Sie entzieht dem Sonnenlicht einen Teil der Energie und remittiert nur den nicht verwendeten Teil der Strahlung, der für den Betrachter rot aussieht.

Bei den Tulpenstielen ist es umgekehrt. Sie absorbieren den Rotbereich des Lichtes. Remittiert wird der Teil der sichtbaren Strahlung, der im Betrachter den Farbeindruck Grün erweckt.

Durch die Absorption entziehen die Pflanzen dem Sonnenlicht einen Teil seiner Energie, welche sie für den Prozeß der Fotosynthese benötigen. Ohne Zufuhr dieser Energie wären sie nicht in der Lage, zu wachsen und sich zu entfalten.

Wenn keine sichtbaren elektromagnetischen Strahlungen vorhanden sind, kann es auch keine »Farbigkeit« geben. Ein blauer Teppich ist in einem völlig abgedunkelten Raum genauso unsichtbar wie eine rote Tomate oder eine weiße Maus. Er besitzt lediglich die Eigenschaft, bei einem bestimmten Licht blau auszusehen. Diese Eigenschaft hat er natürlich auch dann, wenn kein Licht vorhanden ist. Sie läßt sich aber dann nicht erkennen. Ein solches Licht, das jene Eigenschaft der Materie, farbig auszusehen, optimal sichtbar machen soll, muß sämtliche sichtbaren elektromagnetischen Schwingungen in gleicher Intensität aufweisen.

Licht ist nicht grundsätzlich weiß. Es kann auch farbig sein. Würde man nämlich eine gelbe Zitrone in einer Dunkelkammer mit magentarotem Licht beleuchten, so erschiene sie orangerot. Bei einem cyanblauem Licht hätte sie ein grünes Aussehen und gar bei violettblauem Licht würde sie schwarz erscheinen.

Materie gleichen atomaren Aufbaues sieht bei Beleuchtung mit gleichem Licht gleich aus. Ändert sich die spektrale Zusammensetzung des Lichtes, so ändert sich auch das Aussehen der Materie. Deshalb sieht ein Mantelstoff bei Lampenlicht anders aus als bei Tageslicht. (Hierauf wird in späteren Kapiteln noch genauer eingegangen.)

Farbiges Aussehen ist also immer etwas Relatives. Es hängt nicht allein von der Eigenschaft der Materie ab, auffallendes Licht zu absorbieren, zu remittieren oder durchzulassen, sondern entscheidend ist auch die Qualität, die spektrale Zusammensetzung des vorhandenen Lichtes.

Diese Tatsache macht den exakten Umgang mit Farben überaus schwierig. Man muß, um nicht genarrt zu werden, über eine völlig konstante Lichtquelle verfügen, deren Strahlungsenergie über die ganze Breite des Spektrums hin gleichmäßig verteilt ist.

Auch das »Tageslicht« ist durchaus keine ideale Beleuchtung. Tageslicht kann sogar eine recht problematische Sache sein, da es nicht konstant sondern ständig erheblichen Veränderungen unterworfen ist. Auf die spektrale Zusammensetzung des Tageslichtes wirkt zum Beispiel der Stand der Sonne genauso ein wie das jeweilige Wetter.

In der Industrie ist man für die Beurteilung von Farben ganz besonders auf eine konstante Lichtquelle angewiesen. Dies ist gleichermaßen in der Textilindustrie, in der Druckindustrie und in der Reproduktionstechnik der Fall. Zum sogenannten »Abmustern« braucht man ein Licht, das einerseits aus sämt-

Abb. 6 Die verschiedene molekulare Struktur der Materie bewirkt, daß unterschiedliche Spektralbereiche absorbiert bzw. remittiert werden. Die roten Blütenblätter der Tulpen absorbieren aus dem weißen Licht den Grünbereich und remittieren den roten. Bei den Stielen wird der Rotbereich absorbiert und der Grünbereich remittiert.

lichen sichtbaren Strahlungen in gleicher Intensität zusammengesetzt ist und das andererseits keinen Schwankungen unterliegt. Lichtquellen, die diesen speziellen Anforderungen entsprechen, nennt man Abmusterungslampen.

## Der Prozeß des Sehens

Der Sehvorgang findet – ähnlich wie der Hörvorgang – in einem zeitlichen Ablauf statt. Jeder weiß, daß die Zeitspanne zwischen der Entstehung eines Schalles und dem Hören um so größer wird, je weiter die Schallquelle vom Ohr entfernt ist. Der Schall bewegt sich mit der relativ langsamen Geschwindigkeit von 333 Metern in der Sekunde fort, d. h. er legt in drei Sekunden einen Kilometer zurück.

Wenn wir beim Heraufziehen eines Gewitters einen Blitz beobachten und sofort zu zählen beginnen: »Einundzwanzig, zweiundzwanzig, dreiundzwanzig« usw., können wir die Anzahl der Sekunden bis zum Eintreffen des Schalls feststellen. Teilen wir die ermittelte Zahl durch drei, so erhalten wir die ungefähre Anzahl der Kilometer, die das Zentrum des Gewitters noch entfernt ist. Bauern können mit dieser einfachen Faustregel feststellen, ob das Gewitter für ihr trockenes Heu gefährlich werden kann oder ob sich nicht vielleicht das Zentrum des Gewitters von ihnen wegbewegt. Sicherlich wird jeder in seiner Kindheit mit Begeisterung derartige Rechnungen durchgeführt haben.

Auch beim Sehvorgang werden von einem Organ Schwingungen aufgenommen, die eine entsprechende Quelle ausgesandt hat. Diese Schwingungen werden in eine Wahrnehmung umgewandelt. Der zeitliche Ablauf beim Entstehen des Sehvorgangs ist jedoch wegen der schnellen Geschwindigkeit des Lichtes für den Menschen nicht merkbar. Im luftleeren Raum bewegt sich das Licht mit einer Geschwindigkeit von 300 000 km in einer Sekunde fort. Das Licht wäre also in der Lage, in einer einzigen Sekunde 7½mal den Erdball zu umkreisen.

Das Auge ist ein optisches System. Es hat die Aufgabe, sichtbare Strahlung auf die Netzhaut zu richten. Diese nimmt den physikalischen Reiz (Farbreiz) auf und formt ihn in eine physiologische Erregung um. Die Erregung wird von den einzelnen Rezeptoren der Netzhaut über Nervenfasern in den Sehnerv und von diesem zum Gehirn geleitet. In der »regio calcarina«, die mit der Hirnrinde in Verbindung steht, wird diese Erregung in eine Empfindung und diese in bewußtes Sehen umgewandelt.

Abb. 7 zeigt einen Querschnitt durch ein Auge. Die Lederhaut (A) umschließt den Augapfel. Vor dem optischen System des Auges befindet sich in der Lederhaut eine durchsichtige Hornhautschicht (B). Diese sondert einen Teil der unsichtbaren elektromagnetischen Schwingungen aus. Sie läßt Schwingungen nur in Größenordnungen zwischen ca. 300 Nanometer (millionstel Millimeter) und 1500 Nanometer durch. Außerdem wirkt die Hornhaut durch ihre Krümmung bereits wie eine Sammellinse. Der Lichtstrahl muß nun durch eine Flüssigkeitsschicht hindurch, die als »Kammerflüssigkeit« bezeichnet wird (C). Sie befindet sich zwischen Hornhaut und Linse (D). Schließlich gelangen die sichtbaren Strahlen in den »Glaskörper« (E) des Auges und fallen auf die Netzhaut (F).

Die vor der Linse angeordnete Iris (G und Abb. 8) reagiert automatisch auf Helligkeit, also auf die Intensität des Lichtes. Je geringer die Intensität ist, desto weiter öffnet sie sich, je stärker diese wird, desto mehr wird sie sich schließen. Sie kann aber auch reflektorisch (im Unterbewußtsein) die Pupillenöffnung ändern, um ein schärferes Sehen zu erzielen. Die Iris des Auges funktioniert im Prinzip wie die Blende eines Fotoapparates, durch welche ja ebenfalls die Menge des einfallenden Lichtes reguliert wird. Wer fotografiert weiß, daß die Tiefenschärfe eines Bildes in einem bestimmten Verhältnis zur Blendenöffnung steht.

Die Linse des Auges läßt die elektromagnetischen Wellenlängen zwischen 380 nm (Nanometer) und 760 nm durch. Durch ihre veränderliche Krümmung ist sie in der Lage, verschieden weit entfernte Gegenstände nacheinander scharf auf die Netzhaut zu projizieren.

Die Netzhaut selbst besteht aus übereinanderliegenden Schichten. Zunächst durchdringt das Licht eine Nervenfaserschicht und einige Zellenschichten. Aber erst wenn es auf die darunter eingebettete Schicht der Zapfen und Stäbchen gelangt, wird die physikalische Energie der elektromagnetischen Schwingungen in eine physiologische Erregung verwandelt.

Stäbchen und Zapfen sind ungleichmäßig über die Netzhautschicht verteilt. Im mittleren Bereich der Netzhaut, in jener Zone nämlich, die der Linse gegenüberliegt, herrschen die Zapfen vor. In der sogenannten Sehgrube, der »fovea centralis«, einer Stelle im Mittelpunkt der Netzhaut mit einem Durchmesser von knapp einem halben Millimeter, sind sie ausschließlich vorhanden (Abb. 7 J). Im übrigen Bereich der Netzhaut sind Zapfen und Stäbchen nebeneinander angeordnet. An den Außenrändern der Netzhaut schließlich überwiegen die Stäbchen. Abb. 9 zeigt einen Querschnitt durch die Netzhaut, in welcher die Anordnung von Stäbchen und Zapfen erkennbar ist.

Während die Stäbchen (A) gruppenweise mit Ganglienzellen (Nervenfasern) verbunden sind, hat jeder Zapfen (B) eine eigene Verbindung zu einer Nervenfaser. Alle Nervenfasern laufen in der Sehnervenpapille, die man auch »blinden Fleck« nennt, zusammen (Abb. 7 K). Von hier aus werden sie als Bündel zum Gehirn weitergeleitet. Dabei ist jede einzelne Nervenfaser isoliert, so daß die Informationen in den einzelnen Nervenfasern getrennt weitergegeben werden können.

Das genaue Funktionieren von Zapfen und Stäbchen ist wissenschaftlich noch nicht erwiesen. Es kann nicht mit Sicherheit gesagt werden, wie das farbige Sehen tatsächlich zustande kommt. Man ist hierbei auf Theorien angewiesen und es gibt durchaus verschiedene Theorien darüber.

Am sichersten weiß man Bescheid über die Arbeitsweise der Stäbchen. Sie nehmen ausschließlich Helligkeitsunterschiede wahr und sind vor allen Dingen dann von Bedeutung, wenn nur sehr wenig Beleuchtung vorhanden ist. Farbunterschiede sind mit Hilfe der Stäbchen nicht zu erkennen. Das erklärt auch die Tatsache, daß man nachts bei spärlicher Mondbeleuchtung keine Farbunterschiede wahrnehmen kann, denn

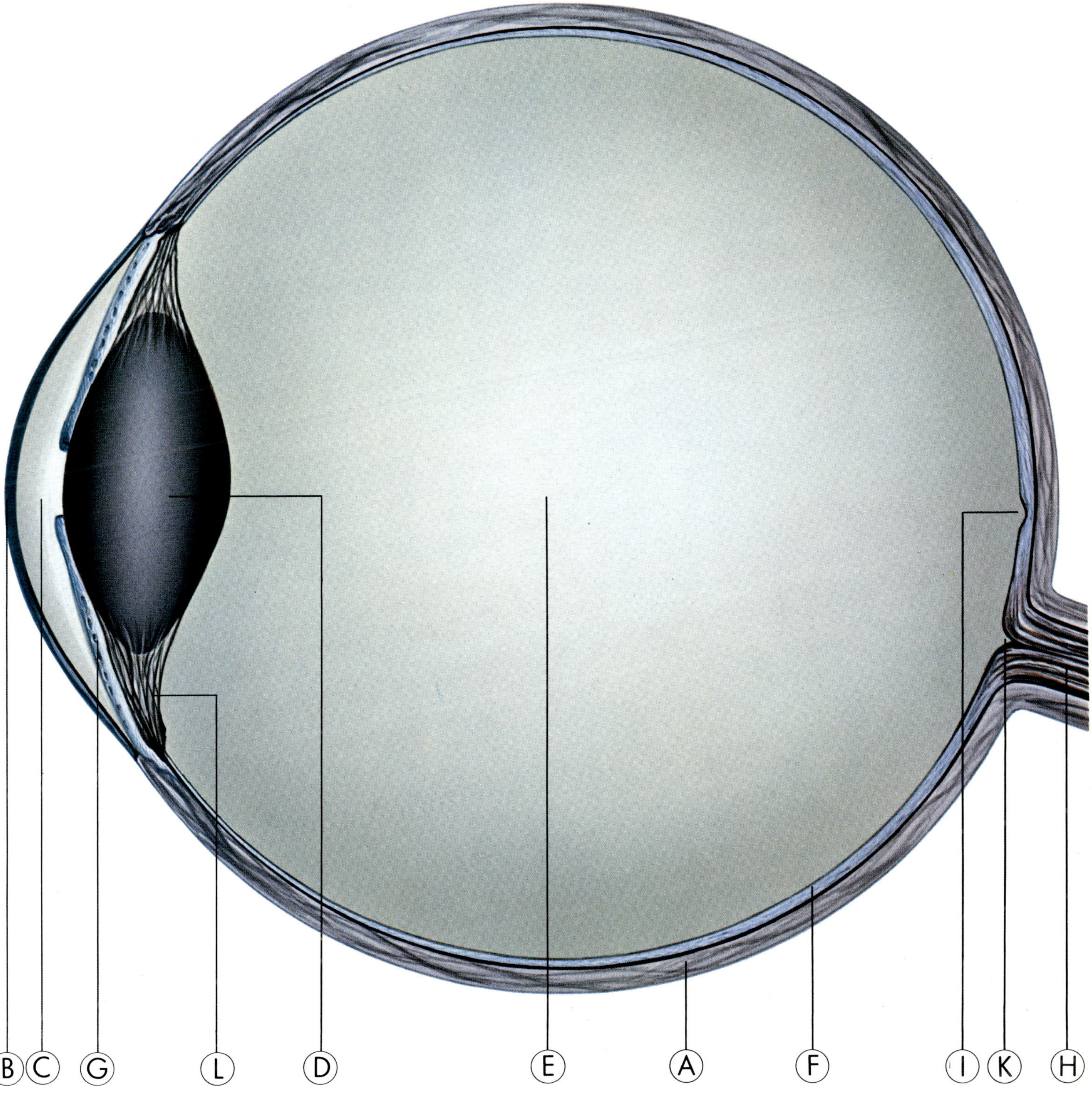


Abb. 7 Querschnitt eines Auges: Lederhaut (A), durchsichtige Hornhautschicht (B), Kammerflüssigkeit (C), Linse (D), Glaskörper (E), Netzhaut (F), Iris (G), Nervenstrang (H), fovea centralis (I), blinder Fleck (K), Muskel der Linse (L).

bei dem geringen vorhandenen Licht sind nur noch die Stäbchen in Funktion.

Die Stäbchen sind gefüllt mit einer Flüssigkeit, die »Sehpurpur« genannt wird. Es handelt sich bei dieser Substanz um einen eiweißgebundenen Karotinfarbstoff, der eine Verbindung mit Vitamin A eingegangen ist und sich unter Einwirkung von Licht chemisch verändert. Diese Verwandlung erfolgt auf dem Wege über Sehorange und Sehgelb in Sehweiß. Hierbei werden Energien freigesetzt, welche die physiologische Erregung auslösen. Sobald der Lichtreiz aufhört, regeneriert sich die Sehsubstanz und wird zu ihrer ursprünglichen Beschaffenheit zurückgeführt.

Über die Arbeitsweise der Zapfen, von denen auf einem Quadratmillimeter bis zu 15 000 vorhanden sind, läßt sich nur mit geringer Sicherheit berichten.

Die vorherrschende Theorie basiert auf der Tatsache, daß man durch geeignete Experimente zu drei »Spektralwertkurven« gelangt, aus denen man die Empfindlichkeit des Sehorgans und damit die Empfindlichkeit der drei entsprechenden Zapfentypen ableitet. Diese Experimente sind so aufgebaut, daß man im dunklen Raum mit drei »Primärvalenzen«, nämlich mit drei Farblichtern, durch optische (additive) Farbmischung gegebene Farblichter nachmischt. Dabei kommt es darauf an, für jede Nachmischung die Werte der Primärvalenzen zu registrieren und anschließend mathematisch auszuwerten. Trägt man die ermittelten Werte in ein Koordinatensystem ein, so erhält man die eben genannten Spektralwertkurven wie sie in Abb. 10 a gezeigt sind. Man erkennt, daß die drei Kurven-Maxima in den Bereichen Violettblau, Grün und Orangerot liegen und leitet daraus ab, daß es drei Zapfentypen geben muß, die für diese drei Spektralbereiche unterschiedliche Empfindlichkeiten besitzen.

Unabhängig voneinander sind die verschiedenen Autoren zu sehr ähnlichen derartigen Spektralwertkurven gekommen, wie in Abb. 10 b sichtbar wird. Dort sind die Arbeiten von König, Ives, Judd und Justova zusammen aufgetragen.

Das Zustandekommen des Farbensehens stellt man sich dementsprechend folgendermaßen vor: Ein Farbreiz gelangt in das Auge. Entsprechend seiner spektralen Zusammensetzung wird er die drei unterschiedlichen Zapfentypen verschieden stark erregen. Von den entsprechenden Nervenzellen werden demzufolge verschiedene Werte zum Gehirn weitergeleitet. Die Farbempfindungen für die einzelnen Farbnuancen würden somit auf ganz ähnliche Art und Weise zustande kommen, wie dies bei der additiven Farbmischung geschieht, die wir später noch ausführlich kennenlernen werden. Es würde also dem Sehen das gleiche Prinzip zugrunde liegen, welches auch beim Farbfernsehen das Zustandekommen der Mischfarben ermöglicht. Das wären durchaus einleuchtende und logische Zusammenhänge.

Erhärtet wird die Theorie der drei verschiedenen Zapfentypen aus den genauen Untersuchungen des Sehvermögens von Farbenblinden und Farbenfehlsichtigen. Diese Störungen und Abweichungen vom »normalen« Sehen – Farbenblindheit und Farbenfehlsichtigkeit – können damit erklärt werden, daß jeweils ein oder zwei Zapfentypen gar nicht oder nur teilweise reagieren.

Allerdings gibt es auch eine andere Theorie, die annimmt, daß es nur eine einzige Art von Zapfen gibt, welche alle gleich funktionieren, und zwar in ähnlicher Weise, wie das bereits beim »Stäbchen-Sehen« beschrieben worden ist. Der Unterschied würde darin bestehen, daß alle Zapfen empfindlich sind für Unterschiede von Wellenlängen und von Intensität, während die Stäbchen nur Intensitätsunterschiede registrieren können.

Obgleich es also noch nicht gelungen ist, einen einwandfreien wissenschaftlichen Beweis für die Theorie der drei verschiedenen Zapfentypen zu erbringen, muß angenommen werden, daß die Augen in dieser Weise funktionieren.

Interessanterweise werden gleich intensive sichtbare elektromagnetische Schwingungen vom Auge nicht als gleich hell empfunden. Vielmehr steigt die Hellempfindung von einem minimalen Wert bei kurzwelligen Strahlungen zur Mitte des Spektrums hin erheblich an. Sie fällt zum Spektrumsende wiederum auf einem minimalen Wert herab. Abb. 11 A zeigt den Streubereich von etwa 200 Personen in bezug auf die Helligkeitsempfindung von Farblichtern gleicher Intensität. Der Kurvenaufbau erscheint logisch, wenn man bedenkt, daß die elektromagnetischen Schwingungen, die kurzwelliger oder langwelliger sind als das Spektrum, das Sehorgan nicht erregen.

Wie sich die Hellempfindlichkeit vom Tagessehen zum Nachtsehen hin verschiebt, wird in 11 b deutlich. Im Gegensatz zur Hellempfindlichkeit der Zapfen, deren Maximum ziemlich genau in der Mitte des sichtbaren Spektrums liegt, verschiebt sich die Hellempfindlichkeit der Stäbchen zum kurzwelligen Licht hin.

## Fehlsichtigkeiten

Das menschliche Auge ist von einer enormen Anpassungsfähigkeit. Es stellt sich nicht nur automatisch auf ein bestimmtes Helligkeitsniveau der Umgebung ein, es ist darüber hinaus in der Lage, nacheinander sehr nahe und sehr weit entfernte Gegenstände scharf auf der Netzhaut abzubilden. Das einzelne Auge allerdings weist kleine Mängel auf, die sich aus seiner anatomischen Bauweise und aus seiner Plazierung in der Augenhöhle ergeben. Die Mängel des einen Auges werden durch das zweite ausgeglichen.

Denn nur wer mit zwei Augen sieht, hat ein volles Blickfeld und kann auch diejenigen Dinge wahrnehmen, die seitlich von ihm vor sich gehen. Wer nur mit einem Auge sehen kann, ist dadurch bedroht, daß er eine Gefahr, die von der anderen Seite kommt und die normalerweise durch das blitzschnelle Erkennen einer Bewegung registriert wird, nicht rechtzeitig wahrnimmt. Die Nase begrenzt das Gesichtsfeld des einen Auges erheblich. Man braucht nur einmal ein Auge zu schließen, um die Gesichtsfelderweiterung zu messen, die durch das zweite Auge gegeben ist.

An der Stelle der Netzhaut eines Auges, an welcher sämtliche Nervenfasern zusammenlaufen und von der aus der Nervenstrang zum Gehirn weitergeleitet wird, ist ein »blinder Fleck« vorhanden. Auch dieser Mangel wird durch das zweite Auge kompensiert. Durch ein kleines Experiment läßt sich der

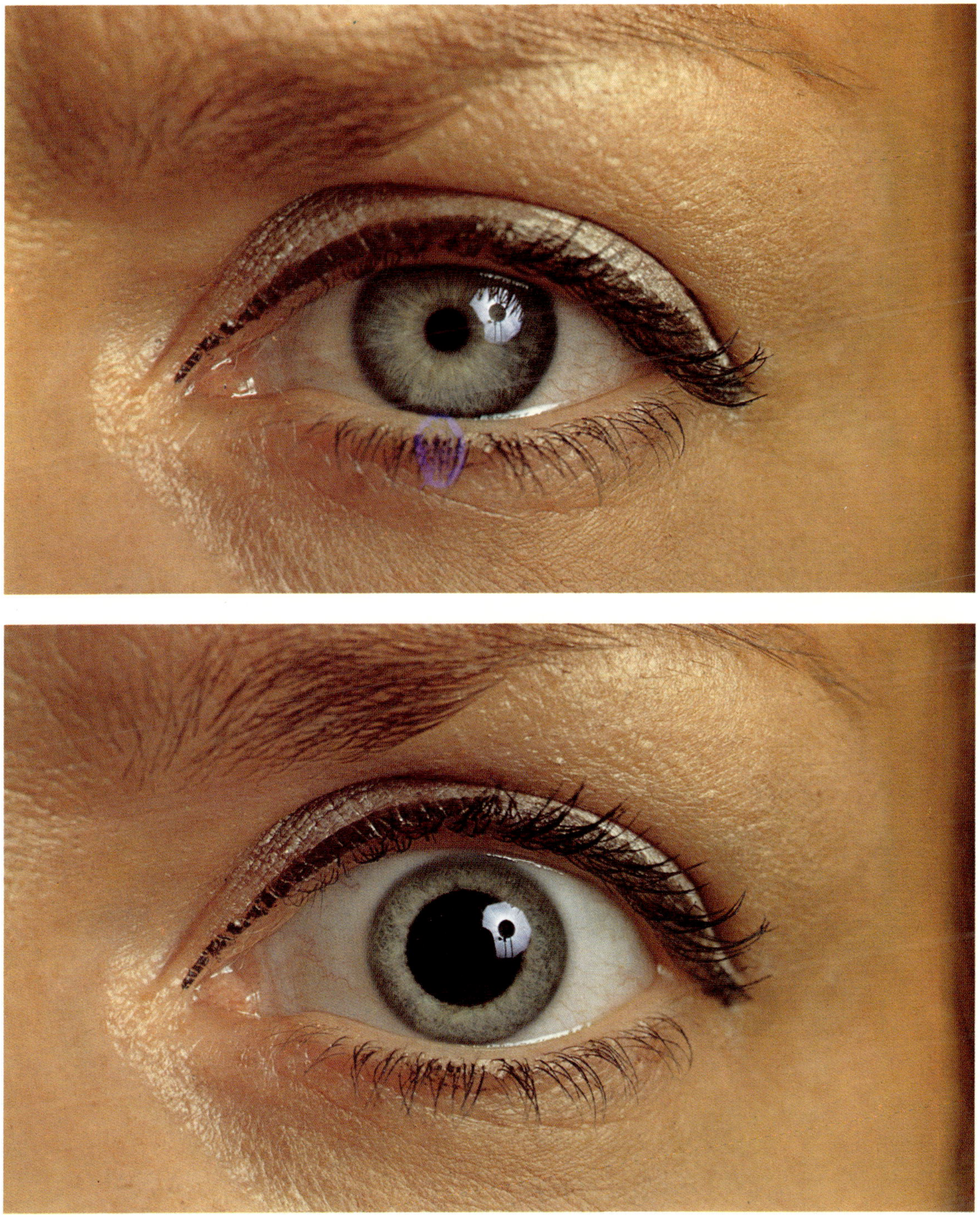

A

B

Abb. 8 Die Iris des Auges arbeitet wie die Blende eines Fotoapparates. Bei starkem Licht (A) schließt sie sich, um die einfallende Lichtmenge zu reduzieren. Bei schwachem Licht öffnet sie sich (B). Die Regulierung wird aus dem Unterbewußtsein gesteuert.

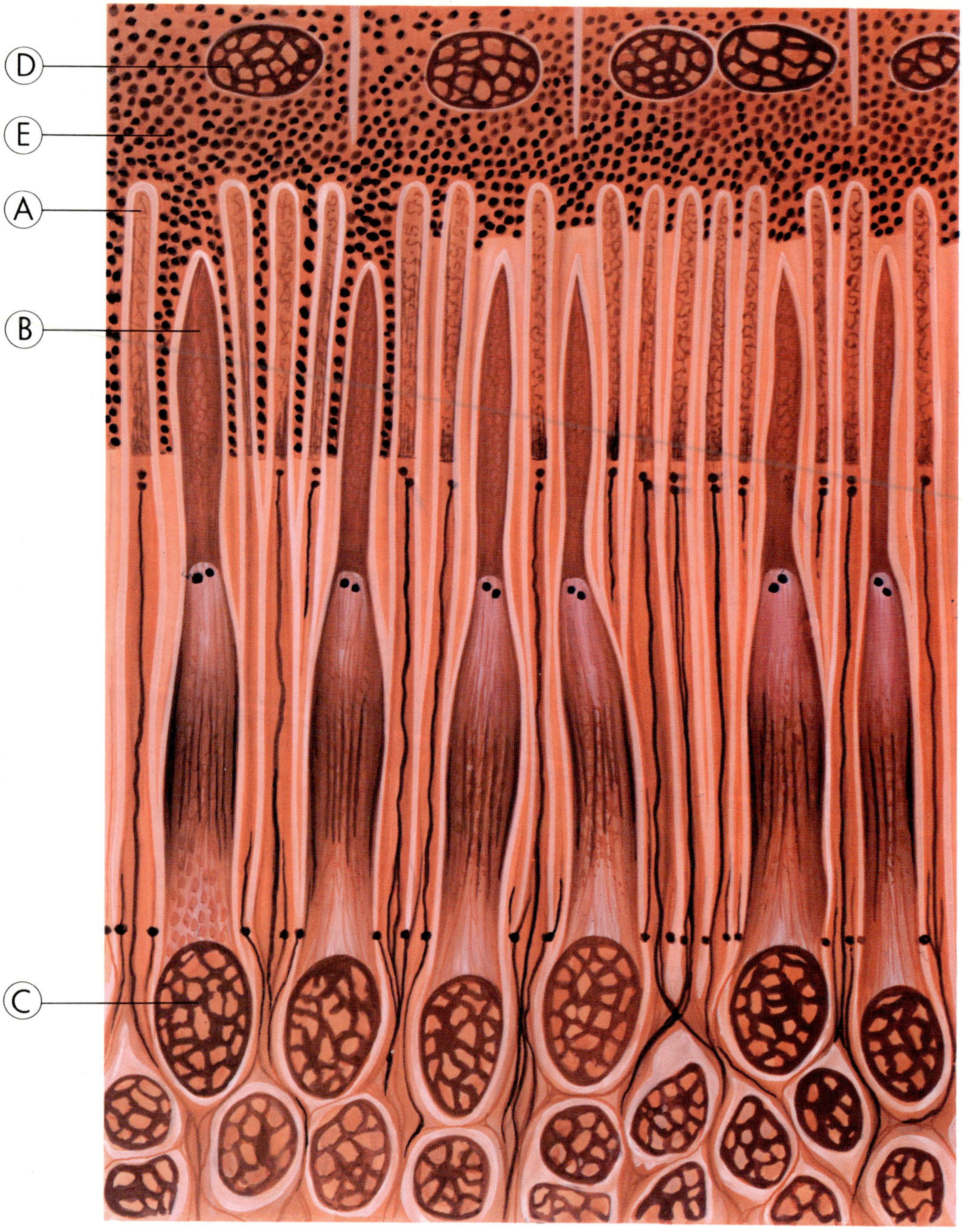


Abb. 9 Querschnitt durch die Netzhaut: Die Stäbchen (A), die Zapfen (B), die Ganglienzellen (C). Das Licht durchquert zunächst eine Nervenfaserschicht (E), in welcher Nervenzellen (D) eingebettet sind, ohne jedoch hier einen physiologischen Prozeß hervorzurufen. Dieser beginnt erst, wenn es auf die Zapfen und Stäbchen trifft.

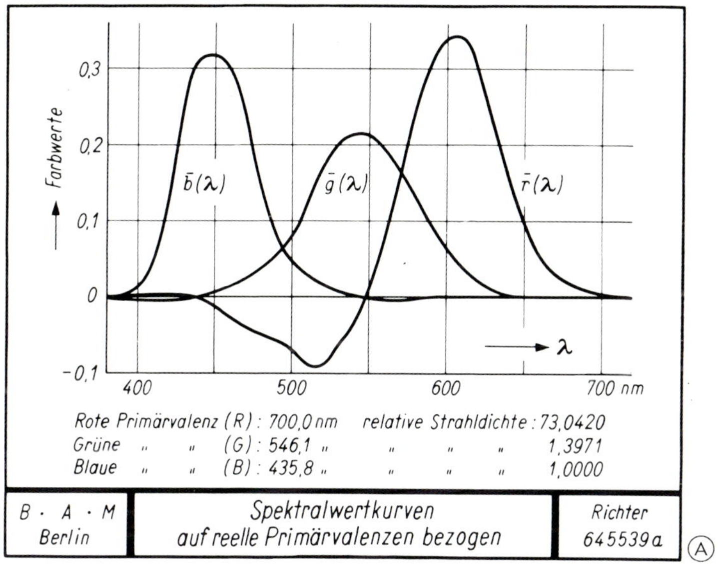


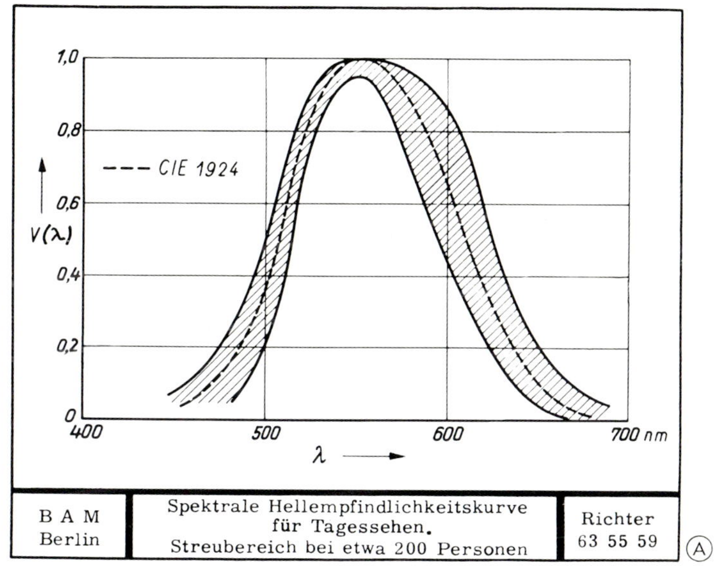


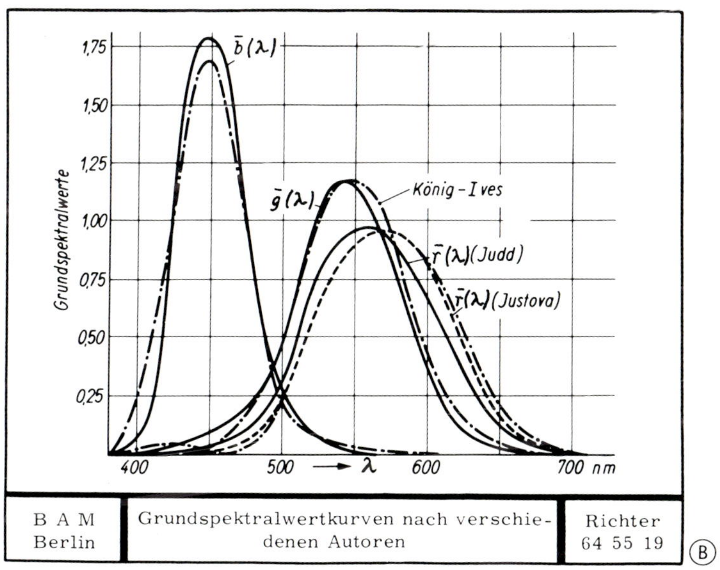


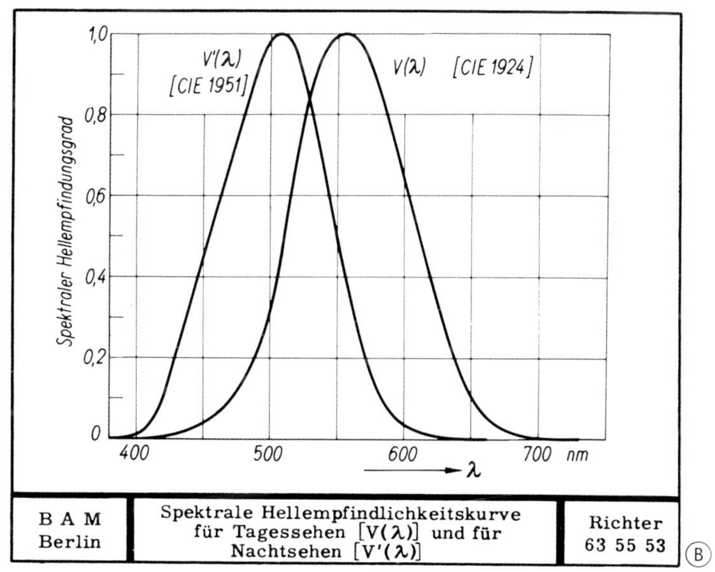


Abb. 10 Die »Grundspektralwertkurven« zeigen die Sensibilität der drei Zapfentypen in bezug auf die sichtbaren Strahlungen des Spektrums. Die Darstellung (A) ergibt sich bei Verwendung der genannten Wellenlängen als Primärvalenzen. (B) zeigt, wie verschiedene Autoren schon vor Jahrzehnten zu sehr ähnlichen Beurteilungen gekommen sind.

Abb. 11 Das Auge nimmt sichtbare Strahlungen bei gleicher Strahlungsintensität nicht als gleich hell wahr. Wie die Hellempfindung entsprechend der Wellenlängen ansteigt und wieder abfällt, zeigt (A). Die Hellempfindung der Zapfen ist anders als diejenige der Stäbchen (B).

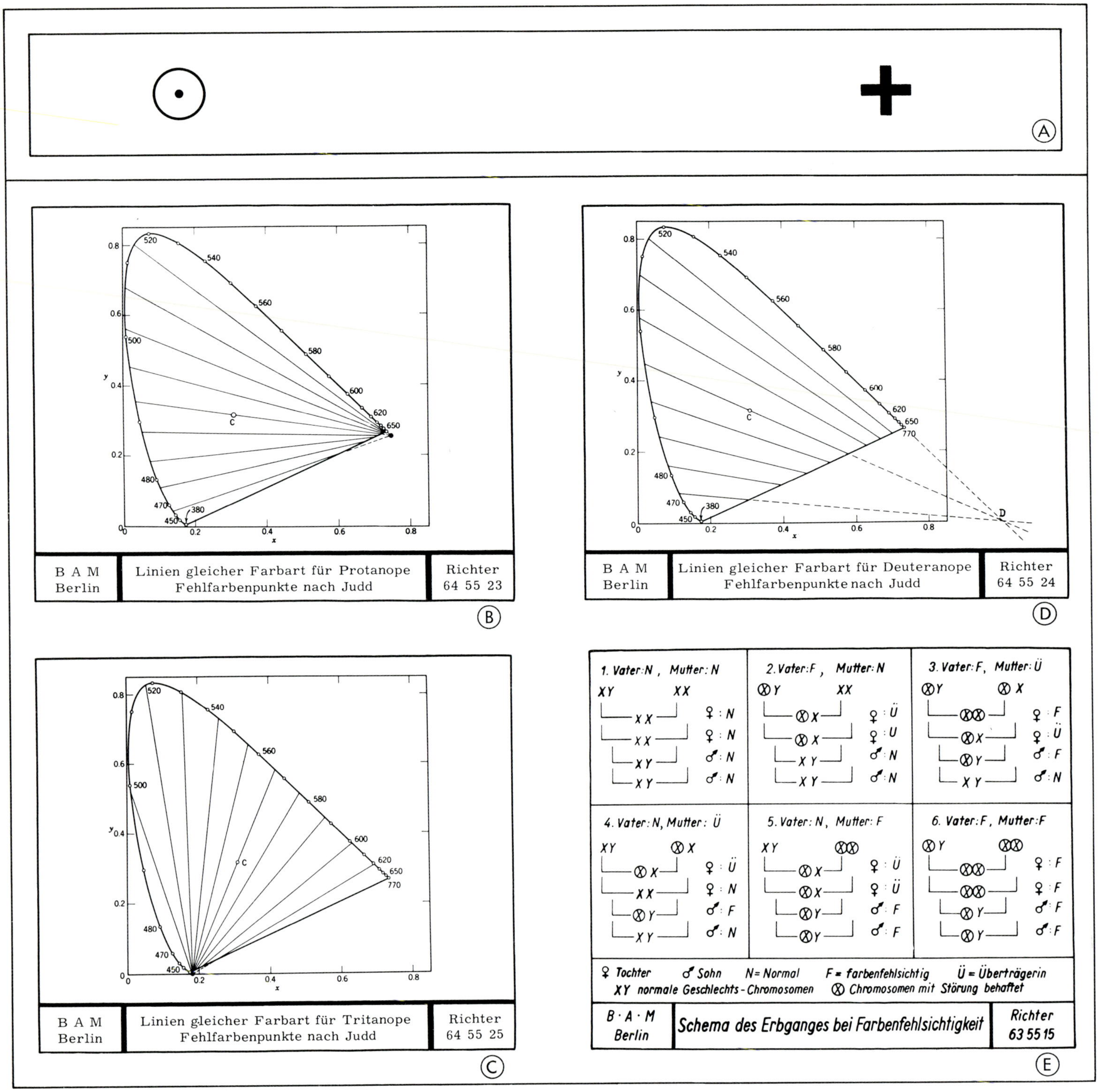


Abb. 12 A: Testbild zum Prüfen des blinden Flecken. (B), (C) und (D) sind Schemen, aus denen man erkennt, wie Farbfehlsichtige bestimmte Farben (die auf den Darstellungen auf den gleichen Linien liegen) nicht unterscheiden können. (E) gibt eine Übersicht über die rezessive Vererbung von Farbenblindheit.

blinde Fleck leicht nachweisen. Man halte die Abb. 12 A dieses Buches in einem Abstand von 60 bis 70 cm vor sich hin und fixiere mit dem rechten Auge, indem man das linke schließt, den kleinen Punkt im linken Kreis. Bewegt man nun das Buch langsam in Richtung auf das Auge zu, so wird das Kreuz auf der rechten Seite der Abbildung bei einem Abstand von ungefähr 30 cm plötzlich verschwunden sein, da es durch den blinden Fleck nicht mehr erkannt werden kann. Bei der weiteren Annäherung an das Auge wird es wieder sichtbar.

Gegenüber dem Linsensystem des Auges befindet sich um die gesamte »fovea centralis« herum ein Gebiet, in welchem die Netzhaut mit einem gelben Farbstoff durchsetzt ist (Abb. 7). Dieser Bereich wird »macula lutea« oder »gelber Fleck« genannt. Die unterschiedliche Konzentration dieses gelben Farbstoffes bei den verschiedenen Menschen kann ein Grund für individuell verschiedenes Sehen sein.

Ein bei manchen Menschen vorkommender Funktionsfehler der Augen ist die Nachtblindheit. Offenbar handelt es sich dabei um einen Mangel an Vitamin A im Sehpurpur der Stäbchen, wodurch diese nicht auf Helligkeitsunterschiede reagieren. Nachtblinde können tagsüber völlig normal sehen, denn die Tätigkeit der Zapfen in ihren Augen ist nicht gestört. Sobald jedoch in der Dämmerung die vorhandene Beleuchtungsstärke der Umgebung unter eine gewisse Schwelle absinkt, sehen sie gar nichts mehr. Bei Normalsichtigen übernehmen, wie bereits ausgeführt, die Stäbchen die gesamte Sehfunktion, sobald die Menge des vorhandenen Lichtes nicht mehr ausreicht, eine Reaktion der Zapfen zu bewirken. In einer solchen Situation können natürlich diejenigen Menschen, deren Stäbchen nicht funktionieren, nichts mehr wahrnehmen.

Farbenblindheit oder Farbenfehlsichtigkeit ist immer auf ein unnormales Funktionieren der Zapfen zurückzuführen. Bei der Theorie, nach welcher drei verschiedene Typen von Zapfen für drei verschiedene Spektralbereiche empfindlich sind (Abb. 10 A und 10 B) lassen sich solche Farbfehlsichtigkeiten einleuchtend erklären, indem man annimmt, daß ein oder zwei Zapfentypen entweder gar nicht vorhanden sind oder aber gar nicht bzw. nicht richtig reagieren.

Bei der anderen Theorie, nach der es nur eine einzige Art von Zapfen gibt, die für den gesamten Spektralbereich empfindlich ist, ist eine Erklärung der Fehlsichtigkeit in einleuchtender Weise noch nicht gelungen.

Farbenblinde können bestimmte Farbtöne nicht voneinander unterscheiden. Diejenigen, die langwelliges Licht, also den Orangerot-Bereich des Spektrums, nicht differenziert wahrnehmen können, nennt man Protanopen. Deuteranopen können im mittelwelligen, im Grün-Bereich keine Farben unterscheiden. Personen, deren Augen nicht richtig auf den kurzwelligen Bereich des Spektrums reagieren, werden als Tritanopen bezeichnet.

Ein Protanoper sieht keinen Unterschied zwischen Orangerot und Violettblau. Alle Farbtöne, die auf der Verbindungslinie zwischen diesen beiden Punkten liegen, wie es Abb. 12 B zeigt, werden von ihm als gleich aussehend empfunden. Diese Verbindungslinien von Farbtönen, welche von Farbenblinden nicht unterschieden werden können, nennt man »Linien gleicher Farbart«. Die unterschiedlichen Störungen im Farbensehen bei Protanopen, Deuteranopen und Tritanopen lassen sich aus den Abb. 12 B, 12 C und 12 D erkennen.

Interessanterweise ist bei Männern die Quote von Farbenblindheit und Farbenfehlsichtigkeit mit 8% außerordentlich hoch. Bei Frauen ist der Anteil mit 0,4 % wesentlich geringer. Das liegt daran, daß die Anlage für Farbenfehlsichtigkeit rezessiv geschlechtsgebunden vererbt wird, wie aus dem Schema in Abb. 12 E hervorgeht. Farbentüchtigkeit ist eine Eigenschaft, die in den zwei Geschlechtschromosomen des Menschen »programmiert« ist. Ein Kind wird männlichen Geschlechts sein, wenn ein x- und ein y-Chromosom zusammenkommen, weiblichen, wenn zwei x-Chromosomen sich verbinden. Die Anlage für Farbuntüchtigkeit wird von den x-Chromosomen übertragen. Eine Mutter, von deren zwei x-Chromosomen nur eines die Anlage zur Farbenblindheit besitzt, kann normal sehen, weil diese Fähigkeit durch das andere, nicht gestörte x-Chromosom bewirkt wird. Verbindet sich in der Erbfolge aber das gestörte x-Chromosom mit einem y-Chromosom, so wird der männliche Nachfahre farbenblind sein. Farbenblindheit tritt demzufolge beim weiblichen Geschlecht nur dann ein, wenn beide x-Chromosomen Störungen aufweisen, wobei jeweils nur die geringere Störung wirksam wird.

In den meisten Fällen sind Farbenfehlsichtige oder Farbenblinde nur in einem Spektralbereich sehuntüchtig oder schwach. Die Anzahl von Menschen, bei denen die Sehschwäche im kurzwelligen Bereich liegt, ist gering. Gelegentlich findet man auch Farbenblindheit, die dadurch hervorgerufen ist, daß zwei der Zapfentypen nicht arbeiten. Völlige Farbenblindheit ist aber nur äußerst selten anzutreffen. Die Abb. 13, 14 und 15 zeigen Testbilder, mit deren Hilfe man Farbenblindheit und Farbenschwäche leicht feststellen kann [5]. Alle drei Tafeln arbeiten nach der Stilling-Hertelschen Methode.

Die Abb. 13 und 14 weisen eine Farbenblindheit oder Farbenschwäche zwischen Orangerot und Grün nach. Wer auf Tafel 13 anstelle einer 3 eine 8 erkennt und wer auf Tafel 14 anstelle von CH eine 30 liest, ist in diesem Bereich farbenfehlsichtig.

Angesichts der Tatsache, daß es nicht nur normal sehende und völlig Farbblinde, sondern dazwischenliegend farbschwache Menschen in allen denkbaren Abstufungen gibt, ist es offenbar noch nicht gelungen, aufgrund von optischen Tests exakte Rückschlüsse auf die genaue Art und den genauen Grad der Fehlsichtigkeiten zu ziehen. Die Hauptschwierigkeit bei der Schaffung eines umfassenden Systems zur Definierung der Farbenfehlsichtigkeit scheint für die Wissenschaft darin zu bestehen, Farbenschwache und Farbenblinde aller Schattierungen ständig für Tests zur Verfügung zu haben. Es ist zu hoffen, daß sich bei der Quote von 8% farbenblinden Männern in der Zukunft ein einfaches System schaffen läßt, das es ermöglicht, aufgrund von Betrachtungstests zu den gewünschten und notwendigen Erkenntnissen zu gelangen.

Leichter scheint es zu sein, diejenigen Farbenblinden herauszufinden, deren Sehschwäche im kurzwelligen, im violettblauen Bereich liegt. Diese Menschen können Violettblau und Gelb nicht unterscheiden. Tafel 15 zeigt ein Testbild zur Ermittlung von feinen Störungen dieser Art. Wer nicht in der Lage ist, auf

Abb. 13 Eine der Stilling-Hertelschen Farbtafeln (5) zum Erkennen einer Farbenfehlsichtigkeit im Orangerot-Grün-Bereich. Wer anstelle einer 3 eine 8 liest, kann Rot und Grün nicht voneinander unterscheiden.

Abb. 14 Testbild zur Erkennung einer Farbenfehlsichtigkeit im Orangerot-Grün-Bereich nach der Stilling-Hertelschen Methode.

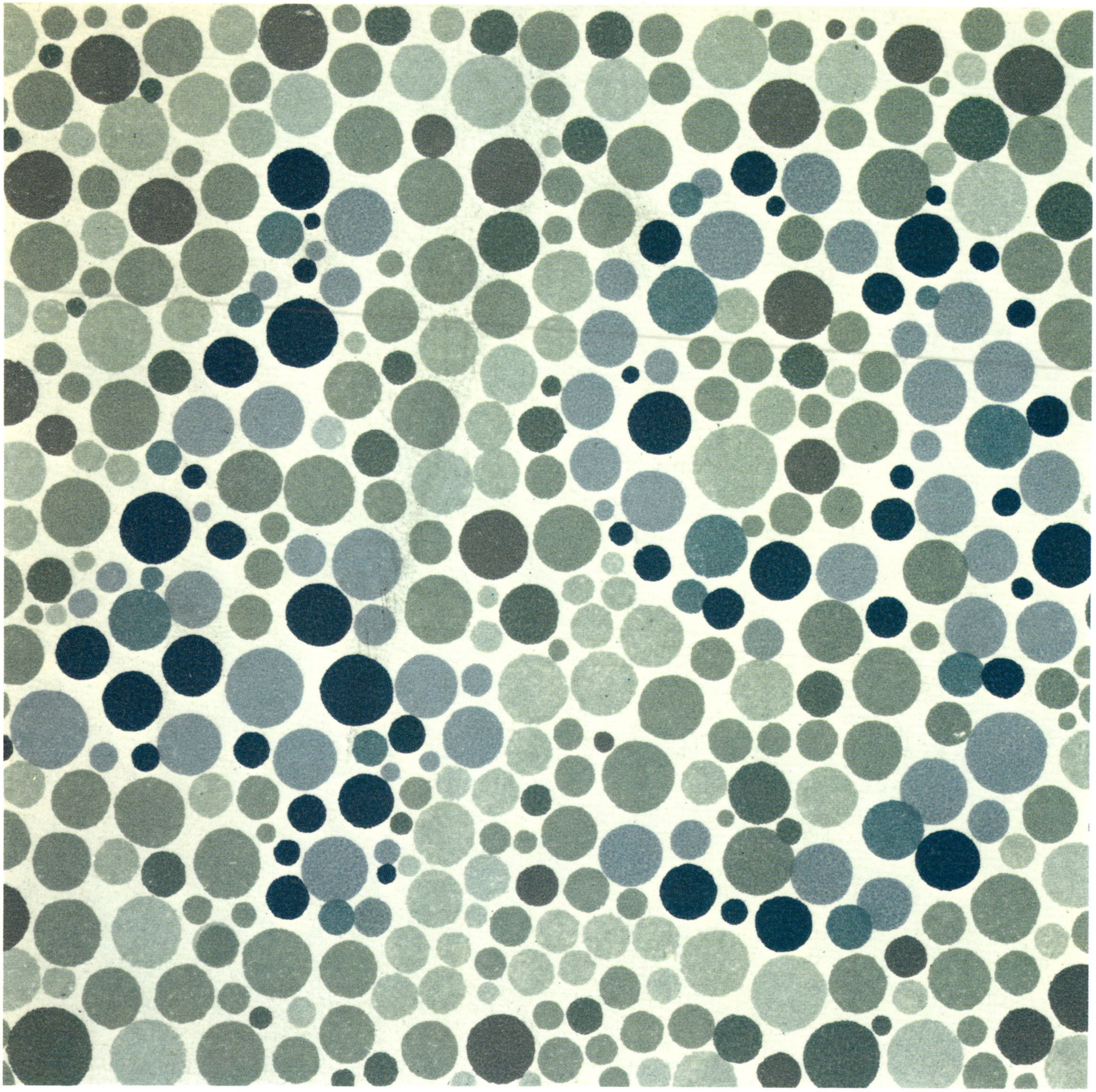

Abb. 15 Ein normalsichtiger Leser liest auf dieser Tafel die Zahl 49. Wer dies nicht erkennen kann, hat eine Sehstörung im violettblauen Spektralbereich. Er unterscheidet zwar die Farben Orangerot und Grün, kann aber diese beiden nicht von Violettblau trennen.

dieser Tafel eine 49 zu erkennen, hat eine Sehstörung im violettblauen Bereich des Spektrums.

Eine weitergehende Diagnose über Art und Umfang von Farbenfehlsichtigkeiten kann nur ein Spezialist geben, der zur Prüfung des Patienten spezielle optische Farbmisch-Apparaturen zur Verfügung hat. Deshalb sollten sich solche Personen, bei denen Verdacht von Farbenblindheit besteht und selbstverständlich alle diejenigen, die einen Beruf ergreifen wollen, der irgendwie mit Farben zu tun hat, sorgfältig von einem Augenarzt untersuchen und testen lassen.

## Optische Täuschungen

Man darf nicht alles glauben, was man sieht. Unsere Augen spielen uns so manchen Streich. Die Beispiele in Abb. 16 zeigen, wie man sich täuschen kann.

In 16 A laufen die waagerechten Linien exakt parallel. Trotzdem erscheinen sie gekrümmt. Man glaubt ganz deutlich zu erkennen, daß der Abstand der waagerechten Linien in der Mitte größer ist als an den Seiten. 16 B ist ein Beispiel für ein Bild, das man ganz nach Belieben positiv oder negativ sehen kann. Entsprechend unserem Wollen erkennen wir entweder drei Stufen einer weißen Treppe, die nach rechts in die Höhe führt, oder ein zackenartig ausgesägtes Brett, das wir von unten betrachten. Einmal scheint die schraffierte Fläche näher zu sein als der weiße Hintergrund. Dann wieder sehen wir die gleiche Fläche als Hintergrund weiter entfernt als die weiße Seite der vor uns liegenden Treppe. Beim Betrachten kann es passieren, daß die Perspektive plötzlich umspringt und sich genauso plötzlich wieder zurückverändert. Es gelingt aber auch, die gleiche Abbildung rein flächig zu sehen.

In 16 C und 16 D sind Kreisflächen gezeigt. Man wird es kaum glauben, daß beide im Mittelpunkt liegenden Kreisflächen von C und D genau gleich groß sind. Die von vielen kleinen Kreisen umgebene Kreisfläche erscheint größer als sie ist (16 D), diejenige, die von größeren Kreisflächen umgeben ist, kleiner (16 C).

Die Ursache dieser recht merkwürdigen Erscheinungen konnte noch nicht mit Sicherheit geklärt werden. Man vermutet, daß es ein instinktives Bestreben des Sehorganes ist, sofort und auf den ersten Blick eine Gesamtsituation zu erkennen. Das wiederum ist nur möglich mit Hilfe des Verstandes, mit Hilfe der Erinnerung. Daraus folgt, daß mit dem Sehen immer eine instinktive Gehirntätigkeit gekoppelt ist. Die Informationen, die vom Auge kommen, werden laufend vom Verstand überprüft, der automatisch wie ein Computer nach Vergleichbarem in der Erinnerung sucht.

Etwas zu »erkennen« ist demnach nur möglich, wenn man es vorher schon »kennt«. Dieses Kennen wiederum kann nur auf eine Erfahrung der Vergangenheit zurückzuführen sein. Die Erinnerung an diese Erfahrung wird vom Verstand beim Sehen einer Sache hervorgeholt.

Das Bild 16 B kann nur deswegen vom Betrachter plastisch gesehen werden, weil er bereits eine Vorstellung davon hat, was es darstellt. Wer niemals eine Treppe oder ein zackig angesägtes Brett gesehen hat, vermag auch in einem derartigen Bild eine solche Form nicht wiederzuerkennen. Er kann nicht daran erinnert werden. Zwangsläufig müßte diese Darstellung ausschließlich flächig auf ihn wirken. Bei 16 C und D mag es wohl so sein, daß die beiden Informationen miteinander verglichen werden. Die Erkenntnis »der mittlere Punkt ist kleiner als die anderen« steht der Erkenntnis »der mittlere Punkt ist größer als die anderen« gegenüber. Offenbar wird durch die Einschaltung des Verstandes, durch eine Art falsche Schaltung, die irrige Vorstellung zuwege gebracht, der mittlere linke Punkt sei kleiner als der mittlere rechte.

Allerdings könnte man sich für diese merkwürdige Tatsache, daß zwei gleich große Punkte verschieden groß aussehen, noch eine andere Erklärung vorstellen. Wie wir bei dem Kapitel über den Simultankontrast noch sehen werden, besitzt das Auge die eigenartige Eigenschaft, Farbunterschiede übersteigert zu registrieren. Absolut gleiche Farbproben können vor verschiedenen Hintergründen ganz verschieden aussehen. Ähnlich könnte das Auge auch in diesem Falle arbeiten. Es ließe sich vorstellen, daß das Sehorgan die Eigenschaft besitzt, instinktiv unter einer großen Zahl von völlig gleichartigen Objekten sofort dasjenige zu erkennen, welches in irgendeiner Weise abweicht. Vielleicht ist es so, daß in einer Art »Kontraststeigerung« die Abweichung übertrieben registriert wird, um sie deutlicher erkennbar zu machen.

## Adaptation und Simultankontrast

Die Anpassungsfähigkeit des Sehorgans ist erstaunlich. Unsere Augen sind in der Lage, extreme Helligkeitsunterschiede zu kompensieren. Allerdings benötigen sie zur Anpassung an eine neue Situation eine bestimmte Zeit. Tritt man aus dem grellen Sonnenlicht in einen dämmerigen Kellerraum, so sieht man zunächst überhaupt nichts mehr. Erst allmählich stellt sich das Auge auf die neuen Lichtverhältnisse ein. Man nennt diese Anpassung des Auges Adaptation.

Die volle Adaptation des Auges bei starken Helligkeitsunterschieden kann eine halbe Minute oder länger dauern. Dabei reagieren die beiden Augen vollständig unabhängig voneinander. Jeder kann das leicht ausprobieren, indem er das eine Auge hellem Licht aussetzt, während er das andere durch Vorhalten der Hand oder durch eine Augenbinde abdunkelt. Tritt man nun in einen dunklen Raum mit sehr spärlicher Beleuchtung, so ist das vorher geschützte Auge bereits adaptiert. Mit ihm kann man sofort optimal sehen. Das andere Auge dagegen braucht eine gewisse Zeit, um sich anzupassen. Der Prozeß der Adaptation läßt sich auch sehr gut verfolgen, indem man wechselseitig das eine oder das andere Auge öffnet oder schließt. Noch ein weiterer Versuch, um die Adaptation des Auges zu beobachten: Sitzt man in einem mäßig beleuchteten Raum an einem Schreibtisch mit einer hellgrauen Tischplatte, auf welcher weißes Schreibpapier liegt, so wird das Papier weiß erscheinen. Die Schreibplatte, die in diesem Fall nur den vierten Teil des Lichtes reflektiert, welches vom Papier reflektiert wird, erscheint grau. Wenn man nun eine Schreibtisch-

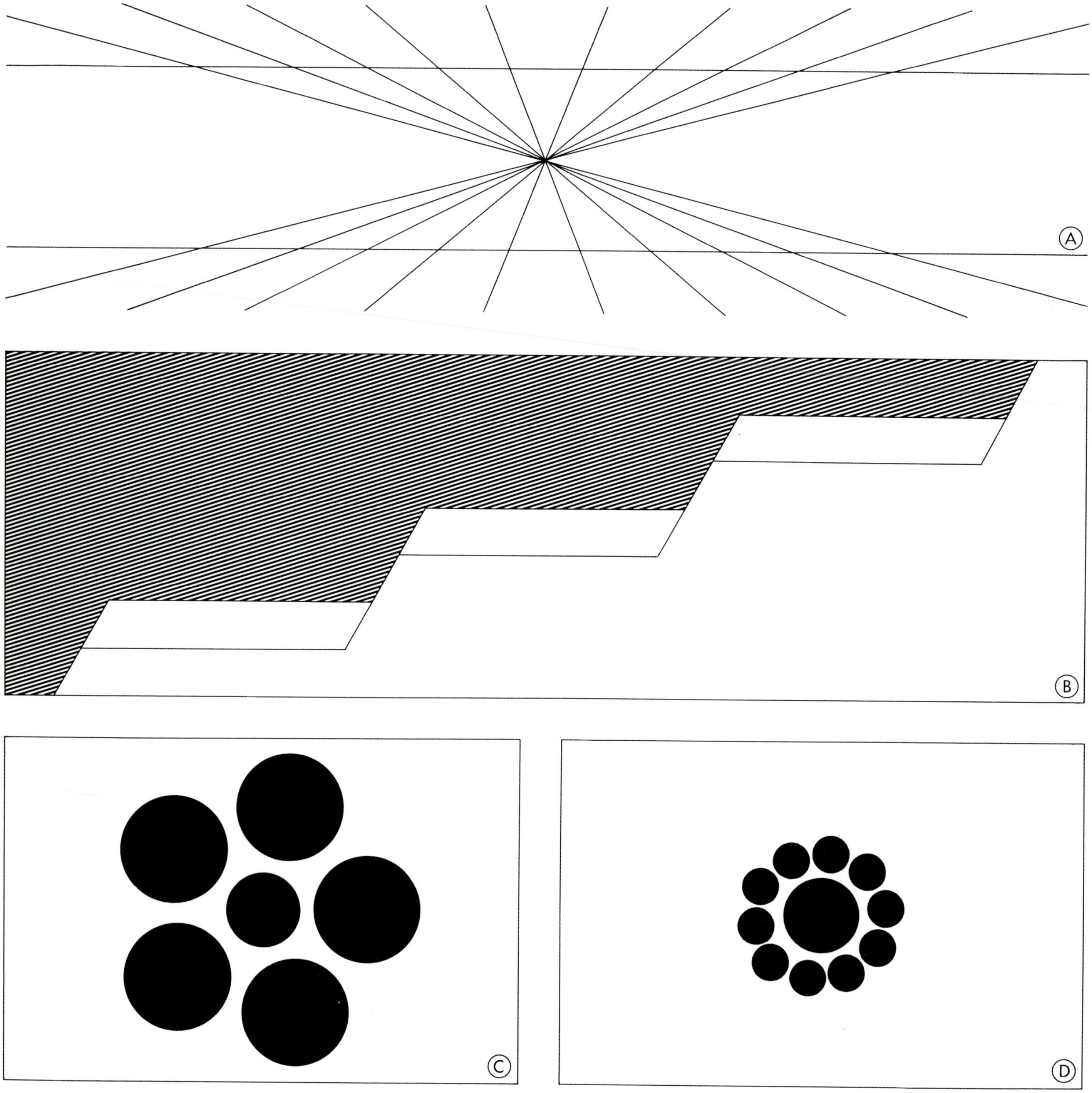


Abb. 16 Die waagerechten Linien (A) sind parallel, die mittleren Kreisflächen in (C) und (D) sind gleich groß. Ein Beispiel dafür, wie die Perspektive eines Bildes »umspringen« kann, gibt (B). Wahlweise erkennt man die weißen Treppenstufen, die nach oben führen, oder die Schnittflächen eines angesägten dunklen Brettes.

lampe einschaltet, welche die fünffache Lichtmenge auf den Tisch strahlt, so erscheint immer noch die Tischplatte grau und das Papier weiß, obgleich jetzt von der grauen Tischplatte mehr Licht ins Auge reflektiert wird als vorher vom weißen Papier. Würde man für Filmaufnahmen um den Schreibtisch herum Scheinwerfer aufstellen, die abermals eine vielfache Menge Licht ausstrahlten, so würde man immer noch die Tischplatte als grau und das Papier als weiß erkennen. Demnach hat das Auge die Eigenschaft, sich jeder Situation anzupassen, um Helligkeitsunterschiede möglichst deutlich zu erkennen.

Wie bereits bekannt, wird durch Einwirkung des Lichtes ein Sehstoff im Auge zersetzt und dadurch eine physiologische Erregung hervorgerufen. Diese wird in das Gehirn weitergeleitet, wo eine Farbempfindung bzw. eine Lichtempfindung produziert wird. Bei starker Lichteinwirkung hat sich nach einiger Zeit die Menge des Sehstoffes durch Zersetzung so verringert, daß nur noch ein geringer Rest dem Licht ausgesetzt ist. Also kann nach Abschluß dieses Zersetzungsprozesses von der gleichen Lichtmenge nicht mehr der gleiche Anteil des Sehstoffes abgebaut werden. Offenbar ist die Regenerierung des Sehstoffes so gesteuert, daß immer nur so viel neuer Sehstoff aufgebaut wird, wie notwendig ist, um ein etwa gleichbleibendes Maß an physiologischer Erregung bei den gerade vorhandenen Lichtverhältnissen hervorzubringen. Es handelt sich demnach um einen automatischen Regelprozeß des Organs, der es ihm ermöglicht, sich weitgehend jeder Beleuchtungssituation anzupassen. Die Zeitspanne vom ersten Lichtreiz bis zum Einpendeln der Sehstoff-Regenerierung ist die Adaptationszeit.

Die erwähnten Beispiele lassen sich durch diese Theorie der Anpassung der Sehstoffmenge an die allgemeinen Lichtverhältnisse gut erklären. Es besteht ein direkter Zusammenhang zwischen der Menge des Zersetzungsproduktes und der Helligkeitsempfindung.

Wie wir bereits hörten, vollzieht sich die Umstimmung der beiden Augen an bestimmte Lichtverhältnisse unabhängig voneinander. Wenn wir zwei weiße Flächen mit verschieden starkem Licht beleuchten und mit jedem Auge, indem wir rechts und links an einer Pappe vorbeischauen, eine der beiden Flächen betrachten, so werden wir nach Ablauf der Adaptationszeit beide Flächen gleich hell sehen. Den Unterschied der Helligkeit können wir nur erkennen, wenn wir beide Flächen gleichzeitig mit einem oder mit beiden Augen sehen. Dieses Erkennen des Helligkeitsunterschiedes ist unabhängig von der Betrachtungsdauer. Die Schlußfolgerung hieraus ist, daß innerhalb des einzelnen Auges die verschiedenen Bereiche der Netzhaut nicht unabhängig voneinander reagieren. Vielmehr findet durch Helligkeitsunterschiede eine gegenseitige Beeinflussung der Netzhautregionen der Augen statt. Würden nämlich die Netzhautregionen unabhängig voneinander reagieren, so müßten sich die wahrgenommenen Helligkeitsunterschiede innerhalb eines Auges durch Adaptation vermindern und schließlich ganz verwischen.

In Fernsehapparaten ist eine »Kontraststeigerung« eingebaut. Mit elektronischen Mitteln ist es möglich, die Unterschiede zwischen den einzelnen Tonwerten zu verstärken. Sinn dieser Kontraststeigerung ist es, das Bild deutlicher zu machen, die Details hervorzuheben. Das menschliche Auge besitzt eine ganz ähnliche Einrichtung. Es hat nämlich die Eigenschaft, zwei verschiedene Grauwerte, die nebeneinander stehen, so zu sehen, daß der Unterschied verstärkt wird. Der dunklere Tonwert wird etwas dunkler und der hellere etwas heller wahrgenommen als er tatsächlich ist. An den Beispielen in Abb. 17 kann man diesen Effekt studieren. Im oberen Teil der Darstellung sieht man zwei große graue Punkte. Das Grau beider Punkte ist völlig identisch. Jedoch sieht das helle Grau auf dem weißen Hintergrund dunkler aus als auf dem schwarzen.

Das Sehorgan hat hier eine Kontraststeigerung hervorgebracht, wodurch der unterschiedliche Helligkeitseindruck zustande kommt. Noch deutlicher ist die gleiche Erscheinung im unteren Teil der Abbildung zu erkennen. Natürlich fällt uns sofort auf, daß die weißen Linien zwischen den schwarzen Feldern genauso weiß sind wie das weiße Papier, und doch sehen wir an den Kreuzungsstellen der Linien graue Flecken. Lediglich an dem Punkt, auf den wir unseren Blick fixieren, verschwindet dieses Grau, um an den Kreuzungsstellen rundherum immer wieder aufzutauchen.

Diese Erscheinung ist offenbar darauf zurückzuführen, daß der Kontrasteffekt sich an den Grenzen zwischen Schwarz und Weiß abspielt, nicht aber über die Kreuzungsstellen hinwegreichen kann, weil hier die weiße Fläche größer ist. Allem Anschein nach sehen wir nämlich die grauen Stellen »richtig«, während die helleren weißen Linien übersteigert wahrgenommen werden.

Auch diese Erscheinungen des farblosen Simultankontrastes lassen sich durch die Theorie der Anpassung des Auges an die Lichtverhältnisse erklären, wenn man annimmt, daß der Sehstoff sich innerhalb der Netzhaut auszugleichen sucht. An den schwarzen Stellen des Bildes wird er nicht verbraucht, während er an den weißen intensiv durch das Licht zersetzt wird. Das bedeutet, daß der graue Punkt auf dem schwarzen Hintergrund in der oberen Hälfte von Abb. 17 von einem Netzhautbereich registriert wird, bei dem sehr viel mehr Sehstoff zur Verfügung steht, da ja der schwarze Hintergrund keine Zersetzung bewirkt. Das Zersetzungsprodukt des gleich großen und gleich hellen Punktes auf dieser schwarzen Fläche kann also größer sein als dasjenige des grauen Punktes auf der weißen Fläche. Wenn das so ist, dann folgert daraus, daß auch die physiologische Erregung entsprechend größer ist und eine größere Helligkeit vorgetäuscht wird.

Ganz allgemein kann man sagen, daß beim Sehen eine Übersteigerung der Helligkeitsunterschiede eintritt. Der gleiche Tonwert sieht auf einem dunklen Untergrund heller, auf einem hellen dunkler aus.

Neben der Anpassung des Auges an unterschiedliche Beleuchtungsintensitäten gibt es noch die interessante Tatsache der farbigen Umstimmung. Das Auge sieht nämlich einen bestimmten Farbton im ersten »Augenblick« anders als nach einer Anpassungszeit. Dieser Effekt ist deshalb wiederum leicht zu beobachten, weil auch hier beide Augen unabhängiger voneinander reagieren. Hält man ein Auge geschlossen und betrachtet

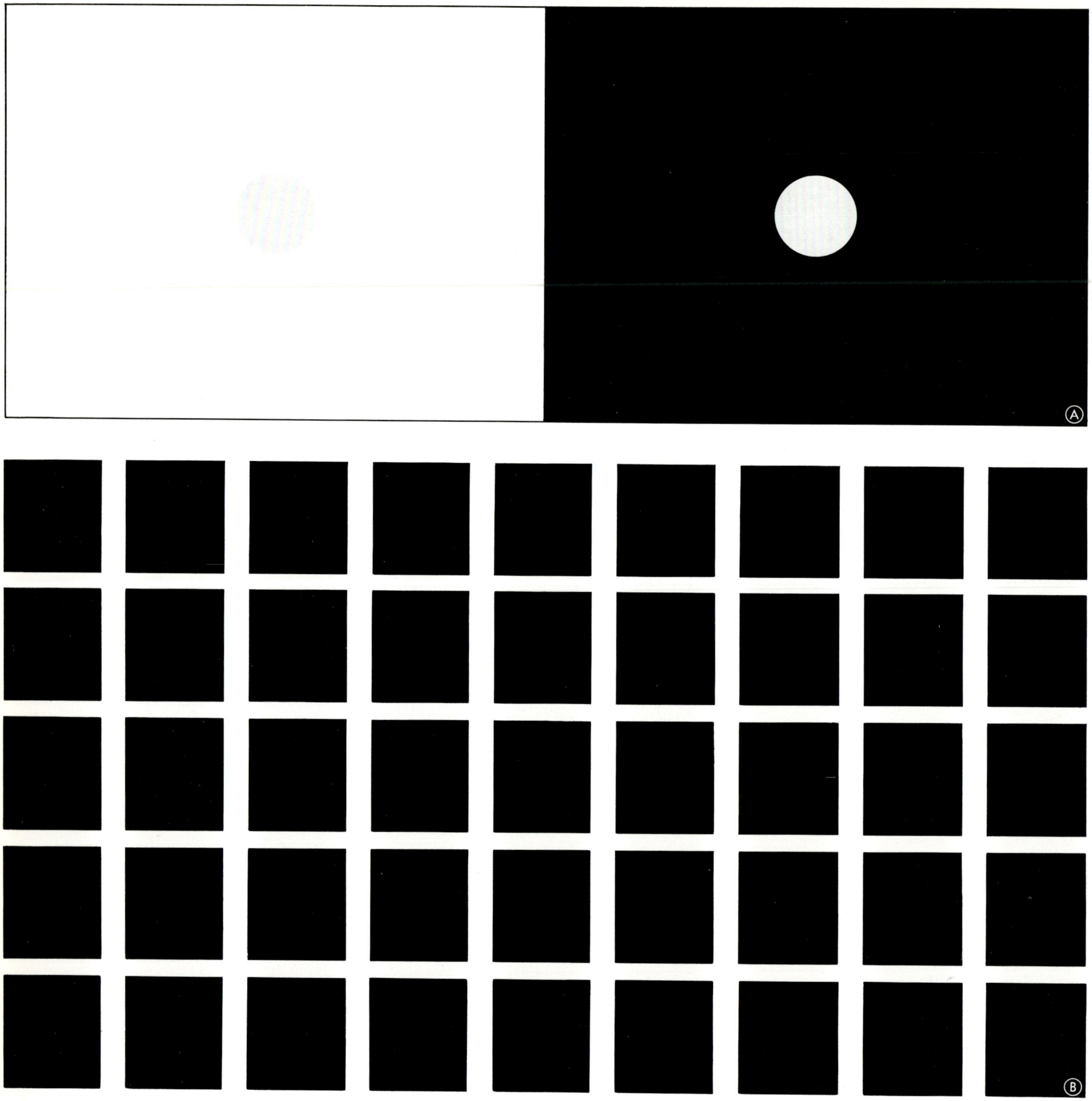


Abb. 17 Auch in bezug auf die Helligkeitswahrnehmung wird das Auge getäuscht. Die beiden grauen Kreisflächen in (A) sind gleich hell. Ebenso sind die sich kreuzenden weißen Linien in (B) gleich weiß, obgleich man an den Kreuzungsstellen graue Flecken erkennt. Fixiert man einen solchen grauen Fleck, verschwindet er sofort. Diese Erscheinungen nennt man farblosen Simultankontrast.

sich mit dem anderen einen bestimmten Gegenstand mit einer kräftigen Farbe, z. B. eine Orange, und vergleicht nach einer gewissen Zeit, indem man das eine Auge schließt und das andere öffnet, so erkennt man deutlich Farbunterschiede. Aus den Arbeiten von Klappauf [6] geht hervor, daß eine Farbe nach Umstimmung des Auges ungesättigter erscheint als vorher. Klappauf hat beobachtet, daß es nur drei Farben gibt, die keiner Änderung durch Umstimmung unterliegen, wenn man sie lange Zeit auf die Augen einwirken läßt: ein bestimmtes Gelb, ein bestimmtes Grün und ein bestimmtes Blau. Nach seinen Feststellungen bezieht sich die Umstimmung des Auges nicht nur auf die Sättigung sondern auch auf den Farbton. Farbtöne, die zwischen Orangerot und Grün liegen, verschieben sich zum konstanten Gelb hin, diejenigen, die zwischen Grün und Violettblau liegen, verändern sich in Richtung auf das konstante Blau.

Nach der von Studnitzschen Theorie kann man die farbige Umstimmung ebenfalls mit dem Vorhandensein von »Sehstoffen« erklären. Setzt man voraus, daß entsprechend der drei angenommenen Zapfentypen drei verschiedene Sehstoffe in Tätigkeit sind, die jeweils auf ihren Spektralbereich reagieren, so läßt sich diese farbige Umstimmung genauso definieren wie die Adaptation an veränderte Helligkeiten. Jeder einzelne der drei verschiedenen Sehstoffe pendelt sich nach der Umstimmungszeit auf ein Niveau einer konstanten physiologischen Erregung ein. Demnach ist die Farbigkeit zu Beginn größer, weil anfänglich mehr Zersetzungsprodukte entstehen.

Die farbige Umstimmung kommt normalerweise deshalb nicht häufig zur Wirkung, weil die Augen hin- und herschweifen und neue Reize nacheinander auf die gleichen Stellen der Netzhaut gelangen. Zwar wird die farbige Umstimmung immer wieder von neuem eingeleitet. Sie wird aber sofort wieder unterbrochen, weil die Farbreize, die auf die Netzhaut fallen, sich ständig ändern und wechseln.

Die Augen passen sich nicht nur an die Helligkeit des Lichtes, sondern auch an die Lichtfarbe an. Auch dies ist ein Vorgang der farbigen Umstimmung. Wenn wir uns eine Zeitlang in einem Raum aufhalten, der mit Glühbirnen beleuchtet ist, empfinden wir das vorhandene Licht als weiß. Erst wenn wir weißes Licht daneben sehen, entdecken wir die gelbe Färbung des Glühlampenlichtes. Beleuchtete Fenster, die man bei einem winterlichen Abendspaziergang in der Dämmerung sieht, lassen uns oft diesen kräftigen gelben Farbton erkennen.

Das Auge gewöhnt sich auch schnell an die Färbung einer gelben Schneebrille oder einer grünlichen Sonnenbrille. Nach einer recht kurzen Zeit ist man gar nicht mehr in der Lage, irgendwelche Farbunterschiede zum normalen Sehen zu erkennen. Würde man aber durch eine derartige Brille hindurch eine Farbaufnahme machen, so würde sofort ein entsprechender Farbstich sichtbar. Hätte man das Sonnenbrillenglas nur vor einem Auge, so würde man durch wechselseitiges Öffnen und Schließen beider Augen die großen Farbunterschiede feststellen.

Natürlich kann die Anpassung des Sehorgans nicht so weit gehen, daß man bei orangerotem Dunkelkammerlicht nach entsprechender Zeit normal sehen könnte. Dieses Licht besteht ja ausschließlich aus langwelligen Strahlen. Das Auge scheint nur dann adaptionsfähig zu sein, wenn im vorhandenen Licht alle Spektralbereiche vertreten sind. Nur die Schwankungen der Intensität bei der spektralen Zusammensetzung des Lichtes können offenbar teilweise kompensiert werden. Ein umgestimmtes Auge ist aber keinesfalls in der Lage, Farben objektiv richtig zu erkennen. Warum das nicht möglich sein kann, wird in dem Kapitel »Das Spektum des Lichtes« noch ausführlich erläutert werden.

Auch ist es für die Farbempfindung, die ein bestimmter Farbton beim Betrachten auslöst, nicht gleichgültig, ob das Auge vorher neutral gestimmt war oder ob es sich farbig umgestimmt hatte.

Von besonderem Interesse für alle, die praktisch mit Farben umzugehen haben, ist die merkwürdige Tatsache, daß Farbnuancen in ihrem Aussehen selbst bei konstanten Beleuchtungs- und Betrachtungsbedingungen erheblichen Schwankungen unterliegen. Sie können nämlich beeinflußt werden durch andere, in ihrer Umgebung befindliche Farbnuancen. Diese Erscheinung, die man den farbigen Simultankontrast nennt, ist in Abb. 18 gezeigt. Bei den nebeneinanderstehenden Farbmustern ist jeweils der waagerecht durchlaufende Streifen exakt die gleiche Farbnuance. Das Aussehen wird nur durch die unterschiedlichen Hintergründe verfälscht und beeinflußt. Dies läßt sich leicht dadurch nachprüfen, daß man eine Maske auflegt, mit der man die Hintergründe abdeckt, so daß nur noch die in der Mitte befindlichen waagerechten Streifen zu sehen sind.

Vorwiegend bei hellen Farbnuancen tritt der farbige Simultankontrast auf. Er ist abhängig von der Größe der Farbflächen. Je kleiner die Flächen sind, desto stärker ist die Erscheinung. Dabei werden Farbnuancen vor einem neutralen Hintergrund farbiger aussehen als sie tatsächlich sind, vor einem stark farbigen erscheinen sie neutraler. Vor dunklen Hintergründen sehen sie heller aus als vor hellen. Aber auch in bezug auf den Farbton gibt es Verschiebungen. So sieht zum Beispiel ein trüber blauer Farbton vor einem grünen Hintergrund bläulicher und vor einem dunkelblauen grünlicher aus, wie im oberen Beispiel von Abb. 18 zu sehen ist. Im mittleren Beispiel erscheint der Streifen in der Mitte vor dem gelben Hintergrund links grünlicher und vor dem blauen Hintergrund rechts gelblicher. Das untere Beispiel in Abb. 18 zeigt vor dem dunkelgrünen Hintergrund im Vergleich zu dem links danebenstehenden Teil eine Verschiebung nach Rot. Am deutlichsten erkennt man den farbigen Simultankonstrast der Beispiele von Abb. 18, wenn man einen etwa einen Zentimeter breiten weißen Papierstreifen senkrecht so über die Farbmuster legt, daß die Berührungsstellen der Hintergrundfarben überdeckt sind.

Den farbigen Simultankontrast kann man mit der Theorie der drei Sehstoffe in gleicher Weise erklären, wie dies für die farbige Umstimmung bereits geschehen ist. Wenn die Regenerierung dieser drei Sehstoffe unabhängig voneinander erfolgt, so kann das »normale Niveau« der drei verschiedenen Zapfenarten durchaus verschieden voneinander sein. Ein grüner Farbfleck auf einem roten Untergrund würde deshalb intensiver wirken, weil für den grünen Spektralbereich nur an dieser Stelle Sehstoff abgebaut wird. Der ganze rote Hintergrund muß

Abb. 18 Wenn das Aussehen von Farben durch andere Farben der Umgebung beeinflußt wird, spricht man von farbigem Simultankontrast. Jeder der drei waagerechten Innenstreifen ist in sich gleichfarbig. (Schablone ausschneiden und prüfen.) Durch die Hintergrundfarbe wird der Farbeindruck verändert.

ja auf den grünen Sehstoff wie Schwarz wirken, weil durch ihn keinerlei Reaktion ausgelöst werden kann. Der Vorgang wäre der gleiche wie bei der Entstehung der grauen Flecken an den Kreuzungsstellen der weißen Linien in Abb. 17, und es gälte die gleiche Erklärung, die (ebenfalls in Abb. 17) die beiden grauen Punkte unterschiedlich hell erscheinen läßt.

Zum Abschluß dieses Kapitels erscheint ein Hinweis notwendig auf die Tatsache von Nachbildern. Hier spricht man von einem Sukzessivkontrast. Blickt man unvermittelt ins Helle, so prägt sich gewissermaßen das Bild in die Netzhaut ein und es kann unter Umständen Minuten dauern, bis der normale Zustand wieder hergestellt ist. Merkwürdigerweise können sich Nachbilder auch negativ umkehren. Betrachtet man ein Fensterkreuz in starkem Gegenlicht und blickt danach auf eine weiße Wand, so erscheint einem das Kreuz hell zwischen den dunklen Fensterscheiben. Dieses Umkehren der Nachbilder ins Negative kann man auch beobachten, wenn man zunächst in einen starken Lichtkontrast hineinblickt und dann die Augen schließt.

Nachbilder können auch farbig sein, ja, sie können sogar in den Gegenfarben der gesehenen Farbtöne erscheinen. Die Fähigkeit, derartige gegenfarbige Nachbilder zu sehen, scheint aber individuell sehr verschieden zu sein. Dabei haben es offenbar diejenigen Leute, die täglich berufsmäßig mit Farbe zu tun haben, schwerer, farbige Nachbilder wahrzunehmen als andere, die diesen Erscheinungen unvoreingenommen gegenüberstehen. Außerdem scheinen farbige Nachbilder um so leichter und um so mehr wahrgenommen zu werden, je überanstrengter das Nervensystem des Betrachters ist. In gut ausgeruhtem und ausgeglichenem Zustand ist es häufig schwieriger, diesen Effekt überhaupt zu erkennen.

Nachbilder lassen sich folgendermaßen erklären: Durch große Helligkeits- oder Farbunterschiede wird ein optimales Maß an Zersetzungsprodukt an bestimmten Stellen der Netzhaut produziert. Wendet man nun z. B. den Blick vom hellen Fenster auf die Zimmerwand, so werden die Partien der Netzhaut angeregt, die vorher durch den Schatten des Fensterkreuzes nicht in Funktion waren. Hier entsteht Zersetzungsprodukt und damit Hellempfindung. Die Flächen der Fensterscheiben waren vorher viel heller. Die Zimmerwand reflektiert aber bedeutend weniger Licht. Die Netzhaut stellt in diesen Bereichen die Produktion von Zersetzungsprodukt zunächst ein. So erscheinen die Fensterflächen als Nachbild auf der Zimmerwand dunkel, das Fensterkreuz aber wirkt hell. Erst wenn der Regelmechanismus sich auf die neue Situation eingespielt hat, verschwindet das Nachbild.

# Physikalisch-technischer Teil

## Die Familie der elektromagnetischen Schwingungen

Lichtstrahlen sind Energie. Physikalisch gesehen gehören sie zur großen Familie der elektromagnetischen Schwingungen. Diese Schwingungen unterscheiden sich nur durch ihre Wellenlängen voneinander.

Die Wellenlänge ist der Abstand von einem Wellenberg zum nächsten, von einem Wellenmaximum zum nächsten Wellenmaximum.

Wellenlängen können einige tausend Kilometer lang sein oder aber nur den Bruchteil eines millionstel Millimeters betragen. Dazwischen gibt es eine kontinuierliche Skala von elektromagnetischen Schwingungen jeder Wellenlänge. Die Darstellung einer solchen Skala elektromagnetischer Schwingungen nennt man Wellenskala. Sie ist in Abb. 19 gezeigt. Das Schema beginnt links mit dem Bild einer Atombomenexplosion, bei der so kurzwellige Strahlen freigesetzt werden, daß sie Menschen töten, die ihnen ausgesetzt sind. Auf der Skala, die waagerecht durch das Bild läuft, ist jeweils in Tausenderabstufung die Größenordnung der Wellenlängen markiert.

Kosmische Strahlungen, bei denen die Wellenlänge in der Größenordnung von billionstel Teilen eines Millimeters liegen, sind die kurzwelligsten Strahlungen. Gammastrahlungen befinden sich im Bereich von milliardstel Millimetern. Röntgenstrahlen sind Wellen in der Größe von milliardstel Metern. Diese Größenbezeichnung wird auch Nanometer, abgekürzt nm, genannt. Die Röntgenstrahlen gehen in den Bereich des ultravioletten und schließlich des sichtbaren Lichtes über. Ungefähr zwischen 380 und 720 Nanometer ist auf dieser Skala das sichtbare Licht zu finden. Nach rechts verläuft es in den Infrarotbereich, bis die elektromagnetischen Schwingungen in der Größenordnung von 1 mm in Gestalt von Wärmestrahlung in Erscheinung treten.

Fernsehen arbeitet mit elektromagnetischen Schwingungen in Größenordnungen von 1 Meter, Hörfunk von 1 Kilometer und elektrischer Strom schließlich von 1000 Kilometern.

Es ist eine durchaus merkwürdige Sache, daß Menschen und Tiere ein Sinnesorgan besitzen, nämlich das Auge, mit dessen Hilfe sie aus diesem großen Angebot von elektromagnetischen Schwingungen einen ganz bestimmten Bereich empfangen und in Lichtempfindungen und Farberlebnisse verwandeln können. Das Auge sammelt diese Strahlungen der ihm entsprechenden Größenordnung. Diese ins Auge treffende Strahlung ist uns bereits als Farbreiz bekannt. Durch den physiologischen Prozeß innerhalb des Auges kommt der Vorgang des Sehens zustande.

Auf der Wellenskala ist zu erkennen, wie sich die sichtbaren Strahlungen auf der einen Seite im ultravioletten und auf der anderen Seite im infraroten Bereich verlieren und unsichtbar werden. (Siehe auch Abb. 11 A.) Es sind die unsichtbaren ultravioletten Strahlungen, die die Verantwortung dafür tragen, daß die Haut verbrennt, wenn sie zu lange der intensiven Sonnenbestrahlung ausgesetzt wird. Im langwelligen, dem infraroten Bereich auf der anderen Seite des Spektrums gibt es eine Zone, wo wir gleichzeitig Licht und Wärme dieser Strahlungen empfinden.

Auf der Wellenskala sind alle elektromagnetischen Schwingungen, also auch die sichtbaren Strahlungen zwischen 380 und 720 nm, systematisch nach ihren Wellenlängen geordnet. Die Ordnung der sichtbaren Strahlen ist gleichzeitig eine Ordnung nach ihrem »Farbton«. Eine derartige Anordnung nennt man auch Spektrum.

## Das Spektrum des Lichtes

Weißes Licht ist keine homogene Erscheinung. Es besteht nicht etwa aus einer großen Anzahl gleichartiger weißer Lichtstrahlen. Es ist vielmehr zusammengesetzt aus elektromagnetischen Schwingungen der verschiedensten Wellenlängen. Dies haben wir in Abb. 19 bereits gesehen. Wir haben auch erfahren, daß sichtbare elektromagnetische Strahlungen verschieden großer Wellenlängen vom Auge als verschiedene Farben wahrgenommen werden.

Die Vielfalt sämtlicher Farben, die der Mensch wahrnehmen kann, ist im weißen Licht, im Sonnenlicht enthalten. Wir sehen aber nur dann Farben, wenn nicht das volle weiße Licht, sondern nur ein Teil von ihm in unser Auge trifft. Die in einem weißen Lichtstrahl enthaltenen Farben lassen sich durch einen einfachen Versuch sichtbar machen. In vielen Haushalten steht ein Kleinbild-Projektor zur Verfügung. Man präpariert nun ein Diarähmchen so, daß nur ein Lichtspalt von etwa 1 mm Breite offenbleibt. Dieses Rähmchen kommt in den Projektor, dann werden nach der Abbildung auf der Projektionswand die Ränder des Spaltes scharf eingestellt. Bringen wir jetzt ein Glasprisma aufrecht in den Strahlengang, so wird der Lichtstrahl gebrochen: es entsteht ein Spektrum. Dabei muß man das Prisma etwas hin und her bewegen oder drehen, bis die optimale Farbigkeit des Spektrums erreicht ist. Deutlich erkennt man auf der Abb. 20 die nebeneinanderliegenden Farben, die im Spektrum ebenso angeordnet sind wie in einem Regenbogen. Zunächst fallen die drei großen Farbbereiche Violettblau, Grün und Orangerot ins Auge. Bei einem gelblichen Projektorlicht ist der violettblaue Bereich unter Umständen nur schwach zu sehen, weil diese Lichtart im kurzwelligen Bereich verhältnismäßig wenige Anteile besitzt. Zwischen den Farben Orangerot und Grün erkennen wir eine gelbe Farbe und zwischen Grün und Violettblau eine cyanblaue.

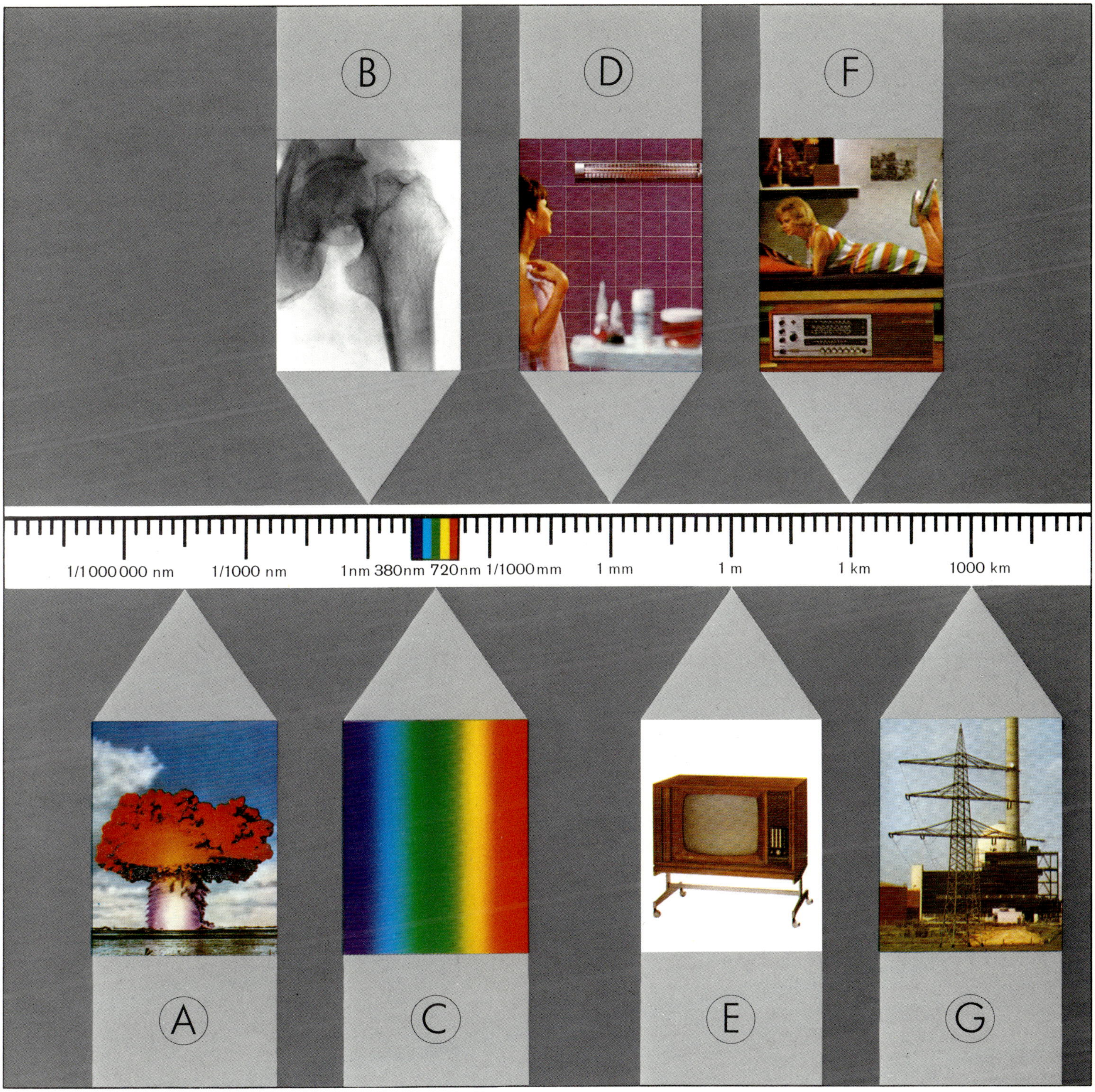


Abb. 19 Elektromagnetische Schwingungen (Strahlungen) unterscheiden sich durch ihre Wellenlängen (Frequenz) voneinander. Gammastrahlen und Alphastrahlen (A), Röntgenstrahlen (B), Licht (C), Wärme (D), Fernsehen (E), Radio (F), elektrischer Strom (G).

Alle Farben des Spektrums gehen verlaufend und stufenlos ineinander über, beginnend auf der einen Seite mit Violett, dann über Violetblau, Cyanblau, Blaugrün, Grün, Gelbgrün, Gelb in Gelborange, Orange und schließlich in Orangerot wechselnd.

Es ist in der Praxis nicht üblich, alle Übergangsfarben aufzuzählen, wenn die Farben des Spektrums genannt werden. Man begnügt sich meist mit den fünf wesentlichen Farben Violettblau, Cyanblau, Grün, Gelb und Orangerot.

Sondert man aus dem Spektrum elektromagnetische Schwingungen nur einer einzigen Wellenlänge – also eine einzige Farbe – aus, so spricht man von einer monochromatischen Farbe. Monochromatische Farben kann man nur mit Hilfe von geeigneten technischen Mitteln, z. B. mit Hilfe der Doppelbrechung (Doppelmonochromator) aus dem Spektrum heraustrennen. In der Natur kommen derartige reine Farben nicht vor.

Mit Hilfe des Spektrums lassen sich selbstverständlich nicht nur die farbigen Bestandteile von weißem Licht sondern auch die farbigen Bestandteile von farbigem Licht sichtbar machen. Dann wird man z. B. bei der Zerlegung von grünem Licht entdecken, daß hier nur der mittlere Bereich des Spektrums vorhanden ist, während der gesamte kurzwellige und der gesamte langwellige Bereich in der Strahlung fehlt.

Jede Materie beginnt bei einer bestimmten Erhitzung zu glühen bzw. sichtbare Strahlung auszusenden. Man spricht von »Spektralanalyse«, wenn man von derartigen Strahlungen ein Spektrum herstellt, um auf diesem Wege die atomare Zusammensetzung der betreffenden Materie zu erkennen.

Die Entstehung des Spektrums bei dem geschilderten Versuch mit einem Glasprisma erklärt sich aus der Tatsache, daß Strahlungen verschiedener Wellenlängen verschiedene Brechungsfaktoren haben. Beim Übergang von einem Medium in ein anderes wird die Richtung der Strahlung mehr oder weniger geändert, je nachdem, um welche Wellenlängen es sich handelt. Da die langwelligen Strahlungen am wenigsten, die kurzwelligen am meisten von ihrer ursprünglichen Richtung abgelenkt werden, sind im Spektrum alle monochromatischen Farben in der Reihefolge ihrer Wellenlängen angeordnet.

Der aufmerksame Betrachter von Abb. 20 wird natürlich sofort die Frage stellen, warum die Farbe Magentarot (auch Purpurrot genannt) im Spektrum nicht enthalten ist. Er wird sich darüber wundern, weil er annimmt, daß diese Farbe den übrigen Farben des Spektrums gleichwertig ist. Diese Überlegung ist völlig richtig. Magentarot entspricht tatsächlich in der Wertigkeit den Farben Orangerot, Gelb, Grün, Cyanblau und Violettblau. Es ist aber im Spektrum nicht enthalten, weil es keine monochromatische Farbe ist. Magentarot entsteht vielmehr, wenn man den Orangerot- und den Violettblau-Bereich des Spektrums übereinanderblendet. Später wird dies im einzelnen noch genau erläutert.

## Emissions- und Remissionskurven

Jedermann weiß aufgrund täglicher Erfahrung, daß es sehr unterschiedliches Licht gibt. Welche Frau wüßte nicht, daß ein Stoff bei künstlichem Licht anders aussieht als bei Tageslicht. Deshalb geht sie, wenn sie es mit den Farben genau nimmt, beim Kauf eines Kleidungsstückes mit diesem an das Fenster oder gar auf die Straße hinaus. Nur so glaubt sie, die tatsächliche Farbe genau erkennen zu können.

Der Grund für dieses unterschiedliche Aussehen z. B. eines Tuches bei verschiedenem Licht ist die »Farbe« des Lichtes, die Lichtfarbe. Licht kann in allen denkbaren Variationen aus den sichtbaren Strahlungen des Spektrums zusammengesetzt sein. Fehlen dabei gewisse Spektralbereiche in einem Licht, so können sie natürlich auch nicht remittiert werden. Dies ist der Grund, warum gleiche Materialien bei verschiedenem Licht durchaus verschieden aussehen können.

Um die Gesetze der Farbe zu verstehen, um die Rätsel zu lösen, die uns die Farbe aufgibt, ist es deshalb notwendig, daß wir uns zunächst mit dem Licht befassen. Was ist eigentlich weißes Licht? Wann ist Licht weiß und wann ist es farbig? Eine Vielzahl von Fragen drängt sich auf, die alle gleichzeitig beantwortet sein wollen.

Soviel sei vorweg gesagt: Licht ist dann weiß, wenn alle sichtbaren Strahlungen in gleicher Intensität vorhanden sind.

Die Lichtfarbe ist also abhängig von der spektralen Zusammensetzung des Lichtes, von der spektralen Verteilung der sichtbaren elektromagnetischen Schwingungen.

Um sich Klarheit über die spektrale Zusammensetzung des Lichtes zu verschaffen, ist es notwendig, die einzelnen Spektralbereiche des Lichtes mit geeigneten Meßgeräten auszumessen und ihre Intensität festzustellen. Man geht dabei so vor, daß man in bestimmten Abständen, z. B. in solchen von 10 Nanometern, die Intensität der einzelnen Wellenlängen im Spektrum ermittelt, Die so gewonnenen Meßwerte lassen sich in einem Koordinationssystem eintragen. Verbindet man dann die Meßpunkte miteinander, so erhält man eine Kurve, die als Spektralkurve oder Emissionskurve bezeichnet wird. Solche Kurven sind in Abb. 21 zu sehen. Auf der Waagerechten (Abszisse) sind nebeneinander alle Wellenlängen des sichtbaren Lichtes eingetragen, wobei es üblich ist, auf der linken Seite das kurzwellige und rechts das langwellige Licht darzustellen. Der relevante Bereich des Spektrums liegt zwischen 380 nm und 680 nm. Jenseits von 680 nm ändert sich der Farbton der Strahlung nicht mehr. Offenbar ist dieser Übergangsbereich zur Wärmestrahlung für das Farbensehen nicht von Bedeutung.

Auf der Senkrechten des Koordinatensystems (Ordinate) ist die relative Intensität aufgetragen. Relative Intensität deshalb, weil es ja nur darum geht, das Mischungsverhältnis der sichtbaren Strahlungen innerhalb der gegebenen Umstände zu kennzeichnen. Dieses bleibt natürlich unabhängig von der Leuchtstärke des Lichtes immer gleich. Die relative Intensität von 100% in einer solchen Spektralkurve zeigt also in einem gegebenen Licht die Wellenlängen mit der größten Strahlungsintensität an. Alle geringeren Strahlungen haben dann ein bestimmtes Intensitätsverhältnis dazu.

Derartige Emissionskurven sind die einzige Möglichkeit, die »Qualität« eines Lichtes, nämlich seine spektrale Zusammensetzung, eindeutig nachzuweisen.

Die Kurve in Abb. 21 A zeigt die Strahlungszusammen-

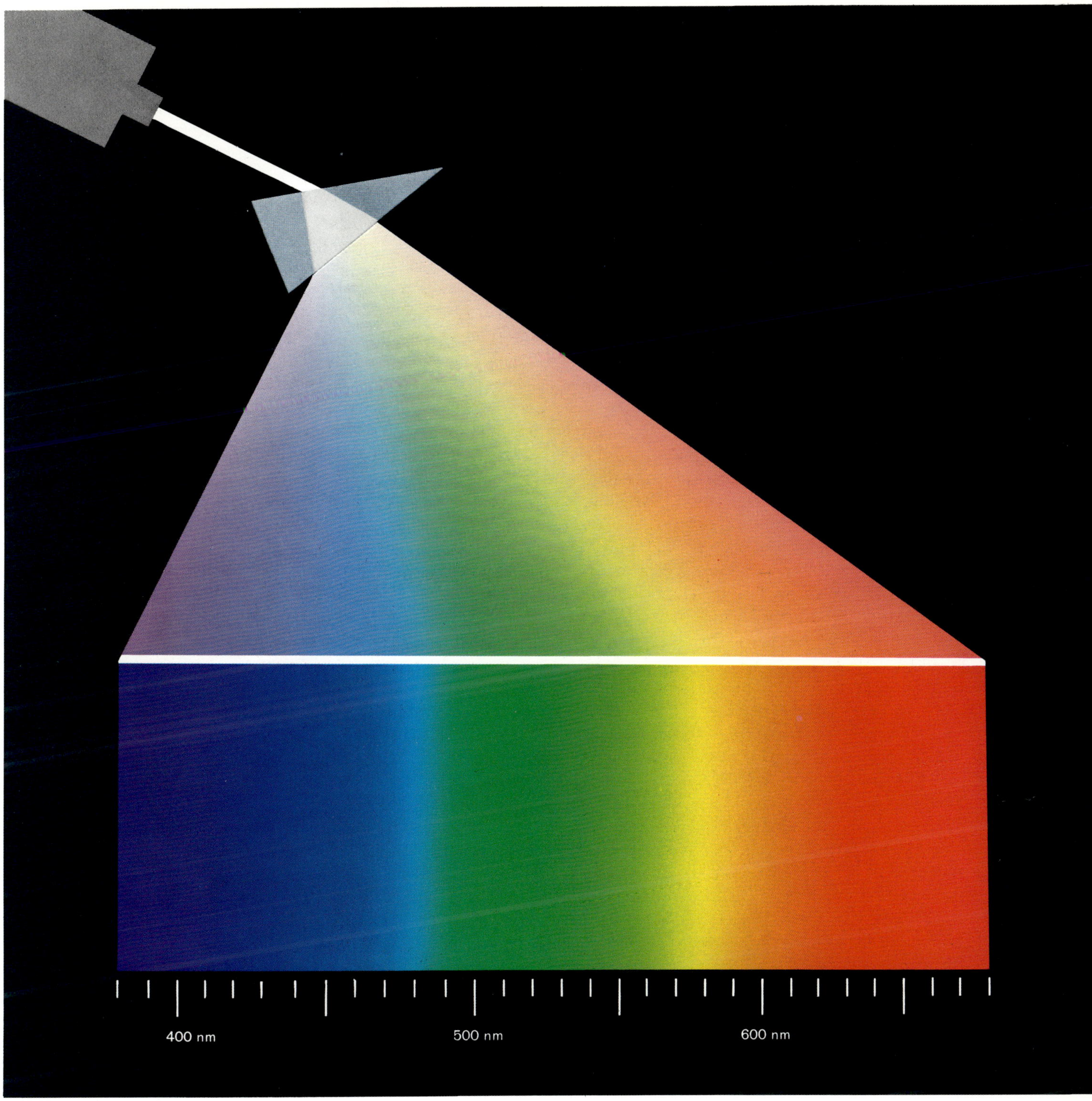


Abb. 20 Bei der Brechung eines weißen Lichtstrahles in einem Glasprisma erfolgt eine Auffächerung in seine farbigen Bestandteile. Die Farben der Spektralbereiche heißen: Violettblau, Cyanblau, Grün, Gelb, Orangerot.

setzung eines gelblichen Lichtes, wie es bei Glühbirnen geringerer Leistung üblich ist. Man sagt, es sei ein warmes Licht im Gegensatz zu dem kalten Licht von »Tageslicht-Leuchtstoffröhren«, die in Abb. 21 B gezeigt sind.

Betrachtet man die Spektralkurve 21 A, so erkennt man, daß die Intensitäten dieser Lichtart im mittelwelligen und langwelligen Bereich sehr viel größer sind als im kurzwelligen. Dem gelblichen Licht fehlt der Anteil des violettblauen Bereiches.

Sicherlich wird man erstaunt sein, aus Abb. 21 B zu erfahren, daß die sogenannten »Tageslichtröhren« häufig weit davon entfernt sind, wirklich »weißes« Licht zu produzieren. Auch hier gibt es verschiedene Intensitätsverteilungen. Das Charakteristische an diesen Emissionskurven sind die »Schlote«, Spektralbereiche, die aus der übrigen Kurvenführung durch erhöhte Intensität herausragen. Diese Schlote kommen zustande durch die charakteristischen Eigenschaften der in den Leuchtstoffröhren verwendeten Gase.

Aber auch das Tageslicht ist nicht immer »weiß«. Es kann weiß sein, doch ist dies nicht der Fall in Abb. 21 C. Sie zeigt die Emissionskurve von Tageslicht im Hochsommer gegen Mittag. Auch beim Tageslicht verändern sich die Verhältnisse der Spektralbereiche zueinander. Je nachdem wie hoch die Sonne am Himmel steht, je nachdem ob es neblig, regnerisch, dunstig oder klar ist, kann die Mischung der im Tageslicht enthaltenen Wellenlängen sehr unterschiedlich sein. Im Beispiel 21 C überwiegt der kurzwellige Bereich. Neben dem ungünstigen Schattenwurf bei senkrecht stehender Sonne ist der große Anteil kurzwelliger Strahlungen der Grund dafür, daß Farbfotografen oft ungern bei dieser Beleuchtungssituation Aufnahmen machen. Solche Farbfotos werden blaustichig und sehen kalt aus.

In 21 D wird die andere extreme Möglichkeit des Tageslichtes gezeigt. Hier überwiegt der langwellige Anteil der elektromagnetischen Schwingungen. Wenn an einem trockenen Sommertag die Sonne als rote Scheibe am Horizont untergeht, gelangt deshalb vorwiegend langwelliges Licht zu uns, weil das kurzwellige zum großen Teil in der Atmosphäre von Staubpartikeln absorbiert worden ist. Dieses Sonnenlicht zaubert in den Bergen das Alpenglühen hervor. Von den weißen Schneeflächen wird das rötliche Licht remittiert.

Je schräger das Licht einfällt, desto »wärmer« wird die Lichtfarbe. Farbfotos werden am wirkungsvollsten, wenn sie in frühen Morgenstunden oder am späten Abend aufgenommen werden, weil das Tageslicht zu diesen Zeiten überwiegend langwellige Strahlungen besitzt. Dadurch werden die Farbtöne im Orangerot-, im Gelb- und im Grün-Bereich warm und leuchtend wiedergegeben.

Aus all diesen Wahrnehmungen geht klar hervor, daß auch Tageslicht keine konstante Größe ist, sondern sich in seiner spektralen Zusammensetzung laufend verändert. In der Industrie und im Handel gibt es aber Situationen, wo man einfach darauf angewiesen ist, ein optimales, gleichbleibendes Licht zu haben. Das kann der Fall sein in allen Produktionsbetrieben, in denen mit Farbe gearbeitet wird, z. B. in Farbenfabriken, in Druckereien und Färbereien. Hier bedient man sich der bereits erwähnten »Abmusterungslampen«, die ein Licht erzeugen, das eine ausgeglichene spektrale Verteilung besitzt. Die einzelnen Intensitäten der verschiedenen sichtbaren Strahlungen sollen möglichst gleich sein.

Abb. 21 E zeigt die Spektralkurve von Xenonlicht. Derartiges Licht wird z. B. in der Reproduktionstechnik zum Herstellen von Farbauszügen verwendet. Man erkennt, daß dieses Licht eine ausgezeichnete Qualität hat, weil es sehr nahe an ein ausgeglichenes, energiegleiches Spektrum herankommt. In Abb. 21 F ist die spektrale Zusammensetzung des Lichtes einer Abmusterungslampe gezeigt. In solchen Abmusterungslampen werden zum Teil verschiedene Lichtarten miteinander gemischt, damit die theoretischen Forderungen erfüllt werden können.

Früher haben wir bereits erfahren, daß zwischen Lichtfarbe und Körperfarbe ein erheblicher Unterschied besteht. Lichtfarbe ist die Zusammensetzung des Lichtes aus verschiedenen sichtbaren Strahlungen. Körperfarbe dagegen ist die Eigenschaft einer Materie, einen bestimmten Teil des auffallenden (oder durchfallenden) weißen Lichts zu absorbieren und den anderen Teil zu remittieren (oder auch durchzulassen).

Dieser remittierte Teil löst als Farbreiz im Auge des Betrachters jene physiologische Erregung aus, die ins Gehirn weitergeleitet und dort in eine Farbempfindung verwandelt wird.

Natürlich sind es die gleichen elektromagnetischen Schwingungen, die uns Licht- und Körperfarbe wahrnehmen lassen. Nur gelangen sie, wenn wir Licht sehen, direkt in unser Auge. Wenn wir Körperfarbe sehen, nehmen sie den Umweg über oder durch eine Materie.

Genauso wie man die Zusammensetzung des Lichtes in Spektralkurven darstellen kann, läßt sich auch die Zusammensetzung derjenigen Strahlungen, die von einer Materie reflektiert werden, also die Remission von Körperfarbe, in Kurven aufzeichen. Man nennt sie Remissionskurven.

Die Konstruktion dieser Kurven erfolgt genauso wie diejenige der Emissionskurven. Wie dort werden auf der Waagerechten des Koordinatensystems die Wellenlängen der monochromatischen Farben, auf der Senkrechten die relativen Intensitäten der Strahlungen aufgetragen. Während wir aber beim Licht immer die intensivsten Schwingungen, die in einem ganz bestimmten Licht vorhanden sind, mit dem Wert 100 % ansetzen, beziehen wir uns bei den Remissionskurven von Körperfarben auf die Intensität des aufgestrahlen Lichtes und setzen diese gleich 100 %. Die Remissionskurve gibt somit bei jeder Wellenlänge an, wie groß der Anteil ist, der von der betreffenden im weißen Licht enthaltenen monochromatischen Farbe zurückgestrahlt wird.

Reflektiert ein Material sämtliche sichtbaren Strahlungen in voller Intensität, so sagen wir, es sei weiß. Werden sämtliche Strahlungen gleichmäßig remittiert, aber nicht in voller sondern z. B. mit halber Intensität, so empfinden wir es als grau bzw. unbunt. Werden dagegen überhaupt keine Lichtstrahlen zurückgeworfen, so sprechen wir von einem schwarzen Material.

Allerdings kommt in der Natur weder ein absolutes Weiß noch ein absolutes Schwarz vor. Das beste Weiß läßt sich mit Bariumsulfat erzeugen, einem Pulver, das man zusammenpreßt und in Meßgeräten als Weiß-Standard verwendet. Auch hoch-

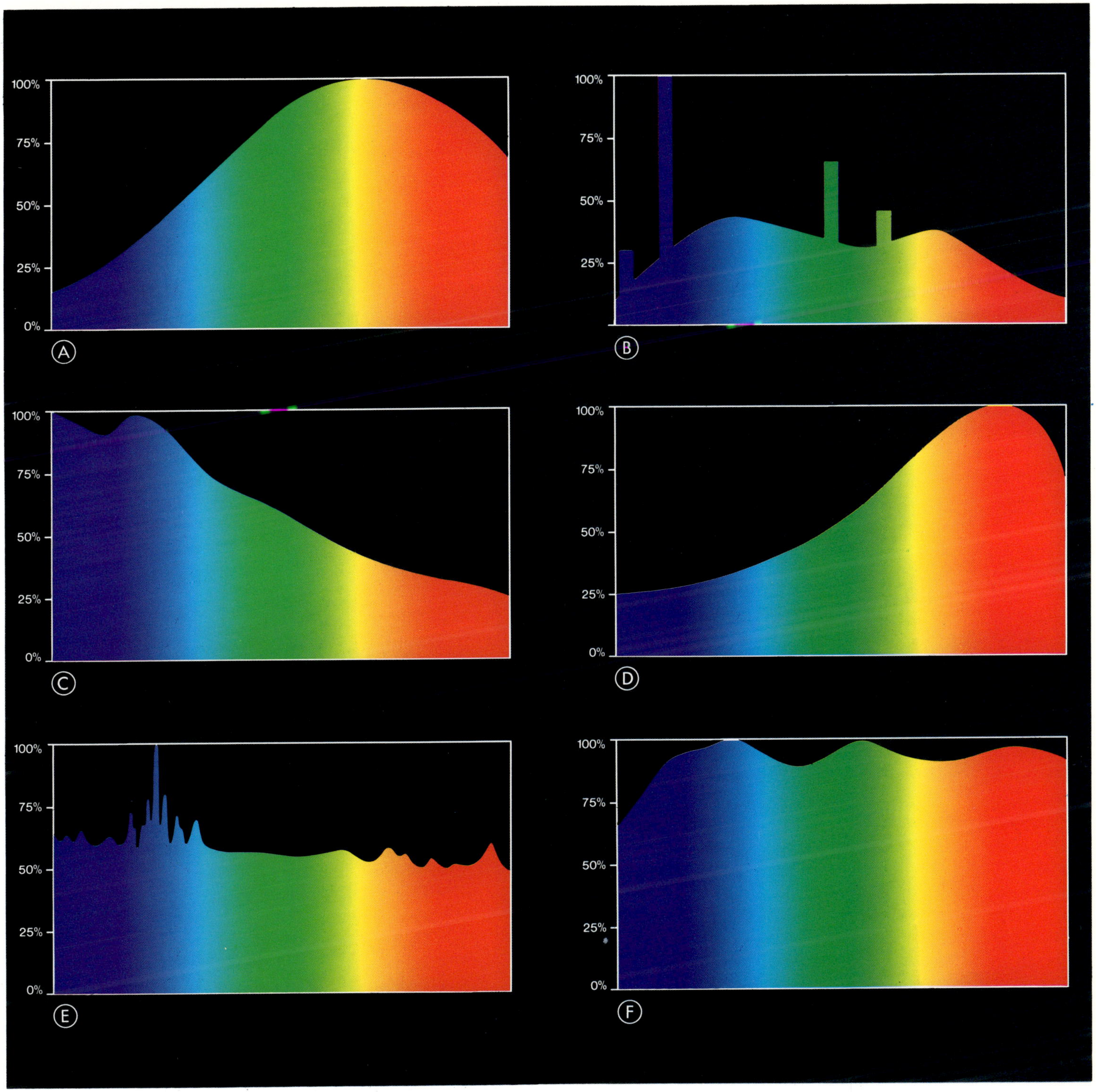


Abb. 21 Emissionskurven: Gelbliches Licht einer Glühbirne (A), »Tageslicht«-Leuchtstoffröhre (B), natürliches Tageslicht im Sommer mittags (C) oder bei Sonnenuntergang (D), Xenon-Licht (E) und Abmusterungslampe (F).

wertiges Kunstdruckpapier hat einen ausgezeichneten Remissionsgrad, der über 90 % liegen kann. Das beste Schwarz kann man »sichtbar« machen, indem man einen runden Hohlkörper von innen ganz mit schwarzem Samt auskleidet. Eine kleine Öffnung in der Außenhülle sieht dann tatsächlich so schwarz aus, daß es »schwärzer nicht geht«, weil eine Remission von Strahlungen durch die Wölbung der Innenseiten der Kugel ausgeschlossen ist. Eine diffuse Lichtstrahlung, die in den Körper hineinfällt, wird nicht wieder hinausremittiert. Das Wort »sichtbar« wurde deswegen in Anführungszeichen gesetzt, weil man Schwarz eigentlich gar nicht sehen kann. Bei schwarzer Schrift auf weißem Papier sieht man nämlich nicht die schwarze Schrift, sondern den weißen Hintergrund. Würde die schwarze Schrift auf einem schwarzen Hintergrund stehen, wäre sie nicht zu erkennen. An keiner Stelle der Netzhaut gäbe es eine Erregung und damit könnte auch kein Sehvorgang stattfinden.

Ideales Weiß würde auf der Remissionskurve die volle Fläche des Koordinatensystems bedeuten. Die Kurve selbst liefe als Gerade parallel zur Abszisse durch die 100%-Marke der Intensitätsskala. Bei Schwarz dagegen würden Kurve und Abszisse zusammenfallen und die waagerechte Gerade, die die Kurve darstellt, würde durch die 0%-Marke der Intensitätsskala gehen. Ein helles Grau wäre eine Waagerechte bei 25%, ein mittleres Grau bei 50% und ein dunkles bei 75% (Abb. 33 B).

Zwischen Weiß und Schwarz, zwischen der Waagerechten, welche durch die 100%-Marke und derjenigen, welche durch die 0%-Marke der Strahlungsintensität verläuft, spielt sich die gesamte Vielfalt der Möglichkeiten des Farbensehens ab. Dabei kann jeder Farbton von Licht und von Materie mit Hilfe von Emissions- und Remissionskurven eindeutig dargestellt werden. Wie die Remissionskurve eines grünen Lichtes aussehen kann, zeigt Abb. 22 A, die Remissionskurve einer Körperfarbe Orange 22 B.

Mit den folgenden vier Remissionskurven der Abb. 22 soll veranschaulicht werden, wie Körperfarbe und Lichtfarbe zusammenwirken. Es handelt sich um eine violette Körperfarbe, wie sie in 22 C zu sehen ist. Zur Verfügung steht das gelbliche Licht 22 D. 22 E zeigt denjenigen Bereich der Körperfarbe, der bei dem vorhandenen Licht richtig gesehen werden kann. 22 F dagegen weist auf den anderen Bereich der Körperfarbe hin, der deswegen nicht erkannt wird, weil das zur Verfügung stehende gelbliche Licht nicht genügend kurzwellige Strahlungen besitzt, um die Remission voll sichtbar werden zu lassen.

Die genaue Körperfarbe kann man nur erkennen, wenn Licht zur Verfügung steht, das ein energiegleiches Spektrum besitzt, weil nur damit gewährleistet ist, daß jedes Remissionsvermögen der betreffenden Materie sich auswirkt.

## Metamere Farben

Wir haben gelernt, daß Emissionskurven und Remissionskurven die spektrale Zusammensetzung von Lichtfarben und von Körperfarben exakt zu zeigen vermögen. Nun gibt es aber sowohl farbige Lichter als auch farbige Materie, die unter bestimmten Bedingungen gleich aussehen, deren Emissions- bzw. Remissionskurven aber durchaus voneinander verschieden sein können. Solche gleich aussehende Farben mit verschiedenen spektralen Zusammensetzungen nennt man metamere Farben. Metamere Farben sind bedingt gleich, d. h. sie sind unter bestimmten Umständen gleich, z. B. wenn man sie bei bestimmten Lichtverhältnissen betrachtet.

Im Gegensatz dazu gibt es unbedingt gleiche Farben. Unbedingt gleiche Farben müssen gleiche (oder jedenfalls bis auf eine zulässige Toleranz angenäherte) Remissionskurven haben. Nur so ist es möglich, daß sie auch bei wechselnden Lichtverhältnissen immer gleich aussehen.

Die Darstellungen 23 A bis 23 D zeigen vier verschiedene spektrale Zusammensetzungen von farbigen Lichtern, die gleich aussehen. 23 A zeigt ein monochromatisches gelbgrünes Licht. In 23 B ist ein gleich farbiges Licht zu sehen, das jedoch eine kontinuierliche breite spektrale Verteilung hat.

In 23 C kann man erkennen, wie der gleiche gelbgrüne Farbton aus einem monochromatischen cyanblauen und aus einem monochromatischen gelben Licht zusammengesetzt sein kann. Dabei hat das gelbe Licht die größere Intensität als das blaue. Schließlich veranschaulicht 23 D, wie wieder ein gleich aussehendes farbiges Licht durch Mischung von Wellenlängen des orangeroten und des grünen Bereiches zustande kommt. Hierbei ist die Intensität des grünen Lichtes größer als die des orangeroten. Das muß natürlich so sein, denn wären die beiden Intensitäten gleich, so erhielten wir ja kein gelbgrünes sondern ein gelbes Licht.

Die Remissionskurven aus Abb. 23 E und F zeigen jeweils ein Paar bedingt gleicher Farben. Man kann sich vorstellen, wie schwierig es ist, aufgrund der Betrachtung einer Remissionskurve exakte Rückschlüsse auf das genaue Aussehen der betreffenden Farbe zu ziehen. Ungefähr kann man aber aus diesen Kurven das Aussehen der Farben ableiten. So handelt es sich bei 23 E um Farben im magentaroten, bei 23 F um solche im grünen Bereich.

Die besondere Bedeutung der metameren Farben, die darin liegt, daß diese Farben bei einer bestimmten Lichtart völlig gleich aussehen, sich aber unter Umständen bei einer anderen stark voneinander unterscheiden können, wurde zu Anfang dieses Kapitels schon einmal angesprochen.

An einem Beispiel des täglichen Lebens sei dies erläutert. Jemand möchte zu einem braunen Hut genau passende Lederhandschuhe kaufen. Er geht in ein entsprechendes Geschäft und wählt sich die Handschuhe aus. Um die Farbe besonders genau zu sehen, tritt er sogar vor die Ladentür auf die Straße und findet tatsächlich unter den vielen Handschuhen mit verschiedenen Farbnuancen ein Braun, das seiner Meinung nach genau zur Farbe seines Hutes paßt. Während er auf der Straße steht und diese Prüfung vornimmt, scheint die Sonne. Freudig kommt er abends nach Hause, um seiner Frau zu zeigen, wie gut es ihm gelungen ist, Handschuhe in der genau passenden Farbe zu finden. Inzwischen hat es angefangen zu regnen. Er packt die Handschuhe aus und stellt zu seinem größten Erstaunen fest, daß die beiden Farben, die vorher gleich ausgesehen haben, nunmehr stark voneinander abweichen.

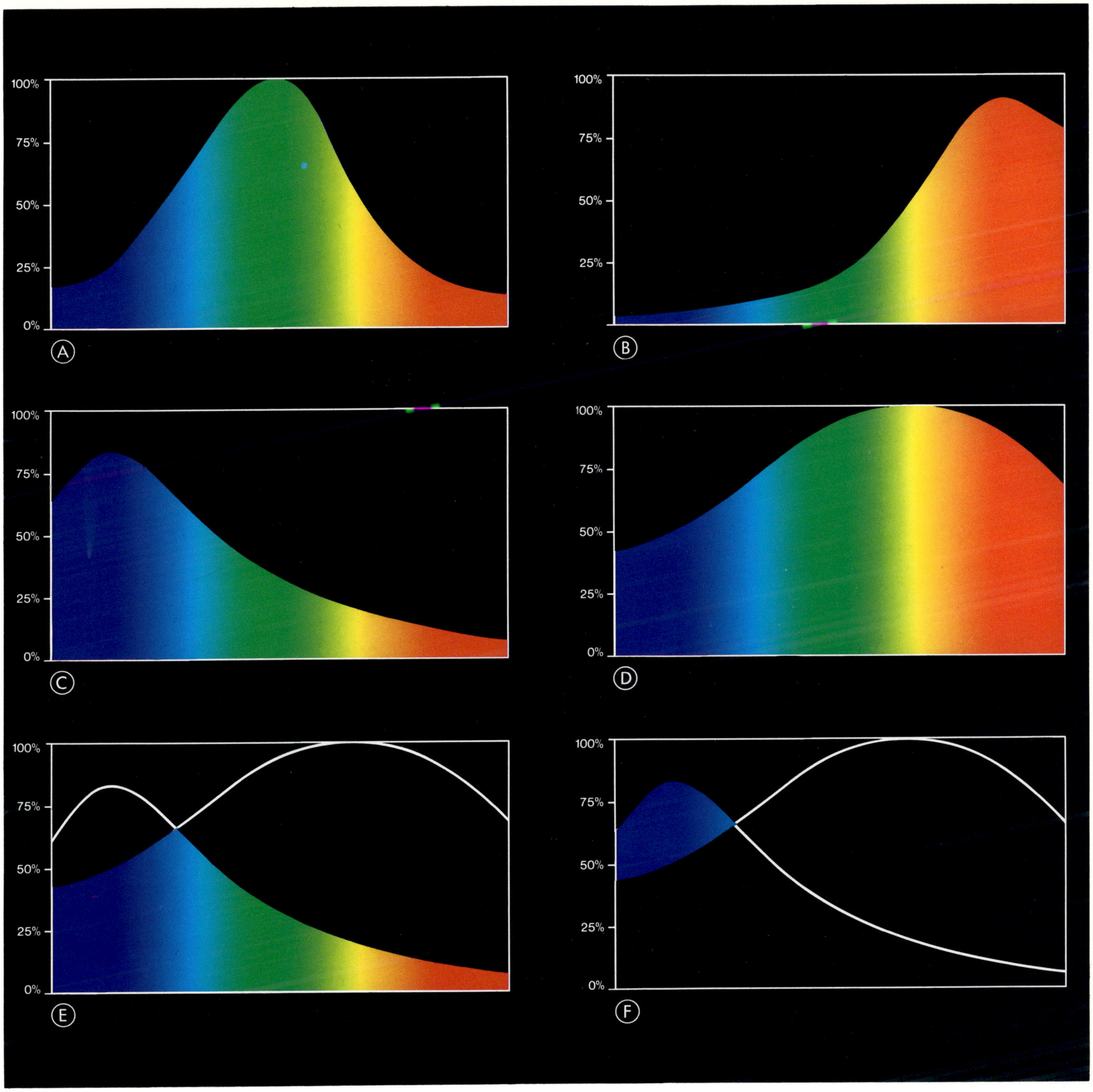


Abb. 22 Emissionskurve eines grünen Lichtes (A) und Remissionskurve einer orangeroten Körperfarbe (B). Beide Kurven sind Farbreizfunktionen. Betrachtet man eine violette Körperfarbe (C) bei einem gelblichen Licht (D), so ist nur der Teil (E) der Remissionsmöglichkeit zu erkennen. Der Teil (F) kann nicht wahrgenommen werden (grobe Vereinfachung).

Bei den Farben handelt es sich um metamere Farben, die bei Sonnenlicht gleich aussahen. Da sich aber inzwischen die spektrale Zusammensetzung des Tageslichtes stark verändert hat, sehen sie jetzt nicht mehr gleich aus. Der Unterschied kann so groß sein, daß jemand, der von diesen Zusammenhängen nichts weiß, vermuten könnte, die Verkäuferin habe ihm falsche Handschuhe eingepackt.

Dieses simple Beispiel beweist, daß Körperfarben immer eine relative Sache sind, daß ihr Aussehen stets abhängt von der spektralen Zusammensetzung des vorhandenen Lichtes.

Auch für die Technik kann das Problem metamerer Farben von großer Bedeutung sein. Grundfarben für die Drucktechnik z. B. können genau gleich aussehen, aber aus verschiedenen Pigmenten hergestellt sein, folglich auch verschiedene Remissionskurven haben. Die Folge davon kann sein, daß Mischungen von gleichen mengenmäßigen Anteilen durchaus unterschiedlich aussehen. Deshalb ist ein beliebiges Austauschen der Farbskalen in der Druckindustrie nur dann möglich, wenn die verschiedenen Grundfarben der einzelnen Herstellerfirmen Remissionskurven besitzen, die sich in einem bestimmten Toleranzbereich bewegen. Die Austauschbarkeit von Grundfarben ist von den Farbenherstellern dadurch sichergestellt worden, daß auch die Mischfarben erster Ordnung in die Norm einbezogen wurden. Das Problem ist prinzipiell in allen Bereichen der Industrie das gleiche, gleichgültig ob es sich z. B. um die Lackindustrie, die Textilfärberei oder die Filmherstellung handelt.

## Spektralanalyse und Farbtemperatur

Elektromagnetische Strahlungen werden, wenn man sie aus der Perspektive der klassischen Physik betrachtet, im allgemeinen als Wellenbewegungen, als Schwingungen aufgefaßt. Max Planck war es, der nachgewiesen hat, daß man elektromagnetische Schwingungen auch als eine Summe von kleinsten Teilchen betrachten kann. Genauso wie die Materie aus kleinsten Bausteinen, aus Protonen, Neutronen und Elektronen zusammengesetzt ist, besteht auch die Energie aus kleinsten Teilchen. Man nennt sie Energiequanten oder Photonen. Diese Quanten sind um so wirkungsvoller, um so energiegeladener, je kurzwelliger die Strahlung ist.

Wenn weißes Licht auf farbige Materie fällt, wird, wie wir schon hörten, ein Teil des Lichtes absorbiert und ein anderer Teil, nämlich derjenige, den wir dann als Farbe sehen, remittiert. Wenn Materie Licht absorbiert, dann nehmen ihre Moleküle Energiequanten auf. Hierdurch wird ihre Eigenschwingung verstärkt. Dasselbe geschieht übrigens auch beim Erhitzen von Materie. Der Unterschied besteht lediglich darin, daß es sich beim Erhitzen um unsichtbare elektromagnetische Schwingungen bzw. Quanten handelt, während es bei der Lichtbestrahlung sichtbare sind.

Je stärker man nun ein Material erhitzt, desto größer wird die Eigenschwingung seiner Moleküle. Von einer bestimmten Temperatur an beginnt das Material seinerseits Energiequanten auszusenden. Diesen Zustand bezeichnet man als Glühen oder als Brennen. Von Glühen sprechen wir, wenn das Material sich, sobald die Energiezufuhr aufgehört hat, in seinen ursprünglichen Zustand zurückverwandelt. Dabei kann sich durchaus die molekulare Struktur bei diesem Prozeß verändert haben. Brennen sagen wir dagegen, wenn es zu einer Kettenreaktion kommt, wobei sich das Material unter entsprechender Energieentfaltung selbst zerstört.

Diese sichtbare Strahlung von glühender oder brennender Materie kann natürlich zu einem Spektrum aufgefächert werden. (Es wurde bereits kurz darauf hingewiesen.) Das ist selbstverständlich, denn jedes Licht ist ja eine Abstrahlung überschüssiger Energie von irgendwelcher Materie.

Die Analyse von Energiestrahlungen, die von einer Materie kommen, nennt man, wie wir schon wissen, Spektralanalyse. Im Prinzip ist jede Emissionskurve von irgendeinem Licht natürlich gleichzeitig eine Spektralanalyse der verwendeten Materie. Und wie man mit Hilfe der Emissionskurven (siehe Abb. 21) die genaue Zusammensetzung und damit auch das Aussehen einer bestimmten Strahlung eindeutig definieren kann, lassen sich auf die gleiche Weise durch die Spektralanalyse eindeutige Rückschlüsse auf die Materie ziehen, welche die Strahlung aussandte. Jede Materie hat nämlich ihr charakteristisches Spektrum. Dieses kann kontinuierlich sein. Es gibt aber auch sogenannte Bandspektren. Von kontinuierlichen Spektren spricht man, wenn die gesamte vorhandene Strahlung auf dem Koordinatensystem einen zusammenhängenden Bereich überdeckt. Bandspektren nennt man solche, die unterbrochen sind, wie dies an den Beispielen 23 C und D zu sehen ist.

Unter den verschiedensten möglichen Strahlungsquellen nimmt der »schwarze Körper« eine besondere Stellung ein. Bei einer geeigneten Versuchsanordnung ist es, wie wir bereits im Kapitel »Emissions- und Remissionskurven« erfahren haben, nicht möglich, daß eine diffuse Lichteinstrahlung, die von außen durch eine Öffnung in der Wand einer Hohlkugel z. B. aus Steingut in das Innere fällt, von dort wieder zurückgestrahlt werden kann. Deshalb ist jede Strahlung, die aus dieser Öffnung heraustritt, eine Eigenstrahlung der vorhandenen Materie. In kaltem Zustand erscheint die Öffnung des schwarzen Körpers schwarz, da keinerlei sichtbare elektromagnetische Schwingungen aus ihr herausstrahlen. Wird das Material nun kontinuierlich erhitzt, so beginnt es bei einer bestimmten Temperatur zu glühen. Es sendet sichtbare elektromagnetische Schwingungen aus. Bei diesem Versuch werden nur diejenigen Strahlungen gemessen, die aus der Öffnung des Hohlraumes kommen. Die Temperatur des schwarzen Körpers wird jeweils mit »Grad Kelvin« angegeben. Dabei entspricht die Gradeinteilung von Kelvin derjenigen von Celsius. Der Unterschied besteht nur darin, daß die Kelvin-Einteilung beim absoluten Nullpunkt beginnt, nämlich bei $-273°$. Demnach beträgt die gemessene Temperatur in Celsius jeweils 273° weniger als die angegebene Kelvin-Zahl ausdrückt.

Wie sich die spektrale Zusammensetzung des ausgesandten Lichtes verändert, zeigt Abb. 24. Man erkennt, daß bei 1000° Kelvin vorwiegend sichtbare Strahlungen der langwelligen Hälfte des Spektrums entstehen. Es handelt sich dabei um eine orangerote Lichtfarbe. Bei 2000° Kelvin verschiebt sich die

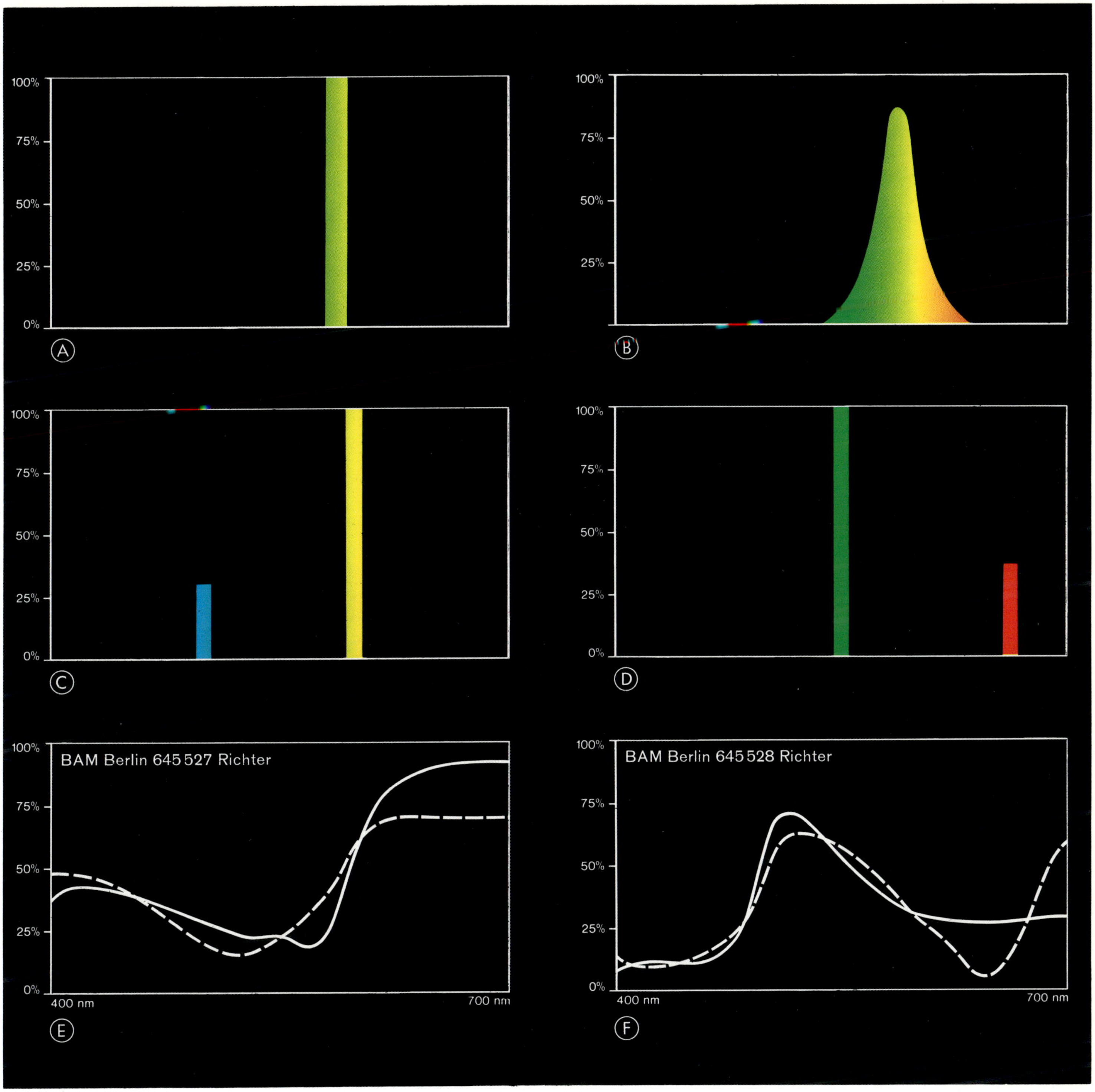


Abb. 23 Metamere Farben bringen die gleiche Farbempfindung hervor, haben jedoch verschiedene spektrale Zusammensetzungen (A bis D). Remissionskurven von jeweils zwei metameren Farben sind in (E) und (F) zu sehen.

spektrale Zusammensetzung zugunsten des kurzwelligen Bereiches.

Bei weiter steigender Temperatur wird die Emissionskurve flacher und flacher, um sich bei ca. 5000° Kelvin einer Waagerechten anzunähern. Überschreitet die Temperatur diesen Bereich, so nimmt der Anteil der kurzwelligen Strahlung ständig zu, bis bei Farbtemperaturen zwischen 7000 und 10000° Kelvin die kurzwelligen Strahlen ein beachtliches Übergewicht bekommen. Die Lichtfarbe, die sich von Orangerot über Gelb zu Weiß entwickelt hat, verschiebt sich nun nach Violettblau hin.

Es ist üblich, die Qualität von Lichtarten durch Angabe der Farbtemperatur zu bezeichnen. Dabei bedeuten, wie gesagt, die Kelvin-Grade die Erhitzung des schwarzen Körpers, die notwendig ist, um ein gleich aussehendes Licht zu erzeugen.

Allerdings muß man hier sehr genau aufpassen. Es handelt sich nämlich lediglich um einen optischen Vergleich. Die Strahlung des schwarzen Körpers bei dieser betreffenden Temperatur und die Strahlung eines anderen Lichtes sehen gleich aus. Die spektrale Zusammensetzung ist dabei nicht berücksichtigt. Es kann also durchaus sein, daß ein bestimmtes Licht zwar in bezug auf die Farbtemperatur optimale Werte hat. Trotzdem ist es möglich, daß in ihm verschiedene Spektralbereiche nicht in genügender Intensität vorhanden sind.

Aus Abb. 24 geht hervor, daß eine Farbtemperatur von etwa 5000° Kelvin dem energiegleichen Spektrum, nämlich einem Spektrum, in dem alle sichtbaren Strahlungen in gleicher Intensität enthalten sind, am nächsten kommt. Deswegen sind Bestrebungen im Gange, Lichtarten, die als Tageslicht bezeichnet werden, auf eine Farbtemperatur von 5000° Kelvin zu normen.

Die Farbtemperatur kann man mit handlichen und preiswerten Meßgeräten feststellen. Mit ihrer Hilfe wird das Verhältnis der kurzwelligen zu den langwelligen Strahlungen im vorhandenen Licht ermittelt. Solche kleinen Geräte sind besonders für die Farbfotografie wichtig, da farbstichfreie Aufnahmen ohne Filter nur dann erzielt werden können, wenn die Farbtemperatur des Lichtes mit der Sensibilisierung des Filmmaterials übereinstimmt. Dabei gibt es auf Tageslicht abgestimmtes Filmmaterial, den »Tageslicht-Film«, aber auch Filmmaterial für weit geringere Farbtemperaturen, den »Kunstlicht-Film«.

Wie sich das Aussehen von Farben ändern kann, wenn man sie mit verschiedenem Licht betrachtet, zeigt Abb. 25. Bei dem zugrunde liegenden Versuch wurden großformatige farbige Kartons verwendet. Die linke Seite des jeweiligen Kartons wurde mit einem »Tageslicht« von 6800° Kelvin, die rechte Seite mit einem glühlampenähnlichen Licht von 2800° Kelvin beleuchtet. Damit die beiden verwendeten Lichtarten sich nicht gegenseitig überstrahlen, wurde zwischen ihnen eine senkrechte Wand aufgestellt.

Es verblüfft, zu sehen, wie weitgehend sich die Farben verwandelt haben. Ein helles Blau z. B. kann, wenn es mit einem Licht niedriger Kelvin-Zahl beleuchtet wird, überhaupt nicht mehr als Farbton erkannt werden. Es sieht grau aus. Andererseits erscheinen Farben im Orangerot- und Grün-Bereich bei Beleuchtung mit vorwiegend langwelligem Licht leuchtender und intensiver aus als sie tatsächlich sind.

In der Fachsprache hat es sich eingeführt, das Wort »Grad« wegzulassen und nur z. B. 5000 Kelvin zu sagen.

## Polarisation und Interferenz

Lichtwellen haben wir uns in ihrem Verhalten vorzustellen wie eine auseinandergezogene Spiralfeder, die sich ständig um ihre eigene Achse dreht. Dabei wäre der Abstand von einer Spiralwindung zur nächsten die Wellenlänge.

Da das Licht stets die gleiche Geschwindigkeit hat, muß sich die Spirale bei kurzen Wellenlängen sehr viel schneller drehen als bei langen, denn die Photonen bewegen sich immer gleich schnell fort. Dabei ist die »Frequenz« einer Strahlung die Anzahl der in einer Sekunde an einer bestimmten Stelle vorbeilaufenden Wellenberge. Die Bewegung von Lichtwellen ist also dreidimensional.

Stellen wir uns vor, daß ein Seil an seinem einen Ende an einem festsitzenden Haken aufgehängt ist. Bei einer gewissen Spannung führen wir am anderen Ende des Seiles absolut gleichmäßige Kreisbewegungen aus. Nach einer gewissen Zeit wird das Seil in eine spiralförmige Bewegung geraten. Damit haben wir wieder das Modell der Lichtschwingung. Wenn wir nun in der Mitte des Seiles an beiden Seiten zwei parallel stehende Stäbe aufstellen und deren Abstand zueinander so weit verringern, daß die Öffnung zwischen ihnen nur wenig breiter ist als das Seil dick, dann wird die dreidimensionale Schwingung in eine zweidimensionale Wellenbewegung verwandelt. Hinter den Stäben wird das Seil nur noch eine wellenartige Auf- und Abwärtsbewegung ausführen.

Bei der eben geschilderten Anordnung kann man die Seilrichtung, die bis jetzt in einem Winkel von 90° zum Spalt verlaufen ist, nach rechts und links verdrehen. Natürlich wird auch jetzt noch die dreidimensionale Bewegung des Seils hinter dem Spalt in eine zweidimensionale Auf- und Abwärtsbewegung umgewandelt. Die Durchgangsrichtung durch den Spalt hat sich aber verändert.

Man muß sich nun vorstellen, daß man anstelle der Stäbe zwei Hartfaserplatten rechts und links vom Seil aufstellt. Der Abstand dieser beiden Platten voneinander ist nicht viel größer als das Seil dick ist. Man kann jetzt den Ausgangspunkt der Schwingungen am einen Seilende verändern wie man will, alle Schwingungen, die hinter dem Plattenspalt vom Seil ausgeführt werden, werden in der gleichen Richtung laufen. Diesen Vorgang, übertragen auf Lichtstrahlungen, nennt man Polarisation.

Durch die Öffnung zwischen beiden Stäben konnten auch seitlich kommende Schwingungen ganz oder teilweise durchgelassen werden. Dies ist ähnlich, wie wenn man durch einen Türspalt mit einer Taschenlampe hindurchleuchtet. Man kann den Lichtkegel auch nach rechts und links drehen und leuchtet auf diese Weise in verschiedene Richtungen in den Raum hinein. Durch die Öffnung zwischen zwei Flächen ist dies aber nicht mehr möglich. Nur direkt von vorne kommende, senkrecht auffallende Schwingungen, werden durchgelassen.

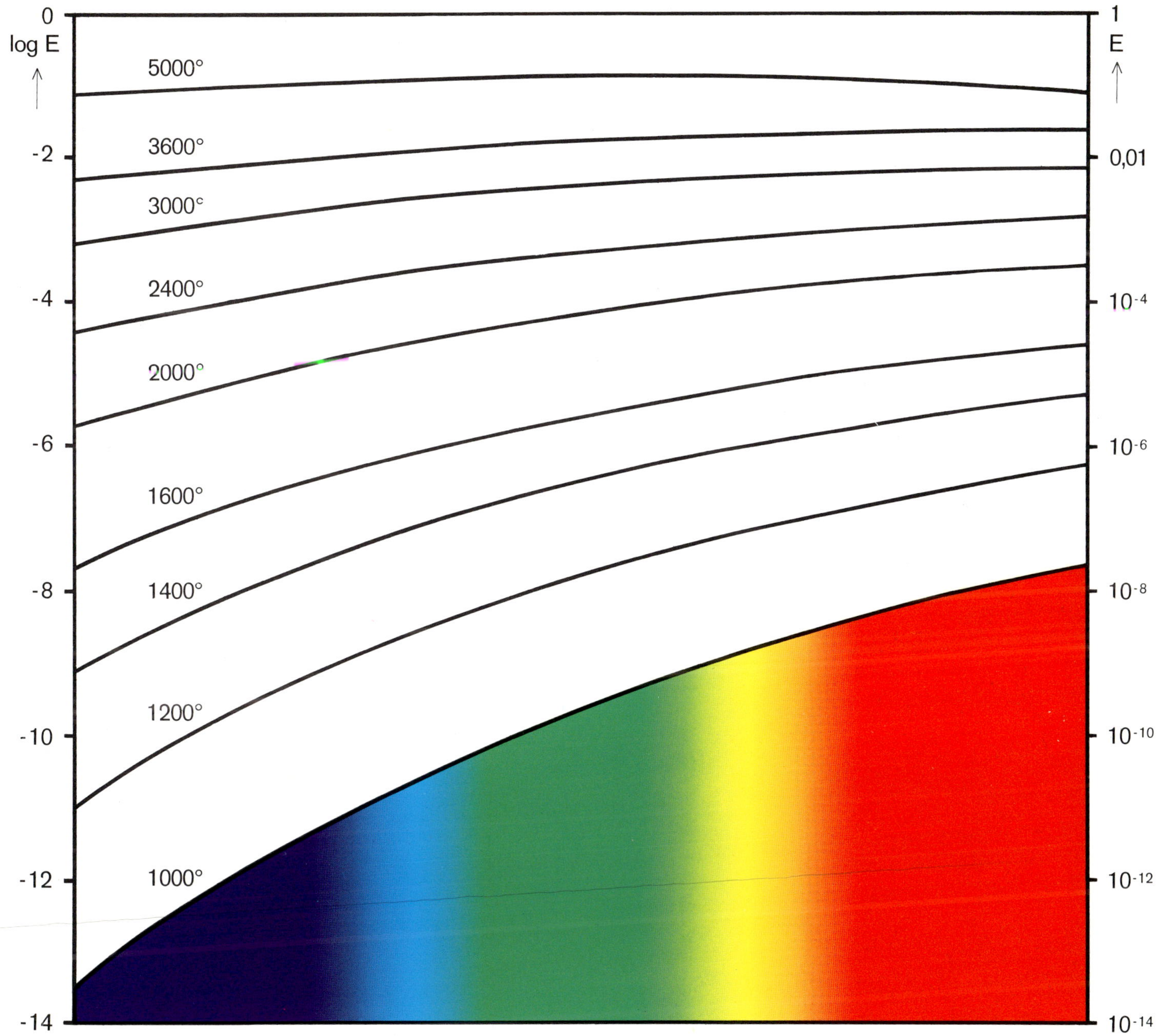


Abb. 24 Ein runder Hohlkörper aus Steingut (schwarzer Strahler) sendet durch eine Öffnung Lichtstrahlen aus. Je mehr man den Körper erhitzt, desto höher steigt die »Farbtemperatur«. Bei geringer Farbtemperatur überwiegt der langwellige Teil des Spektrums. Bei etwa 5000 Kelvin ist das Spektrum ausgeglichen. Steigt die Farbtemperatur darüber hinaus, so überwiegt der kurzwellige Teil in der spektralen Zusammensetzung.

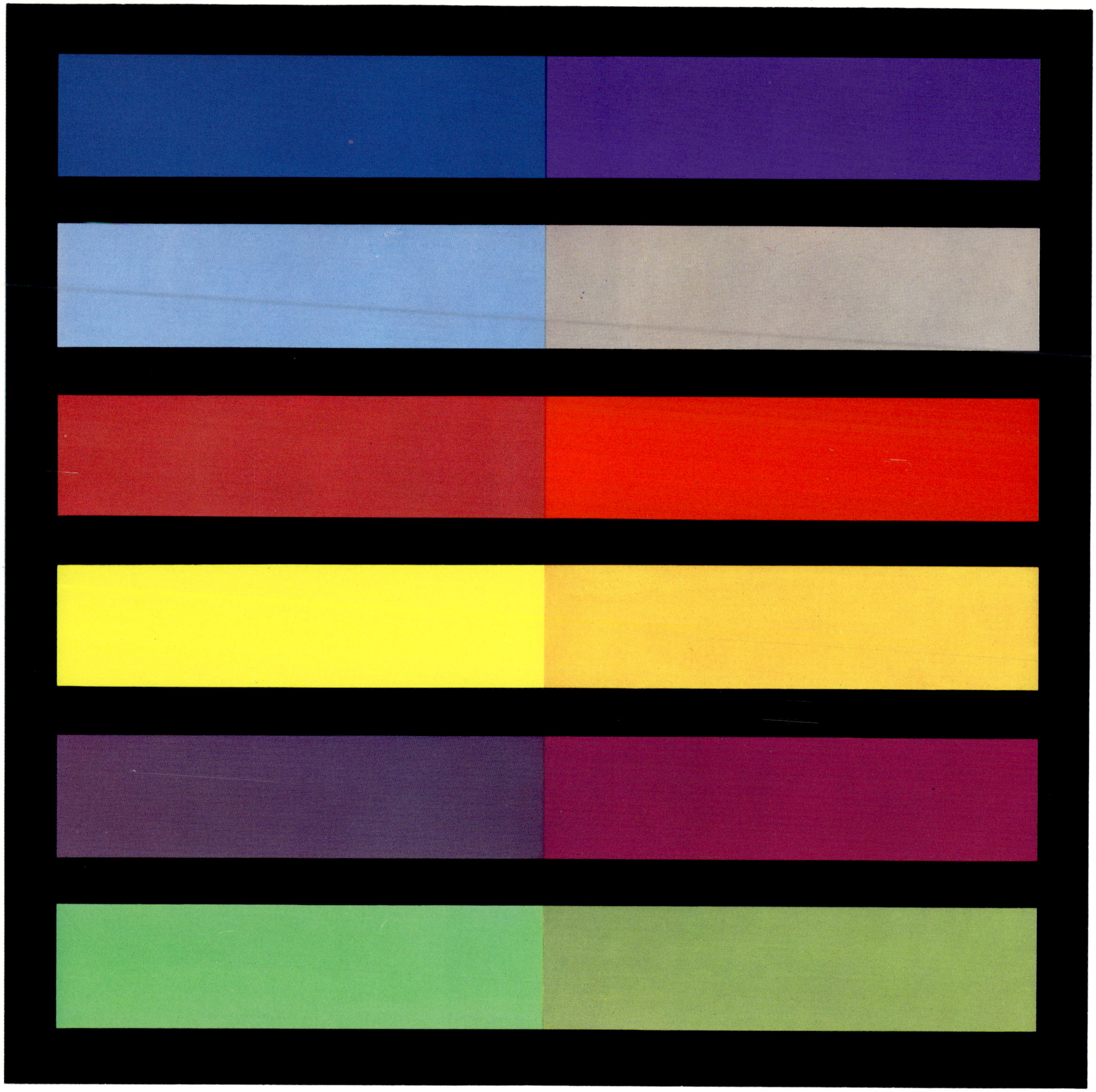

Abb. 25 Die gleichen Körperfarben sehen bei Tageslicht von 6800 Kelvin (linke Seite der waagerechten Streifen) ganz anders aus als bei Glühlampenlicht von 2800 Kelvin (rechte Seite der Streifen).

Abb. 26 Legt man Polarisationsfilter in gleicher Durchlaßrichtung übereinander (A), dann passiert das Licht die einfache und die doppelte Filterschicht in gleicher Weise. Je mehr man die Durchlaßrichtungen gegeneinander dreht (B bis E), desto weniger Licht wird durchgelassen, bis schließlich bei 90° (F) das Minimum erreicht ist.

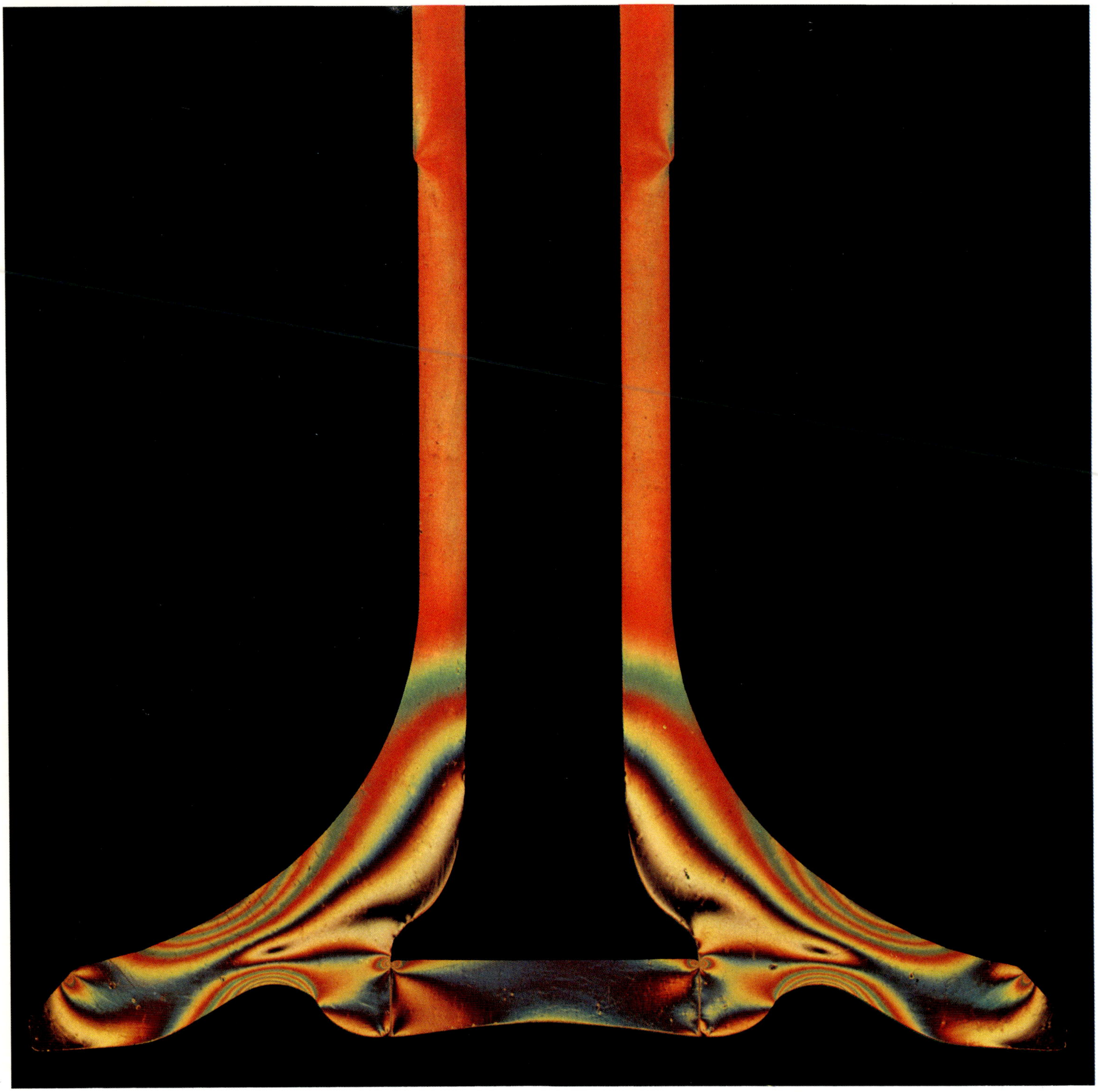

Abb. 27 Aufnahme eines Kolbens in polarisiertem Licht. Die farbigen Streifen lassen die Druckunterschiede in der Kolbenkammer erkennen. Auch Spannungsunterschiede, die in bestimmten Körpern auftreten, können bei durchsichtigem Material auf diese Weise sichtbar gemacht werden.

Abb. 28 Rechts oben wurde ein Stein ins Wasser geworfen. Die Wellen laufen in konzentrischen Kreisen davon. Um die Ecken eines Hindernisses laufen sie herum und überlagern sich dahinter. Wo Wellenberg auf Wellenberg trifft, wird die Bewegung addiert. Wo Wellenberg und Wellental zusammentreffen, wird sie ausgelöscht.

Bestimmte Kristalle haben die Eigenschaft, Licht zu polarisieren. Durch besondere Anordnung der Moleküle wird das Licht nur in einer ganz bestimmten Richtung durchgelassen. Es gibt auch Polarisationsfilter aus Glas oder aus Kunststoff, die heute industriell hergestellt werden. Am billigsten scheint die Herstellung von Polarisationsfiltern aus Kunststoff zu sein. Dieses Material eignet sich auch deshalb recht gut, da es möglich ist, es vor dem Erstarren mechanisch auseinanderzuziehen, wodurch die Moleküle eine besonders regelmäßige gitterförmige Anordnung erhalten.

Ordnet man zwei gleiche Polarisationsfilter hintereinander so an, daß ihre Durchlässigkeit in der gleichen Richtung verläuft, dann wird das polarisierte Licht, welches aus dem ersten Filter heraustritt, auch den zweiten ungehindert passieren. (Bei diesen Überlegungen sei die Absorption und die Spiegelreflektion der Oberflächen unberücksichtigt.) Das Ergebnis ist das gleiche, wie wenn ein Filter die doppelte Dicke hätte. Beginnt man nun aber den zweiten Filter um seine Mittelachse zu drehen, so wird das polarisierte Licht um soviel weniger durchgelassen, je mehr die Drehung sich einem Winkel von 90° zur Durchlaßrichtung des ersten Filters nähert. Sind diese 90° erreicht, wird je nach Material und Filtertyp, nur noch sehr wenig oder gar kein Licht mehr hindurchgelangen.

In Abb. 26 sind polarisierende Kunststoff-Folien zu sehen. Sie werden durchleuchtet. Auf eine große Polarisationsfolie sind Streifen der gleichen Folie aufgelegt. Der Streifen A liegt in der gleichen Durchlaßrichtung wie die große Folie selbst. Es ist kein merklicher Helligkeitsunterschied festzustellen. Beim Streifen B ist die Durchlaßrichtung etwas gedreht. Ein Grauton wird sichtbar. An dieser Stelle wird bereits weniger Licht durchgelassen. Diese Drehung wird mit den Streifen C, D, und E weitergeführt, bis beim Streifen F eine Winkelstellung von 90° zur Durchlaßrichtung der Folie erreicht ist. Jetzt kann an der Stelle, wo die beiden Folien übereinanderliegen, kaum noch Licht durchtreten. Der Bereich der Streifen, der nicht über der zweiten Folie liegt, ändert sich in seiner Helligkeit nicht, da jeweils die gleiche Lichtmenge durchgelassen wird.

Für die Technik hat die Polarisation von elektromagnetischen Schwingungen erhebliche Bedeutung. Beim Fotografieren kann man auf leichte und angenehme Weise unerwünschte Reflexe und Überstrahlungen vermeiden. Wenn ein Fotograf ein Schaufenster eines Geschäftes bei Dunkelheit aufnehmen will und ihn die Lichtreflexe auf einer regennassen Straße stören, so kann er diese durch Vorschalten eines Polarisationsfilters beseitigen. Dabei muß der Filter so lange gedreht werden, bis nur noch die von ihm gewünschten Lichter auf seiner Mattscheibe zu erkennen sind. Auch bei Herstellung von Sonnenbrillen werden Polarisationsfilter mit bestem Erfolg verwendet.

Aber noch in einem anderen Bereich kann die Polarisation zu zusätzlichen Diensten herangezogen werden. Man vermag mit ihr Spannungen sichtbar zu machen.

Hält man zwischen zwei Polarisationsfilter, die in einer bestimmten Weise zueinander gedreht sind, durchsichtige Gegenstände aus Plexiglas, so erkennt man die im Material vorhandenen Spannungen. Mit Hilfe von polarisierten Röntgenstrahlen kann man Spannungen auch in undurchsichtigen Materialien nachweisen und fotografieren. Abb. 27 zeigt einen hinter polarisierten Strahlungen fotografierten Kolben. Die farbigen Streifen zeigen die Druckverteilung im Kolbenraum.

Mit zwei hintereinander angeordneten Polarisationsfiltern ist es in hervorragender Weise möglich, die Intensität des Lichtes zu variieren ohne seine Qualität, nämlich seine spektrale Zusammensetzung, zu verändern. Man braucht diese beiden Polarisationsfilter nur gegeneinander zu drehen, um ganz nach Belieben stufenlos mehr oder weniger Licht durchzulassen.

Wirft man einen Stein ins Wasser, so entstehen konzentrische Wellenbewegungen, die sich rund um die Einwurfstelle herum auf der Wasseroberfläche ausbreiten. Stellt man in die Wasseroberfläche ein Hindernis, z. B. ein Brett, wie es Abb. 28 zeigt, so wird man feststellen, daß die Wellen nicht einfach am Brett aufhören bzw. von den Rändern des Brettes abgeschnitten werden. Vielmehr laufen sie um die Enden des Hindernisses herum. Sie haben das Bestreben, sich auf das Gebiet auszudehnen, das hinter dem Hindernis im Wellenschatten liegt. Dabei ist jeweils die Kante des Hindernisses der Mittelpunkt der neuen Kreisbewegung, mit der die Wellen dieses Gebiet zu überqueren suchen. Hinter dem Hindernis treffen die Wellen von beiden Seiten aufeinander. Dabei ergeben sich verschiedene Situationen. Je nachdem, wie die einzelnen Schwingungen aufeinandertreffen, wird einmal die Wellenbewegung verstärkt und einmal abgeschwächt. Verstärkt wird sie, wenn zwei Wellenberge oder zwei Wellentäler aufeinandertreffen. Hier wird die Energie addiert. Abgeschwächt wird sie immer dann, wenn Wellenberg und Wellental zusammenkommen. Die Bewegung wird ausgelöscht, die vorhandene Energie wird neutralisiert. Licht verhält sich ganz ähnlich. Auch die Lichtwellen können bei entsprechendem Zusammentreffen ihre Energie durch Überlagerung gegenseitig verstärken oder abschwächen. Auch Licht wird, wenn es auf ein Hindernis trifft, in seiner Bewegungsrichtung abgelenkt. Die Ablenkung nennt man Diffraktion. Die dabei entstehende Überlagerung der Lichtwellen, die genauso funktioniert, wie es von den Wasserwellen gesagt worden ist, nennt man Interferenz. Beleuchtet man mit einem polarisierten Lichtstrahl einen Gegenstand, so läßt sich diese Erscheinung sehr genau beobachten. Abb. 29 zeigt, wie sich an den hellen Stellen die Lichtwellen überlagern und addieren. Die dunklen Streifen und Ringe entstehen durch das sich gegenseitige Auslöschen der Lichtwellen [7].

Diese Erscheinung kann man selber in einem Versuch zeigen, wenn man vor einem Projektor eine Fläche mit einer kleinen Öffnung aufstellt. Diese Öffnung deckt man von beiden Seiten her mit je einer Rasierklinge ab. Die Rasierklingen kann man so nah aneinanderschieben, daß ein winziger Spalt freigelassen wird. Hält man nun ein Blatt Papier in den Strahlengang, so lassen sich die Interferenzerscheinungen deutlich beobachten.

Interferenzfarben kommen zustande durch doppelte Reflexion an Grenzflächen, die parallel oder nahezu parallel sehr dicht nebeneinander liegen. Bekanntlich wird ein Lichtstrahl, wenn er zum Beispiel von Luft in ein festes Medium geht, von dessen Grenzschicht auch dann teilweise reflektiert, wenn das Medium selbst völlig durchsichtig ist. Teile des aufgestrahlten Lichtes werden dabei von der Oberfläche des transparenten

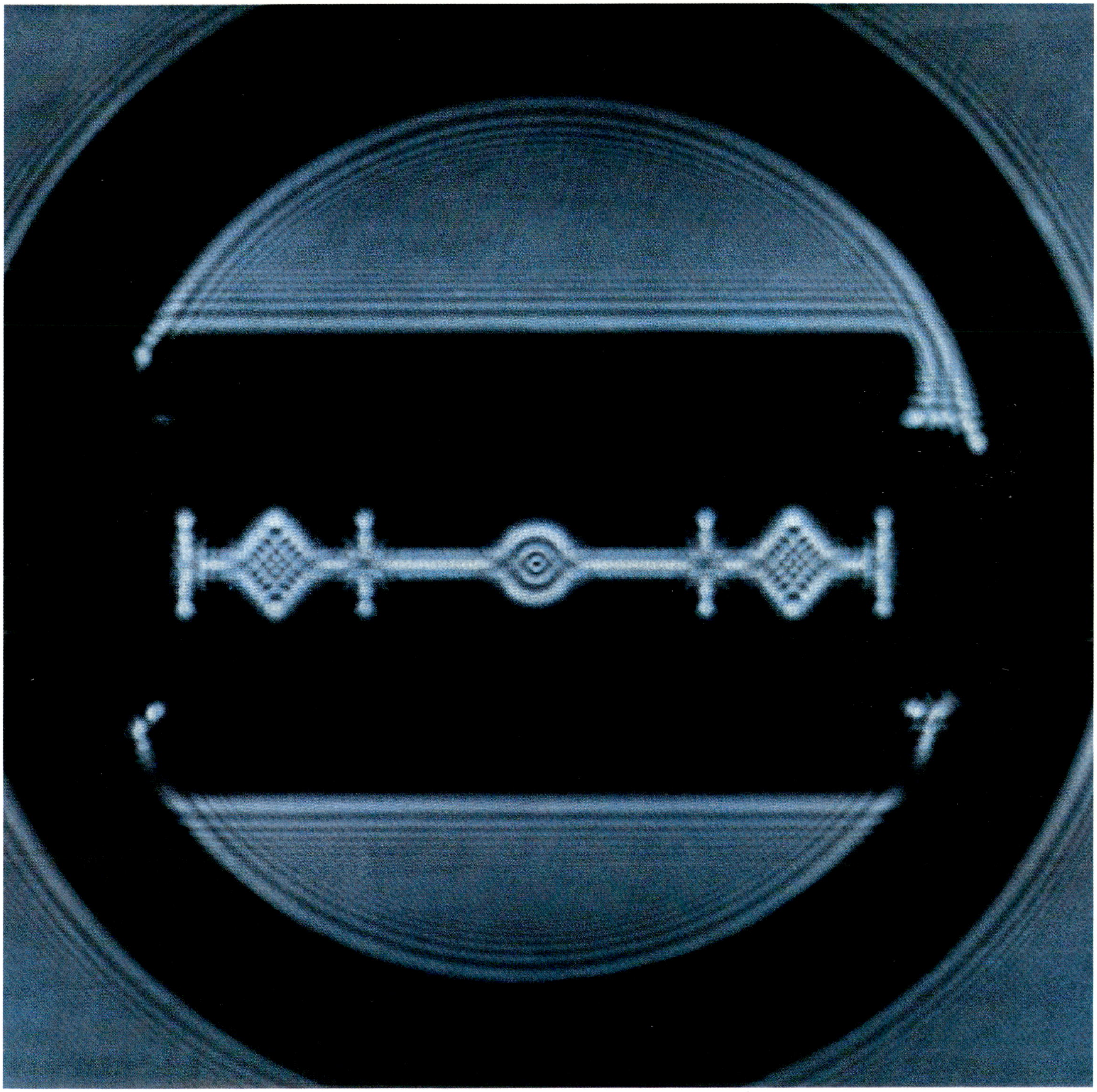

Abb. 29 Diese Diffraktionserscheinungen entstanden dadurch, daß ein dünner polarisierter Lichtstrahl durch den Mittelspalt der Rasierklinge geschickt wurde. Auch die Lichtwellen überlagern sich, wobei sie sich gegenseitig ebenfalls verstärken oder auslöschen können [7].

Materials zurückgespiegelt. Handelt es sich bei dem festen Medium um sehr dünne Schichten, so findet eine solche Teilreflexion an beiden Grenzflächen jeder dünnen Schicht statt. Dabei überlagern sich die Teilreflexionen der einen Grenzschicht mit denjenigen der zweiten. Hierdurch kann, je nachdem ob Maxima und Maxima aufeinandertreffen, eine Verstärkung bzw. eine Abschwächung der Strahlungsenergie stattfinden. Unter Umständen werden bestimmte Strahlungen ganz ausgelöscht. Die Veränderung der Interferenzerscheinung läßt sich sehr genau beobachten, wenn man den Einfallswinkel variiert. Abwechselnd werden Verstärkungen und Abschwächungen auftreten.

Interferenzerscheinungen sind also, das sei noch einmal wiederholt, Überlagerungen von sichtbaren Strahlungen. Die Farbigkeit von Seifenblasen und Ölflecken auf nassen Straßen sind dafür anschauliche Beispiele. Auch die Newtonschen Ringe, die bei in Glasrähmchen gefaßten Farbdias entstehen, sind Interferenzfarben. Die beiden eng beieinander liegenden Grenzflächen, die diesen Effekt verursachen, sind die sich zum Teil berührenden Seiten des Glasplättchens und des Dias. Stellenweise ist der Kontakt so innig, daß ein Lichtstrahl direkt durch das Glas in das Farbdia übergehen kann. An anderen Stellen ist zwischen Dia und Glas ein bestimmter, mit Luft ausgefüllter Abstand.

In der gestaltenden Kunst werden diese Effekte von Polarisation und Interferenz bereits als Gestaltungs- und Ausdrucksmittel eingesetzt. Die Künstlerin Martha Höpfner zum Beispiel macht sich diese physikalischen Gesetze zur Gestaltung ihrer »Lichtobjekte« zunutze. So verwendet sie handelsübliche Tütchen aus Klarsichtfolie, wie man sie zum Einpacken von Bonbons und Pralinen kennt. Diese ordnet sie zwischen zwei Polarisationsfiltern so an, daß durch die auftretenden Interferenzfarben interessante, künstlerisch abgestimmte Wirkungen und Flächenaufteilungen entstehen. Bei solchen Lichtobjekten ist der vordere Polarisationsfilter drehbar angeordnet. Sobald sich der Drehwinkel ändert, entstehen neue veränderte Farben auf der durchleuchteten Fläche. Drei verschiedene Positionen des vorderen Polarisationsfilters bei einem derartigen Lichtobjekt zeigt die Abb. 30. Solche Objekte dienen, wie Gemälde, zur Dekoration eines Raumes. Sie werden an der Wand aufgehängt oder auf einem Sockel aufgestellt. Durch die sich ständig ändernden Farben wirken sie lebendig und interessant.

## Eigenschaften von Körperfarben

Entsprechend der molekularen Struktur eines bestimmten Materials wird vom auffallenden weißen Licht ein Teil absorbiert und ein anderer Teil remittiert oder durchgelassen. Dadurch kommt das farbige Aussehen von Stoffen zustande. Es hat also jedes Material, jeder Stoff irgendeine bestimmte Körperfarbe. Dabei schließen wir »Schwarz« und »Weiß« in den Begriff Körperfarbe mit ein, denn sie sind die beiden extremen Punkte eines »Farbenraumes«. Sie sind Ursprung und Ende aller Farbigkeit, allen Sehens.

Wie bereits im Kapitel »Metamere Farben« ausgeführt, können Körperfarben bei einer bestimmten Beleuchtung völlig gleich aussehen, auch dann, wenn sie verschiedene Remissionskurven haben (Abb. 23 E und F). Zeigt verschiedenartiges Material ein gleiches farbiges Aussehen, so ist damit zu rechnen, daß die Remissionskurven dieser beiden Körperfarben unterschiedlich sind. Das gilt genauso für flüssige Farbstoffe, wie sie zum Beispiel zum Beimischen oder Einfärben verwendet werden, wie für Farbpasten, die der Kunstmaler, der Anstreicher oder der Drucker gebraucht. Das gilt natürlich auch für Farbfilter oder Farbdiapositive.

Nur wenn Farbstoffe nach genau den gleichen Herstellungsverfahren aus den gleichen Ausgangsmaterialien angefertigt worden sind, besteht die Wahrscheinlichkeit, daß ihre Remissionskurven sich gleichen. Als unbedingt sicher voraussetzen darf man dies auch dann allerdings nicht.

Neben ihrer Eigenschaft, farbig zu sein, haben Körperfarben noch eine Anzahl anderer Eigenschaften, auf die wir näher eingehen wollen. Sie können durchsichtig (lasierend) oder undurchsichtig (deckend) sein. Ölfarben, Temperafarben und Binderfarben sind meist deckend. Sie werden häufig dann verwendet, wenn man mit einer Farbschicht die Eigenfarbe eines anderen Materials überdecken will. Natürlich lassen sich dekkende Farben auch mischen. Der Künstler mischt sich auf seiner Palette, der Anstreicher in seinem Eimer, der Grafiker in seinem Tuschkasten deckende Farben zusammen. Farbpasten und Tuschen, die zum Mischen verwendet werden, können die unterschiedlichsten Farbtöne aufweisen.

Im allgemeinen geht das Mischen von deckenden Farben so vor sich, daß man sich einen bereits fertig vorhandenen Farbton sucht und durch Beimischen von geringeren Mengen eines anderen Farbtons auf die gewünschte neue Farbnuance zu kommen trachtet. Sutraktive Grundfarben werden in solchen Fällen nicht sehr häufig verwendet, da es natürlich bedeutend schwieriger ist, die gewünschten Mischfarben aus ihnen zu erzeugen, weil man vom angestrebten Ziel viel weiter entfernt ist.

Deckfarben werden gerne durch Zugeben von Weiß aufgehellt bzw. durch Beimischung von Schwarz gedämpft, dunkler gemacht, oder aber man gibt ein wenig von einer Komplementärfarbe bei, um den Farbton zu »brechen«, d. h. um das Mischungsergebnis verhüllter, trüber zu machen. Auf die Gesetzmäßigkeiten, die dann herrschen, wenn man Farbpasten oder Farbstoffe vor der Verwendung mischt, wird in einem besonderen Kapitel noch ausführlich eingegangen.

Die Gesetze der Farbmischung kann man zunächst mit Hilfe von lasierenden Farben besser zeigen und verständlich machen. Hierbei ist es möglich, bei Farbmischung die zu erwartenden Ergebnisse exakt vorauszubestimmen. In vielen Bereichen der Technik, in denen es gilt, die Probleme der Farbmischung sicher in den Griff zu bekommen, verwendet man lasierende Farben, so in der Farbfotografie und in der Druckindustrie. In Druckereien wird dann vor allem mit lasierenden Farben gearbeitet, wenn man im Dreifarben- oder Vierfarben-Druck durch Übereinanderlegen von Tonwertanteilen der Grundfarben eine breite Skala von Mischmöglichkeiten anstrebt.

Das Aussehen ist eine wichtige Eigenschaft von Körperfarben. Es ist z. B. bei Grundfarben für den Druckprozeß in

Abb. 30 Bei diesem »Lichtobjekt« von Martha Höpfner sind vor einem Leuchtkasten farblose Cellophantütchen künstlerisch angeordnet. Betrachtet man sie zwischen zwei ebenfalls farblosen Polarisationsfiltern, so erscheinen bunte Farben (A). Bei Drehung des Betrachtungsfilters ändern sich diese (B), bis sie sich bei 90° in ihre Komplementärfarben umkehren können (C).

Norm-Blättern festgelegt. Die Normen DIN 16 508 und DIN 16 509 verschwinden immer mehr aus dem Gebrauch und werden abgelöst von den beiden neuen Normen DIN 16 538 und DIN 16 539, die man auch als »Europa-Skala« bezeichnet, weil sie aufgrund von internationalen europäischen Absprachen zustande gekommen sind. Diese DIN-Skalen, die heute von allen Druckereien fast ausschließlich für den klassischen Mehrfarbendruck verwendet werden, haben den Zweck, Pigmentherstellung, Druckfarbenherstellung, Reproduktionsprozeß und Druck zu standardisieren.

Theoretisch sollte es gelingen, durch Mischung der drei subtraktiven Grundfarben alle anderen denkbaren Farbnuancen hervorzubringen. Leider ist dies aber in der Praxis nicht möglich. Man erreicht nur etwa 95% der möglichen Farbigkeit. Für normale Fälle ist das aber vollständig ausreichend. Weder in der Farbfotografie noch im klassischen Farbendruck wird normalerweise dieser kleine Mangel störend in Erscheinung treten.

Die orangeroten, grünen und violettblauen Farbtöne auf der linken Seite von Abb. 31 zeigen Mischergebnisse, die durch Übereinanderdruck von zwei Farbschichten entstanden sind. Rechts daneben stehen Schmuckfarben, Farben also, welche direkt in diesem Farbton gedruckt sind. Sie sehen leuchtender, reiner und farbiger aus. Zur Erzielung dieses Farbeffektes waren drei zusätzliche Druckgänge nötig. Wären diese Farbtöne Bestandteil einer Vorlage gewesen, die im normalen Farbendruck innerhalb eines Kataloges zu reproduzieren war, so hätte man sich mit den Ergebnissen auf der linken Seite begnügen müssen.

Warum es nicht möglich ist, durch Mischung der Grundfarben immer Farbtöne gleicher Leuchtkraft und Sättigung zu erzielen wie zum Beispiel diejenigen auf der rechten Seite von Abb. 31, muß erklärt werden. Zur Herstellung der Farbpasten werden Pigmente verwendet, die nicht die idealen Eigenschaften besitzen, welche man theoretisch von ihnen fordern müßte. Sie absorbieren nämlich in dem Bereich, in dem sie es sollten, nicht sämtliche Strahlungen. Andererseits remittieren sie in dem Bereich, in dem sie remittieren sollten, nicht alles. Man spricht hierbei von Fehlabsorption und Fehlremission.

Abb. 32 bringt eine Gegenüberstellung der Remissionsbereiche von den theoretisch idealen und den in diesem Buch praktisch tatsächlich verwendeten Grundfarben. Die schraffierten Flächen zeigen den optimalen Remissionsbereich, wie er theoretisch gefordert werden muß. Er ist leider in den bis jetzt zur Verfügung stehenden subtraktiven Grundfarben nicht ausreichend realisiert. Dies sieht man am Unterschied zwischen den schraffierten Flächen und den farbig ausgeführten Kurvenformen. Hier sind erhebliche Fehlabsorptionen und Fehlremissionen zu erkennen. Darauf wird aber im nächsten Kapitel noch ausführlich eingegangen werden.

Die Fehler im Remissionsverhalten der Grundfarben fallen optisch dann nicht so stark ins Gewicht, wenn diese Farben ungemischt erscheinen. Bei Mischung von zwei oder drei von ihnen miteinander kommen sie aber verstärkt zum Vorschein, wie Abb. 31 deutlich macht. Hier sehen wir, daß es durchaus Körperfarben gibt, die reiner sind als die Mischergebnisse aus den uns zur Verfügung stehenden Grundfarben Cyanblau, Gelb und Magentarot, denn bei der Mischung addieren sich die Fehler im Absorptions- und Remissionsbereich und wirken sich auf Leuchtkraft und Reinheit verstärkt aus.

Zwar besteht die theoretische Möglichkeit, von Fall zu Fall zu überlegen, ob für einen technischen Prozeß, bei dem es auf bestimmte Farbtöne besonders ankommt, eine andere Farbskala nicht besser geeignet ist. In der Praxis hat es sich jedoch gezeigt, daß die Industrie bestrebt ist, mit Standards zu arbeiten. Die Rationalisierung der Produktionsprozesse zwingt einfach dazu. So kommt es auch, daß sich in der Druckindustrie die Europaskala trotz ihrer erheblichen Mängel auf breiter Basis international eingeführt hat.

Zwei weitere wichtige Eigenschaften von Körperfarben sind deren Lichtechtheit und Lackierfähigkeit. Unter Lichtechtheit versteht man die Fähigkeit eines Farbstoffes, sein Aussehen beizubehalten, auch wenn er lange Zeit direkter Lichtbestrahlung ausgesetzt ist.

Sicherlich hat jeder schon einmal in einem Schaukasten farbige Drucke hängen sehen, die ganz grün geworden waren. Bei diesen Drucken hatte die rote Farbe eine geringe Lichtechtheit und war mit der Zeit völlig ausgebleicht. Die Lichtechtheit von Farben, mit denen Bücher gedruckt werden, braucht natürlich nicht so groß zu sein wie diejenige von Gemälden. Diese schlägt man nur zum Lesen auf, während jene, wenn sie an einer Wand hängen, dem Licht ständig ausgesetzt sind.

Außer dem Licht können natürlich noch andere Einflüsse das Aussehen der Farben im Laufe der Zeit verändern: Temperatur, Luftfeuchtigkeit, Abgase und vielfältige andere chemische Einwirkungen.

Eine Farbe ist dann lackecht, wenn beim Überziehen mit einer Lackschicht keine störenden chemischen Reaktionen stattfinden und die Farben unverändert bleiben. Herstellerfirmen geben die Lackechtheit in vielen Fällen nur in bezug auf bestimmte Lacke an. So können Farben zum Beispiel »nitrolackecht« oder »spirituslackecht« sein.

## Farbsättigung und Messung der Farbdichte

Bevor wir uns im folgenden Teil dieses Buches mit den Gesetzen der Farbmischung beschäftigen, müssen wir noch den Begriff Farbsättigung kennenlernen. Von der gleichen Farbpaste, von der gleichen Wasserfarbe kann man auf eine bestimmte Stelle eines Papierbogens mehr oder weniger an Menge auftragen. Die entstehende Farbschicht wird dann dikker oder dünner sein und obgleich die zur Verfügung stehende Ausgangsfarbe die gleiche ist, wird hierbei ein ganz unterschiedlicher Farbeindruck hervorgerufen. Dies gilt insbesondere für lasierende Farben. Deckende Farben kann man zwar aufhellen, indem man sie entsprechend dünner auf das Papier aufträgt. Sie werden aber nicht dunkler oder verschwärzlichter erscheinen, wenn man die Dicke der Farbschicht verstärkt. Ist bei deckenden Farben einmal der Punkt der optimalen Sättigung erreicht, dann ist ihre volle Farbigkeit auch dann gegeben, wenn dieser Punkt überschritten wird.

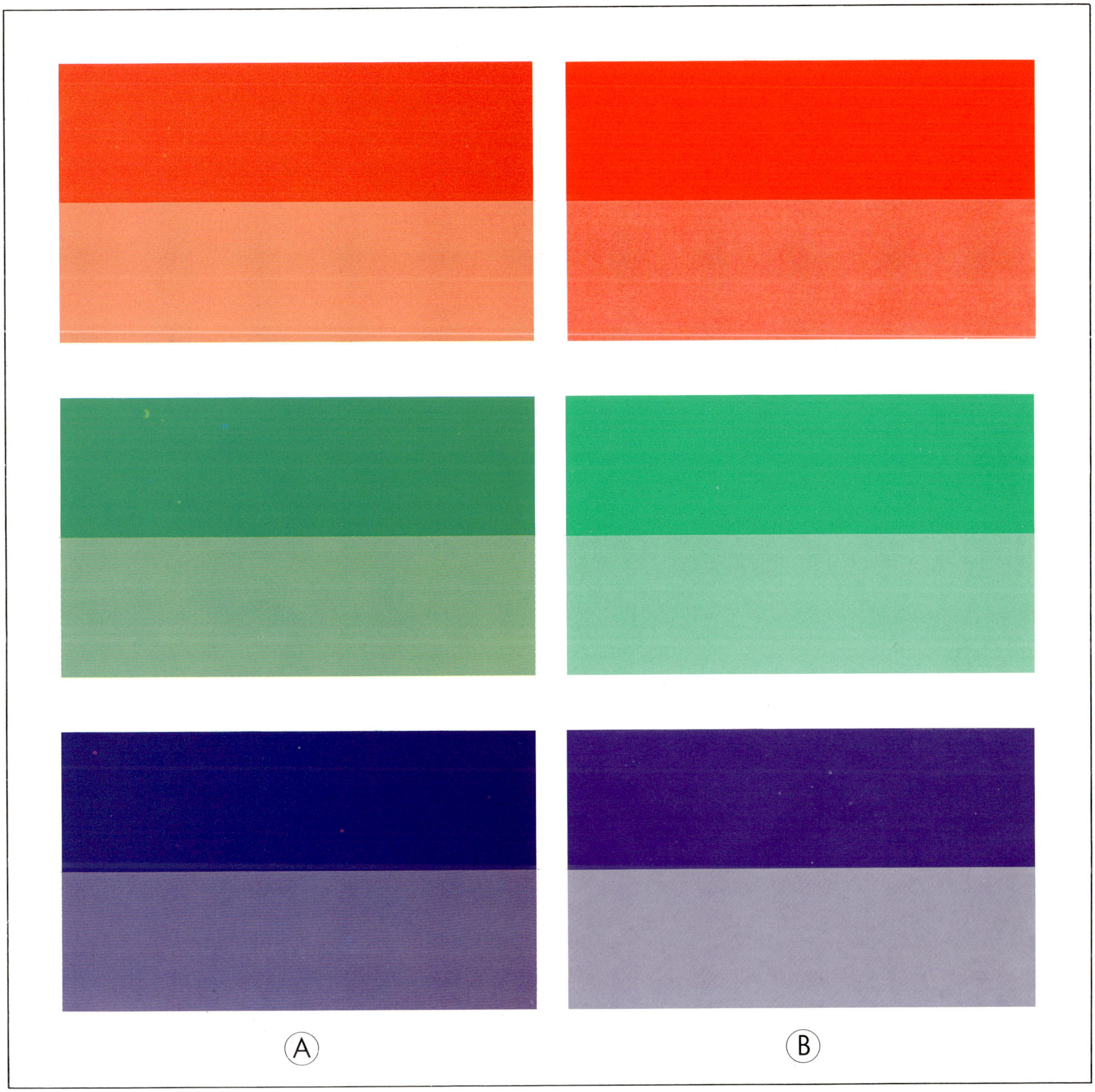


Abb. 31 Die Flächen der linken Spalte (A) sind durch Mischung der normalerweise im Farbdruck verwendeten subtraktiven Grundfarben Gelb, Magentarot und Cyanblau entstanden. Die rechts danebenstehenden Flächen (B) zeigen, um wieviel reiner Orangerot, Grün und Violettblau sein können, wenn man sie als »Tonfarbe« druckt. Fehlabsorption und Fehlremission sind dabei erheblich geringer.

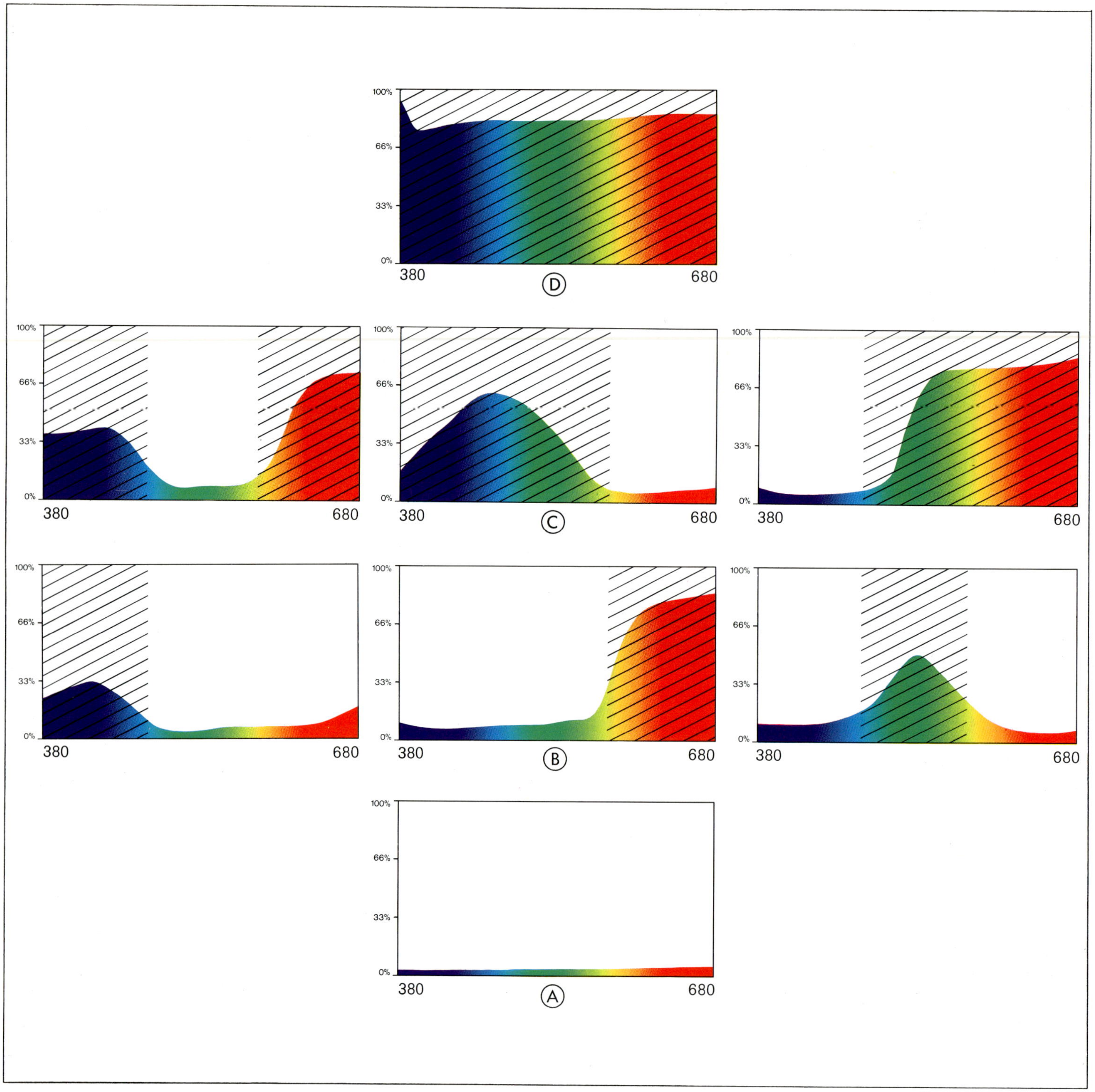


Abb. 32 Auf dieser Darstellung werden die Remissionen der in diesem Buch verwendeten Farben (farbig ausgefüllte Bereiche) mit den theoretischen Forderungen verglichen, die sie eigentlich erfüllen sollten (schraffierte Bereiche). Beim Schwarz (A) dürfte keine Remission vorhanden sein. Die Ein-Drittel-Farben (B) und die Zwei-Drittel-Farben (C) sollten senkrecht abgeschnittene Spektralbereiche überdecken. Das Weiß (D) sollte überall volle Remission haben.

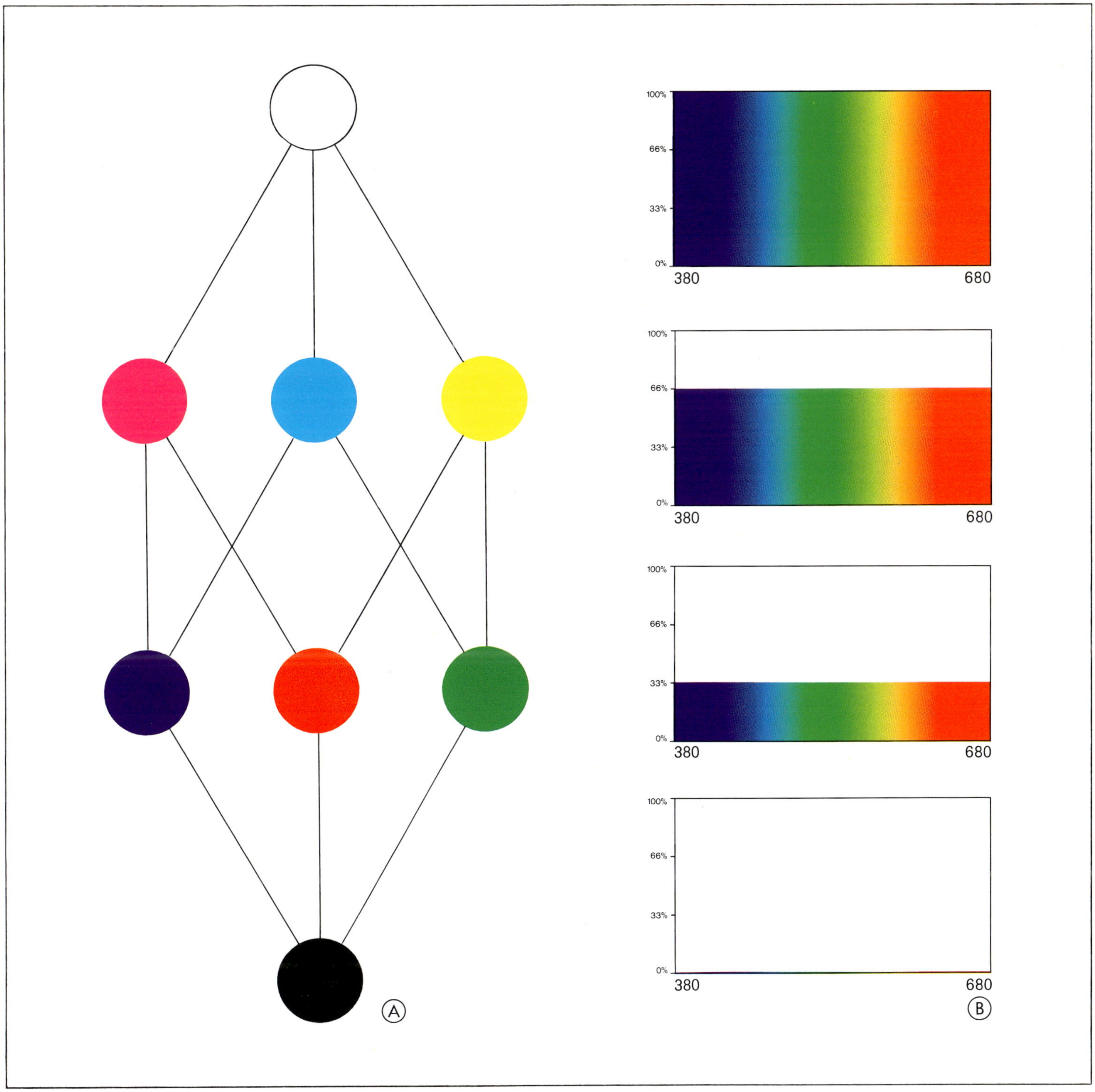


Abb. 33 Die gleichen Zusammenhänge wie in Abb. 32 zeigt das Schema (A). Man erkennt bereits, daß es unmöglich ist, die Beziehungen zwischen allen Farben auf einer Fläche darzustellen. Analog zu den Remissionskurven der Grundfarben in Abb. 32 werden in (B) die Remissionskurven der unbunten Ein-Drittel-Farbe und Zwei-Drittel-Farbe gezeigt.

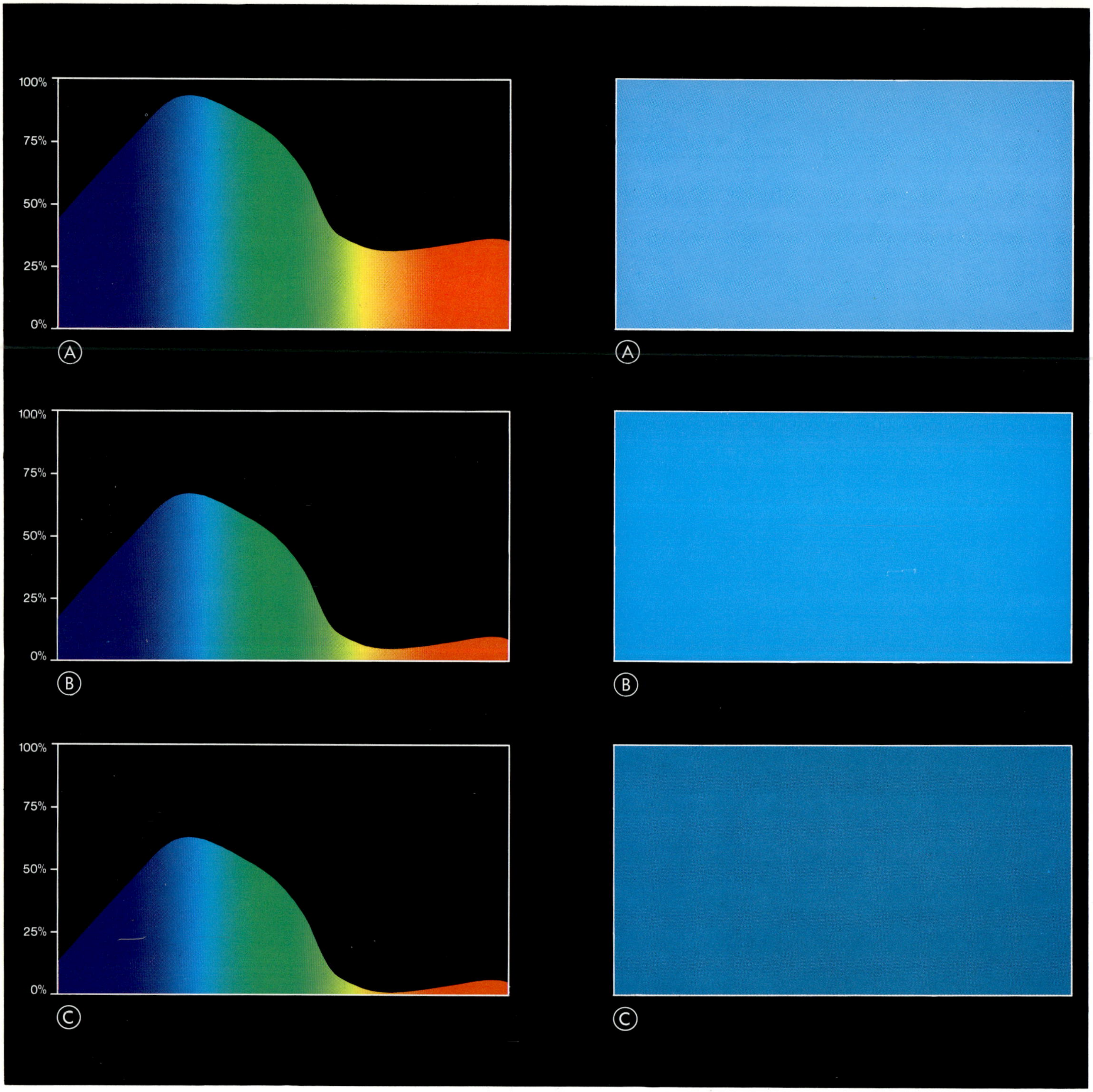


Abb. 34 Bis zur optimalen Sättigung (B) kann die Farbschichtdicke bei lasierenden Farben ohne Verschwärzlichung zunehmen. Bei (A) ist erst eine 80%ige Sättigung erreicht. (C) dagegen zeigt, wie eine Verschwärzlichung eintritt, wenn der Punkt der optimalen Sättigung überschritten wird. Das Aussehen einer cyanblauen Farbe verändert sich von (B) nach (C), wenn die lasierende Farbschicht in doppelter Dicke aufgetragen wird.

Bei lasierenden Farben fallen die Lichtstrahlen durch die Farbschicht auf die Materialoberfläche. Der Teil des Lichtes, der nicht von der Farbschicht absorbiert worden ist, wird von einer weißen Materialoberfläche, z. B. der Papieroberfläche, remittiert. Wird bei lasierenden Farben die Farbschicht dicker aufgetragen, als dies zur optimalen Farbsättigung notwendig ist, so verändert sich das Aussehen in Richtung auf Schwarz hin.

Um die Gesetze der Farbmischung zu ergründen, wollen wir uns von jetzt ab zunächst einmal ausschließlich mit lasierenden Farben beschäftigen, ohne daß jedes Mal erneut darauf hingewiesen wird.

Als Beispiel zur Erklärung der Gesetze der subtraktiven Farbmischung soll uns der Druckprozeß dienen. Genausogut ließe sich natürlich die Farbfotografie oder das Wirken von Farbfiltern dazu heranziehen, doch bietet sich der Druckprozeß schon deshalb an, weil ja notwendigerweise auch dieses Buch durch Drucken entstanden ist.

Druckt man ein farbiges Bild, so werden nacheinander die subtraktiven Grundfarben auf dem »Bedruckstoff« übereinandergebracht. Dieser Vorgang ist wegen seiner Anschaulichkeit besonders zum Verständnis und zur Erklärung der Farbmischgesetze geeignet.

Man möge aber bitte dieses Buch nicht so interpretieren, daß es nur die Vorgänge beim Farbendruck erklärt. Das Gesagte gilt gleichermaßen für alle Bereiche der Wissenschaft, der Technik und der Kunst. Der Druckprozeß ist lediglich das leicht zu begreifende Modell, welches es noch dazu gestattet, im Rahmen dieser Arbeit augenfällige Beispiele zu präsentieren.

Der Farbauftrag einer lasierenden Farbpaste ist dann optimal, wenn die Farbe »gesättigt« ist, wenn sie in ihrer optimalen Farbigkeit erscheint. Das ist bei der cyanblauen Grundfarbe beispielsweise dann der Fall, wenn sie im violettblauen und grünen Bereich des Spektrums den größtmöglichen Teil der auffallenden Strahlung remittiert und andererseits im orangeroten Bereich den größtmöglichen Teil absorbiert (vergleiche Abb. 32).

Verstärkt man nun den Farbauftrag auf einem weißen Papier, so verstärkt man damit die Dicke der Farbschicht. Die Farbe wird dunkler. Sobald der Punkt der optimalen Sättigung überschritten ist, werden nicht mehr alle Schwingungen des speziellen Remissionsbereiches zurückgeschickt, sondern ein Teil von ihnen wird ebenfalls zusätzlich absorbiert. Abb. 34 zeigt zur Veranschaulichung die schematische Darstellung einiger Remissionskurven der gleichen Farbe bei stärkerem Farbauftrag. In 34 A erkennt man eine cyanblaue Grundfarbe, die nicht voll gesättigt ist. Der Sättigungsgrad beträgt etwa 80%. Im orangeroten Bereich wird noch ein Teil des Lichtes remittiert. Man könnte dies auch so formulieren, daß durch die Farbe noch der weiße Papierton durchscheint, daß die Farbe noch nicht in der Lage ist, das weiße Papier mit ihrer Farbigkeit voll zu überdecken. Die Farbfläche rechts neben der Remissionskurve zeigt das ungefähre Aussehen einer solchen Cyanfarbschicht mit einer 80%igen Sättigung bzw. »Deckung«. In diesem Fall ist aus technischen Gründen die geringere Farbsättigung nicht durch eine dünnere Farbschichtdicke erreicht worden, sondern durch Aufrastern der Fläche.

Dagegen zeigt die Remissionskurve der cyanblauen Farbe von 34 B eine optimale Sättigung. Im violettblauen und im grünen Spektralbereich werden die Lichtstrahlen, soweit dies möglich ist, remittiert, im orangeroten werden sie weitestgehend absorbiert.

Wie sich die Remissionskurve zu einer Verschwärzlichung hin verändert geht aus der Darstellung in 34 C hervor. Hier wird zwar der orangerote Bereich besser absorbiert. Durch die zu dicke Farbschicht können aber die Lichtstrahlen des grünen und violettblauen Bereiches nicht mehr ungehindert zur weißen Papieroberfläche durchdringen, um remittiert zu werden. Ein Teil von ihnen wird zusätzlich absorbiert. Dadurch entsteht eine Verschwärzlichung des Farbtons.

Je dicker nun die Farbschicht wird, desto mehr nähert sich die Farbnuance dem Schwarz an. Eine cyanblaue Farbe in der Farbdose eines Druckers sieht zum Beispiel blauschwarz aus. Hier ist es so, daß die viele Zentimeter dicke Farbschicht zum großen Teil auch die Lichtstrahlen des grünen und violettblauen Spektralbereiches absorbiert. Die Kraft der Photonen reicht nicht aus, bis zum Boden der Dose durchzudringen, um dort remittiert zu werden und um noch einmal durch die ganze Schichtdicke zurückzukommen.

Aus diesen Überlegungen heraus ergibt es sich, daß wegen der optimalen Farbigkeit und wegen der sicheren Endergebnisse bei der Mischung von Körperfarben die Sättigung eine große Rolle spielt. Es ist absolut notwendig, daß z. B. die einzelnen Grundfarben in jedem Einzeldruckvorgang bei gedeckter Fläche mit voller Sättigung aufs Papier gelangen. Hierbei ist ein Zuviel an Farbe genauso verkehrt wie ein Zuwenig. Denn bei zu geringem Farbauftrag würde der farbige Zusammendruck zu blaß, »verhungert« aussehen. Er wäre kraftlos und hätte keine Brillanz. Ist der Farbauftrag aber in allen Farben zu stark, so wird das Bild insgesamt zu dunkel, zu »schwer«. Es »ertrinkt«. Sollte die Farbsättigung bei einem Druckprozeß in nur einem einzigen Druckgang nicht stimmen, so würde die Folge davon ein Farbstich des Endproduktes sein. Ist zum Beispiel die Sättigung bei einem Vierfarbendruck im Magentarot zu schwach, so können braune Hauttöne von abgebildeten Personen grünlich oder gelblich erscheinen.

Deshalb ist es eines der Probleme beim Drucken, mit Sicherheit die richtige Farbführung genau zu treffen. Das bezieht sich sowohl auf das Abstimmen der Farbgabe beim Beginn des Druckprozesses als auch auf die Farbführung während der gesamten Zeit, in der die Auflage auf einer Druckmaschine läuft. Es ist notwendig, daß die Farbführung dauernd in einem bestimmten Toleranzbereich gleichmäßig gehalten wird. Denn schwankt sie während der Auflage, so können die schlimmsten Farbverschiebungen vorkommen, da sich ja unter Umständen die Fehler der einzelnen Teildruckgänge addieren. Wenn zum Beispiel bei einem Vierfarbendruck in Blau und in Schwarz zuviel Farbe, in Rot und in Gelb zu wenig Farbe geführt worden ist, so wird sich das Aussehen eines bestimmten Brauntones zu Blaugrau hin verschieben.

Bis vor wenigen Jahren war der Drucker darauf angewiesen, seine Arbeit optisch zu kontrollieren. Welche Schwierigkeiten dabei auftreten mußten, kann man leicht ermessen, wenn man an das denkt, was wir über die verschiedenartige spektrale Zusammensetzung des Lichtes gehört haben. Die Lichtfarbe eines ungeeigneten Lichtes macht es dem Drucker unter Umständen unmöglich, die Farbführung auf seinem Druckbogen richtig zu erkennen und richtig abzustimmen. Man kann eben nicht bei einem gelben Licht eine gelbe Farbe auf einem weißen Papier richtig beurteilen. Je mehr nämlich das Licht gelblich gefärbt ist, desto weniger unterscheidet sich das weiße Papier von den Stellen, auf denen die gelbe Farbschicht aufgetragen ist. Die Farbsättigung der gelben Farbe kann nur dann beurteilt werden, wenn die Remission des weißen Papieres sich deutlich von der Remission der gelb bedruckten Stellen unterscheidet. Je größer der Anteil an langwelligen Schwingungen im Licht ist, desto geringer ist aber der Unterschied der Remissionskurve der gelben Farbe und der Emissionskurve des verwendeten Lichtes.

Da es somit bei schwankenden Lichtverhältnissen unmöglich war, Farbsättigung objektiv richtig zu beurteilen, entwickelte man Meßgeräte, die einen unbeeinflußten Hinweis auf die Farbsättigung und damit auf die Farbschichtdicke geben. Die meisten dieser Geräte arbeiten so, daß ein Lichtstrahl in einem bestimmten Winkel auf die zu messende Farbstelle geblendet wird. Durch einen Filter, der möglichst komplementär zur gemessenen Farbe sein soll, wird der remittierte Strahl auf eine Fotozelle gelenkt. Dort wird das Licht in einen elektrischen Strom verwandelt, welcher einen Zeiger auf einer Skala mehr oder weniger ausschlagen läßt. Der Ablesewert ist praktisch die Differenz zwischen dem aufgestrahlten und dem remittierten Licht. Er zeigt an, wieviel von dem ursprünglichen Licht verlorengegangen, absorbiert worden ist. Diesen Wert bezeichnet man auch als Opazität oder Farbdichte.

Schließlich muß man noch wissen, daß die zur Zeit auf dem Markt befindlichen Dichtemeßgeräte, die »Densitometer«, untereinander nicht übereinstimmen. Sie sind jeweils nur für eine subjektive Dichtemessung geeignet. Die Meßergebnisse sind immer nur auf dem betreffenden Gerät reproduzierbar. Dies hat viele technische Ursachen, auf die wir nicht eingehen wollen. Für die Praxis ist es aber ohne Bedeutung, da es in einer Druckerei oder einer Reproduktionsanstalt ja lediglich darauf ankommt, Vergleichsmessungen durchzuführen.

# Systematischer Teil

## Grundfarben und Farbenkreis

Die eigentlichen »Ur-Farben« sind die monochromatischen Farben des Spektrums. Alles Sichtbare wird sichtbar durch sie. Jeder vorstellbare Farbreiz ist eine Mischung aus ihnen. Sie können an einer Mischung mit unterschiedlichen Intensitäten beteiligt sein. Durch ihr Zusammenwirken entsteht die Vielfalt aller Farberscheinungen. Dies ist bereits deutlich geworden bei der Betrachtung der Abb. 20, 21, 22 und 23.

Wir wissen schon: Monochromatische Farben sind Strahlungen einer einzigen Wellenlänge. Derartig reine Farben kommen in der Natur weder als Farblichter noch als Körperfarben vor. Es bedarf eines ziemlichen technischen Aufwandes, um reine monochromatische Farben in einer bestimmten Sättigung hervorzubringen und sichtbar zu machen. Dazu ist eine Doppelbrechung nötig. Nachdem ein Lichtstrahl durch ein Prisma in seine farbigen Bestandteile aufgefächert ist, wird die gewünschte Farbe ausgesondert. Sie wird abermals durch ein Prisma geschickt, um sie durch eine weitere Brechung »sauber« zu machen.

Für den Umgang mit Farbe in der Praxis und im täglichen Leben haben monochromatische Strahlungen lediglich eine theoretische Bedeutung.

Wie gelangt man nun von den »Ur-Farben« zu den Grundfarben, die für die Farbmischgesetze wichtig sind?

Grundsätzlich gibt es dazu zwei Wege. Der erste führt über das Funktionieren des Sehorganes. Die Grundspektralwertkurven aus den Abb. 10 A und 10 B weisen darauf hin, daß unser Auge mit drei Zapfentypen ausgerüstet ist, die für verschiedene Spektralbereiche empfindlich sind. Durch Abb. 10 A wird besonders deutlich, daß ein Zapfentyp auf die kurzwelligen Strahlen, ein Zapfentyp auf die mittelwelligen und der letzte auf die langwelligen Strahlen besonders anspricht. Einfacher ausgedrückt kann man also sagen, daß die Grundspektralwertkurven auf drei Zapfentypen verweisen, die auf Violettblau, auf Grün und auf Orangerot reagieren.

Der zweite Weg zu den Grundfarben führt uns über das praktische Hantieren. Wenn man Farbstoffe oder Farbpasten mischt, so stellt man sehr schnell fest, daß es Farbtöne gibt, die man durch Mischung von anderen Ausgangsfarben erzielen kann. Bestimmte Farbtöne jedoch lassen sich durch dieses Verfahren nicht erreichen, nämlich Gelb, Magentarot und Cyanblau. Daraus ergibt sich, daß diesen in der Farbenlehre eine ganz besondere Bedeutung zukommen muß.

Wenden wir uns noch einmal der Abb. 20 zu. Wir erkennen im Spektrum von links nach rechts die Farbbereiche Violettblau, Cyanblau, Grün, Gelb und Orangerot. Dabei fällt auf, daß die drei Farbbereiche, die den Empfindlichkeiten der Zapfen entsprechen, nämlich Violettblau, Grün und Orangerot je etwa ein Drittel des Spektrums überdecken. Zwischen Violettblau und Grün ist als Übergang Cyanblau, zwischen Grün und Orangerot Gelb zu erkennen.

Magentarot ist im Spektrum nicht als monochromatische Farbe vorhanden. Es entsteht, wenn wir den orangeroten mit dem violettblauen Bereich übereinanderblenden und ist eine Mischung aus dem kurzwelligen Drittel und dem langwelligen Drittel des Spektrums, wodurch sich zwangsläufig eine Dreiteilung des Spektrums in drei Drittel ergibt, wie wir in Abb. 32 gesehen haben.

Damit haben wir aus dem Spektrum heraus die additiven Grundfarben ermittelt. Sie heißen Violettblau, Grün und Orangerot. Jede dieser additiven Grundfarben ist eine Ein-Drittel-Farbe, da sie die elektromagnetischen Schwingungen von einem Drittel des Spektrums repräsentiert. Jede additive Grundfarbe ist ein Gemisch aus sämtlichen Wellenlängen ihres speziellen Spektralbereiches. Werden die drei additiven Grundfarben, die zusammen das volle Spektrum umfassen, alle drei zusammen gemischt, so kann man sämtliche sichtbaren Farbtöne und Farbnuancen hervorbringen. Dies geschieht dadurch, daß die Intensität der einzelnen Grundfarben in der Mischung zwischen 0 % und 100 % gegenseitig variiert wird.

Diese additiven Grundfarben erscheinen in ihrer intensivsten Farbigkeit, in ihrer stärksten Sättigung, wenn ihre Spektralkurven rechts und links durch komplementäre monochromatische Farben begrenzt werden, die sich gegenseitig zu Unbunt auslöschen (siehe auch Kapitel »Komplementärfarben«). Ginge nämlich die Breite des Spektralbereiches über diese Grenze hinaus, so würde zwangsläufig die Farbsättigung dadurch geringer werden, daß komplementäre Schwingungspaare das Farblicht verweißlichen.

Das Zusammenfügen von farbigen Lichtern nennt man deshalb »additive Mischung«, weil sichtbare Schwingungen zusammengebracht, d. h. addiert werden. Es ist selbstverständlich, daß sich additive Farbmischung nur in einem völlig abgedunkelten Raum richtig demonstrieren läßt. Man kann also sagen, die additive Farbmischung führt vom Schwarz (dunkler Raum, Nichtvorhandensein von sichtbaren Strahlungen) über die additiven Grundfarben Violettblau, Grün und Orangerot zu Weiß, dem neutralen Licht mit energiegleichem Spektrum. Darauf wird im Kapitel »Additive Farbmischung« noch ausführlich eingegangen werden.

Genau umgekehrt verhält es sich mit den Körperfarben. Es sei noch einmal daran erinnert, daß sich die hier angestellten Überlegungen nur auf lasierende Körperfarben beziehen. Eine solche lasierende Körperfarbe würde, auf schwarzes Papier aufgetragen, nicht sichtbar sein. Um sie zu zeigen, muß weißer Untergrund, z. B. weißes Papier zur Verfügung stehen. Nur dann ist es möglich, den tatsächlichen Farbton der aufgetragenen Farbe zu erkennen, weil allein die weiße Materialoberfläche in der Lage ist, alle durch die Farbschicht durchfallenden Lichtstrahlen zurückzuschicken. Deshalb ist für das Mischen von Körperfarben, sofern man sich die Farbmischgesetze nutzbar machen will und ihre Wirkungsweise zu beobachten beabsichtigt, immer das volle Weiß der Ausgangspunkt der Überlegungen und Übungen.

Das Weiß des Papiers stellt also das Optimum der sichtbaren Strahlungen dar. Ganz gleichgültig, welche Körperfarbe auf dieses Papier aufgetragen wird: Die Remission einer farbigen Stelle ist immer geringer als die Remission des weißen Papiers. Demnach verringert Farbe grundsätzlich die Remission, d. h. von der Remission wird etwas abgezogen, subtrahiert. Aus diesem Grunde heißt das Mischen von Körperfarben »subtraktive Farbmischung«.

Die subtraktiven Grundfarben sind Gelb, Magentarot und Cyanblau. Von Magentarot wissen wir bereits aus Abb. 32, daß seine Remission aus zwei Spektralbereichen, dem orangeroten und dem violettblauen, besteht und daß man Magentarot eine »Zwei-Drittel-Farbe« nennt. Es ist ganz natürlich, daß es sich bei den anderen beiden subtraktiven Grundfarben Gelb und Cyanblau ebenfalls um Zwei-Drittel-Farben handelt. Gelb besteht aus dem grünen und dem orangeroten Drittel des Spektrums, Cyanblau aus dem violettblauen und aus dem grünen.

Die Vielfalt der Farberscheinungen kann man bei der subtraktiven Mischung dadurch hervorbringen, daß die subtraktiven Grundfarben in unterschiedlichen Sättigungsstufen miteinander gemischt werden. Man kann also sagen, daß die subtraktive Farbmischung bei Weiß (z. B. weißes Papier) beginnt und daß jeder Farbauftrag die Remission reduziert. Über die subtraktiven Grundfarben gelangt man auch zu jenem Punkt, an dem theoretisch keinerlei sichtbare Strahlung mehr von der Papieroberfläche remittiert werden kann. Diese Situation bezeichnen wir als Schwarz. Ausführlich wird darüber im Kapitel »Subtraktive Mischung« noch gesprochen werden.

Sowohl die additiven wie auch die subtraktiven Grundfarben stehen leider im Alltag nicht in der gewünschten Reinheit zur Verfügung. Die theoretischen idealen Voraussetzungen wurden bereits erörtert. Auf der Remissionskurve sollten die Farben durch ein komplementäres Schwingungspaar senkrecht begrenzt sein. Dies ist aber leider keineswegs der Fall, wie aus Abb. 32 hervorgeht. Die unterste Kurve stellt Schwarz dar. Wie oben ausgeführt, sollte es bei Schwarz eigentlich keinerlei Remission geben. Dennoch ist in der Praxis bei jedem Schwarz noch eine bestimmte Remission vorhanden, die sogenannte »Fehlremission«.

In der Reihe (B) über dem Schwarz sehen wir Remissionskurven von einem violettblauen, einem orangeroten und einem grünen Farbton. Die farbig ausgeführte Kurve ist, wie wir schon wissen, die tatsächliche Remission. Der schwarz schraffierte Bereich zeigt an, wie idealerweise der Remissionsbereich beschaffen sein sollte. Es ist deutlich zu erkennen, daß diese Grundfarben einerseits in Bereichen, in denen sie absorbieren sollten, Strahlungen durchlassen (Fehlremission), andererseits dort, wo sie remittieren sollten, absorbieren (Fehlabsorption).

Die Remissionskurven in der darüberliegenden Reihe (C) gehören zu den drei subtraktiven Grundfarben Magentarot, Cyanblau und Gelb. Auch hier demonstriert der schwarz schraffierte Bereich, wie die ideale Farbe eigentlich beschaffen sein müßte. Eindeutig geht hervor, daß auch die substraktiven Grundfarben, wie sie in der täglichen Praxis zur Verfügung stehen, erhebliche Fehlabsorptionen und Fehlremissionen aufweisen.

Die oberste Remissionskurve in der Abb. 32 zeigt schließlich ein Weiß, wie es bei dem hier verwendeten Kunstdruckpapier gegeben ist. Wir erkennen, daß noch eine Differenz besteht zwischen dem optimalen, theoretisch richtigen Weiß (schraffierte Fläche) und dem tatsächlichen Weiß (farbig ausgefüllte Fläche).

Abb. 32 zeigt also rein schematisch die Gesetzmäßigkeit, die zwischen den Grundfarben besteht. Diese gleiche Gesetzmäßigkeit wird auf der linken Seite von Abb. 33 in vereinfachter Form als Schema noch einmal vor Augen geführt. Hier sind bereits die Zusammenhänge, die zwischen den einzelnen Farben gegeben sind, erkennbar und es wird verständlich, daß es ausgeschlossen sein muß, diese vielfältigen Beziehungen auf einer Fläche, also zweidimensional, darzustellen. Statt dessen läßt sich ein geometrischer Körper denken, dessen Achse die Verbindungslinie zwischen den Punkten Schwarz und Weiß, die sogenannte Grauachse, ist. Auf dieser Achse müssen sich alle »unbunten« Farben befinden.

Die Darstellung auf der rechten Seite von Abb. 33 macht deutlich, wie zwischen den Remissionskurven von Schwarz (unten) und Weiß (oben) auf der Grauachse jene unbunten Farben liegen, die den Ein-Drittel- beziehungsweise den Zwei-Drittel-Farben entsprechen. Es handelt sich bei der Remissionskurve, die auf der Ebene der Ein-Drittel-Farben liegt, um ein dunkles Grau mit einer Remission von ebenfalls einem Drittel und bei derjenigen Remissionskurve, die auf der Ebene der Zwei-Drittel-Farben liegt, um ein helles Grau mit einer Remission von zwei Dritteln des Spektrums. Im Prinzip ist hier das gleiche demonstriert wie in Abb. 32, nur daß die Aufteilung des Spektrums nicht vertikal in bunte Farben sondern horizontal in unbunte Farben erfolgt. Während also Abb. 32 sichtbar macht, wie bunte Farben dadurch entstehen, daß bestimmte Spektralbereiche völlig ausgeschaltet werden, zeigt Abb. 33 das Entstehen von Grautönen durch gleichmäßig verminderte Remission sämtlicher Strahlungen des Spektrums.

Um die Zusammenhänge zwischen den bunten Farben zu zeigen, gibt es noch ein anderes, altbekanntes und bewährtes Instrument, den Farbenkreis. Der äußere Ring der Abb. 35 ist ein derartiger kontinuierlich verlaufender Farbenkreis. Nahtlos geht eine Farbe jeweils in die nächste gewissermaßen organisch über. Nirgends entsteht ein Bruch. Der Verlauf dieser Farben entspricht genau der Anordnung der Farben im Spektrum (Abb. 20). Eigentlich ist ein solcher Farbenkreis ein zusammengebogenes Spektrum, bei dem man durch die Farbe Magentarot einen Übergang schafft. Der mittlere Ring der Abb. 35 zeigt nun bestimmte Farbtöne, die aus dem kontinuierlichen Farbenkreis herausgegriffen worden sind. Die gewählte Anordnung bezeichnet man auch als 24teiligen Farbenkreis. Selbstverständlich kann aber ein Farbenkreis eine beliebige Anzahl von derartigen Farbtönen haben. Ist diese Anzahl unendlich groß, so wird der Farbenkreis wieder kontinuierlich. Der innerste Kreis zeigt die Reduktion der 24 Farbtöne auf die sechs Grundfarben.

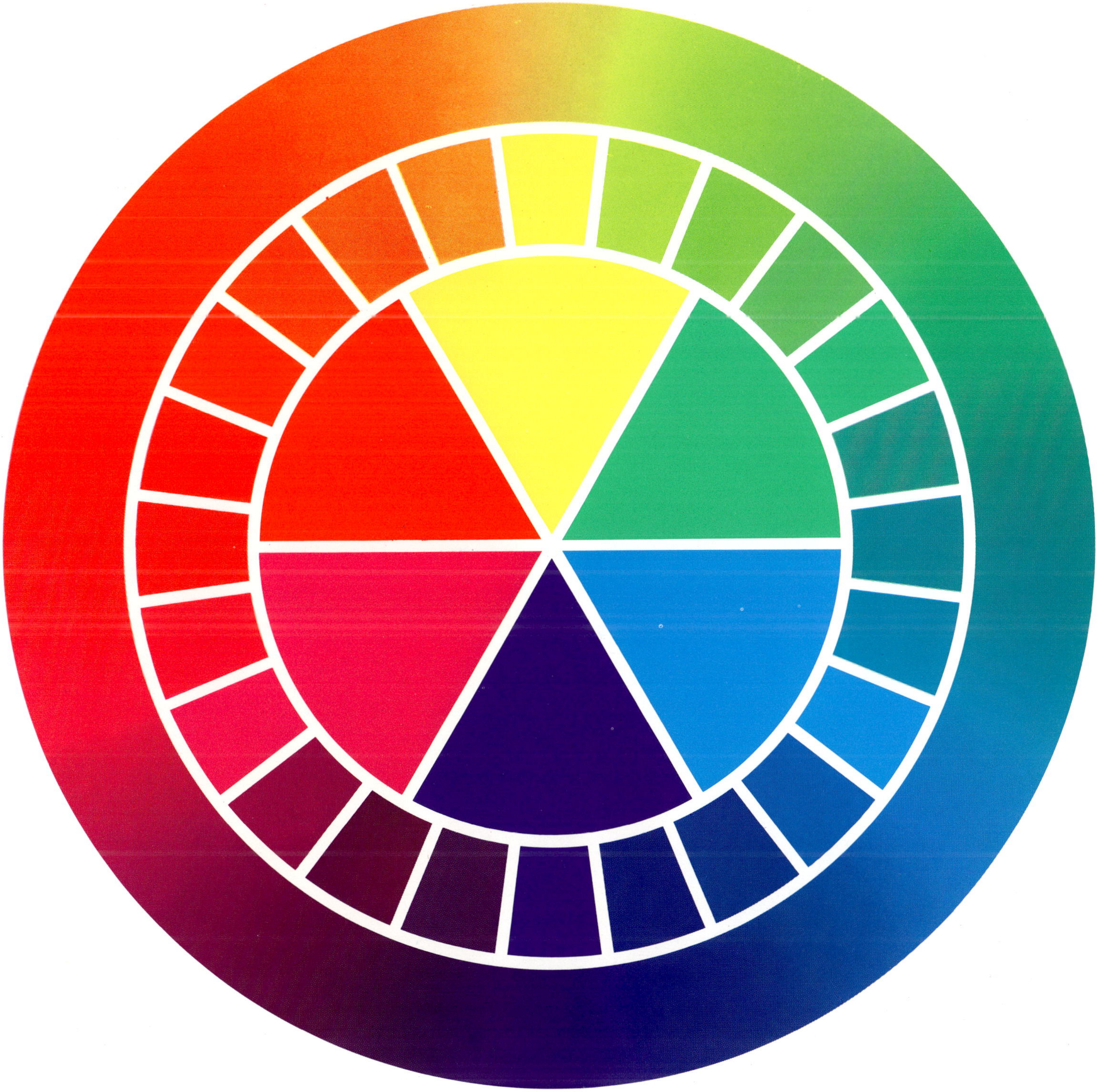

Abb. 35 Den kontinuierlichen Farbenkreis außen kann man in einen Stufenfarbenkreis aufteilen. Im mittleren Ring sind die Farbnuancen des 24teiligen Farbkreises nach Ostwald zu sehen. Die Vielfalt der Farben des kontinuierlichen Farbenkreises läßt sich auf die sechs Grundfarben in der Mitte der Darstellung zurückführen.

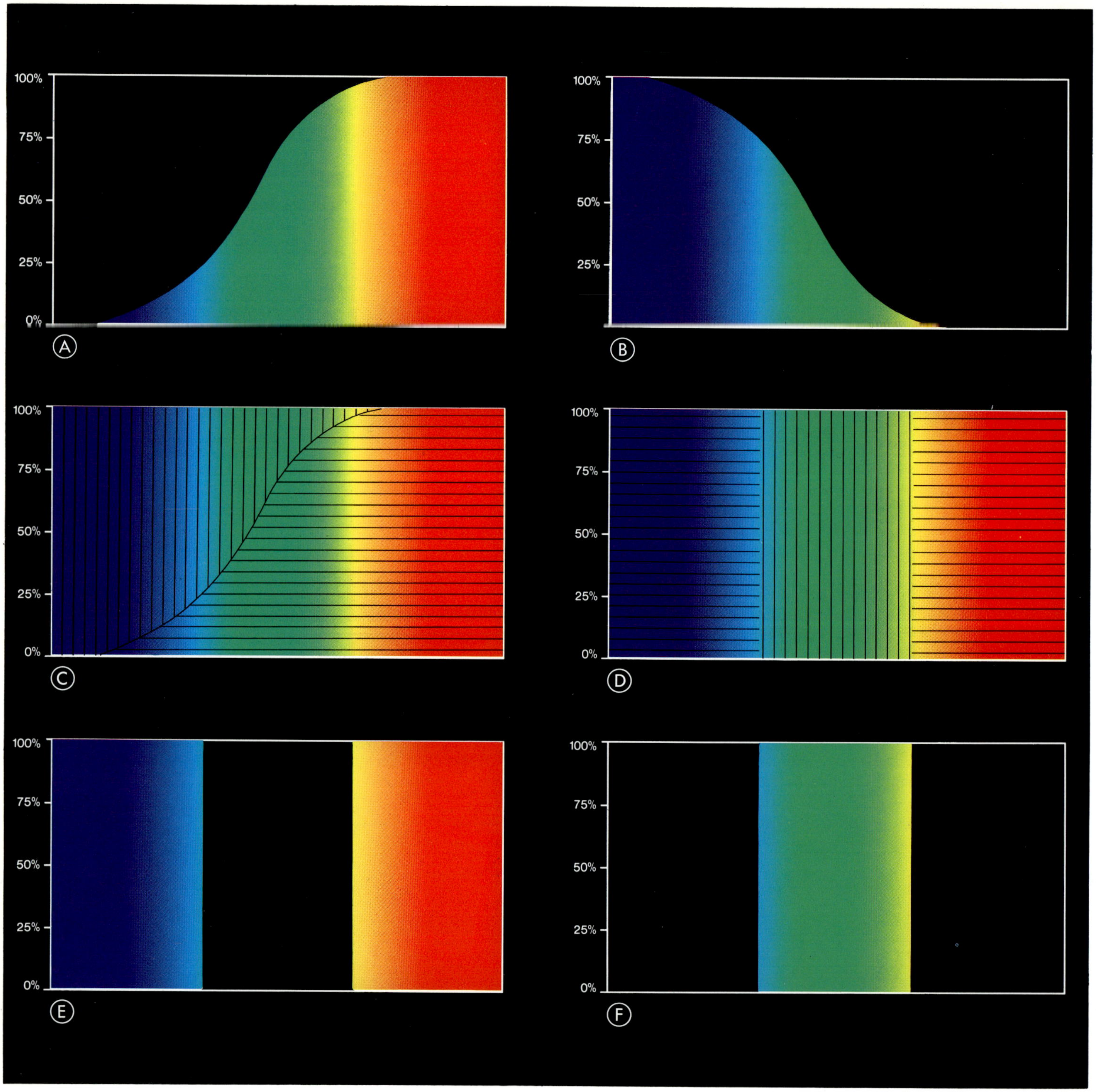


Abb. 36 Zur Körperfarbe (A) ist die Körperfarbe (B) komplementär. Beide Remissionen ergänzen sich zum energiegleichen Spektrum (C), was durch die Schraffierung verdeutlicht wird. Die theoretisch richtige Grundfarbe Magentarot (E) müßte das Grün (F) als Komplementärfarbe haben. Auch diese beiden Remissionen ergeben zusammen ein energiegleiches Spektrum (D).

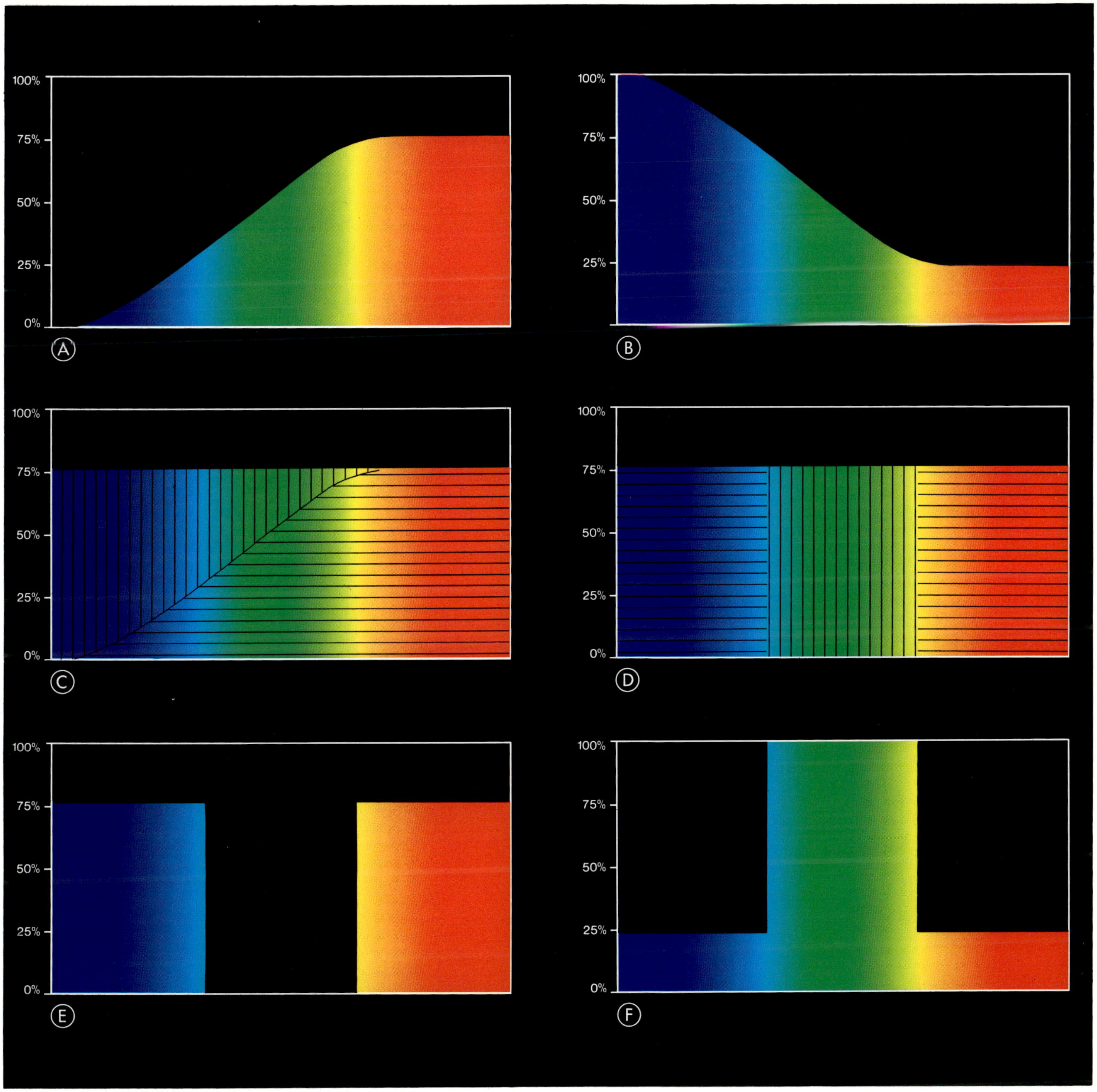


Abb. 37 Zu einer Remission (A) ist (B) komplementär. Aber (C) zeigt, daß bereits die senkrecht schraffierte Remission ausreicht, um (A) (hier quer schraffiert) zu unbunt zu ergänzen. Das gleiche gilt für die verschwärzlichte magentarote Farbe (E). Während ein aufgehelltes Grün (F) die Ergänzung zu einem energiegleichen Spektrum bringen würde, genügt das verschwärzlichte Grün in (D) (senkrecht schraffiert) für die Kompensation zu unbunt.

Ein solcher Farbenkreis ist ausgezeichnet geeignet, die Übergänge zwischen den Grundfarben vor Augen zu führen. An keiner Mischfarbe dieses Kreises sind mehr als zwei Grundfarben beteiligt.

Diese sechs Farben, die im Innern des Farbenkreises noch »übrig« sind, haben in der Farbenlehre eine hervorragende Bedeutung. Obgleich es sich bei ihnen auch »nur« um gewisse Farbtöne in optimaler Sättigung handelt, nimmt jede einen exponierten Platz ein, der in seiner Bedeutung den extremen Farberscheinungen »Schwarz« und »Weiß« gleichkommt.

## Komplementärfarben

Zwei Farben, die sich gegenseitig zu Unbunt ergänzen, sind komplementär.

Zwei monochromatische Farben, die ihre Farbigkeit gegenseitig aufheben, wobei neutrales Licht entsteht, sind ein monochromatisches Farbenpaar. Es gibt eine große Anzahl von derartigen komplementären monochromatischen Farbenpaaren im Spektrum. Lediglich die grünen monochromatischen Farben der Wellenlängen von 500 bis 570 Nanometer haben keine monochromatischen Komplementärwellen. Dies liegt daran, daß die Komplementärfarben hierzu zusammengesetzte magentarote Farbtöne sind.

Abb. 36 zeigt Spektral- und Remissionskurven von komplementären Farbenpaaren. 36 A ist ein gelbliches Licht, 36 B ein dazu komplementäres violettes. 36 C zeigt, wie diese beiden Farblichter zusammen den Bereich des Spektrums völlig ausfüllen. Es entsteht ein energiegleiches Spektrum, wenn die Intensitäten beider Farblichter zusammengeblendet werden.

Wir wissen bereits, daß es viele metamere, also gleich aussehende Farbnuancen gibt, die aber ganz unterschiedliche spektrale Zusammensetzung haben können. Komplementärfarben sind bei der additiven Mischung nicht nur solche Farbenpaare, deren Spektralkurven zusammen ein energiegleiches Spektrum ergeben, sondern auch solche, die optisch gleich aussehen, die im Gehirn des Betrachters die gleiche Farbempfindung auslösen, wie jene.

Bei der subtraktiven Farbmischung ist das Prinzip das gleiche. Körperfarben, die sich gegenseitig zu Unbunt oder zu Schwarz ergänzen, sind komplementär. Die optimale Zwei-Drittel-Farbe Magentarot ist in Abb. 36 D horizontal schraffiert. Die grüne Komplementärfarbe dazu erkennt man an der vertikalen Schraffur. In 36 E und F wird der Remissionsbereich dieser Farben nochmal einzeln gezeigt. Auch dieses Farbenpaar ergibt ein energiegleiches Spektrum.

Wie bei Farblichtern sind auch bei Körperfarben nicht nur jene Farbenpaare, deren Remission sich gegenseitig zu einem energiegleichen Spektrum ergänzen, komplementär, sondern darüber hinaus ebenfalls alle jene Farben, die das gleiche Aussehen haben, also die gleiche Farbempfindung auslösen.

In der Schule hat man gelernt, auf dem Farbenkreis Komplementärfarben zu finden. Man zieht von einem Punkt des Kreises durch seinen Mittelpunkt eine Gerade zur gegenüberliegenden Seite und findet dort die Komplementärfarbe (Abb. 35). Auf dem Farbenkreis sind also diejenigen Farben, die sich gegenüberliegen, Komplementärfarben.

Mit der bisher geläufigen Bezeichnung »Komplementärfarbe« kann aber, wenn man die Zusammenhänge konsequent durchdenkt, nur der Farbton, nicht jedoch eine spezielle Farbnuance gemeint sein. Der Farbton für eine Komplementärfarbe bei einer Körperfarbe ergibt sich eindeutig aus der Differenz zwischen Absorption und Remission. Er ergibt sich genauso sicher durch den Unterschied zwischen einem bestimmten Farblicht und dem energiegleichen Spektrum. Durch die Lage der gegenüberliegenden Schnittstellen auf dem Farbenkreis lassen sich Komplementärfarben leicht finden. Nun wird aber in Abb. 37 nachgewiesen, daß ein Komplementär-Farbton mehr oder weniger gesättigt sein kann. Doch kann die Sättigung nicht beliebig variieren, sondern sie muß zwischen zwei ganz bestimmten Punkten liegen. In Abb. 37 A sieht man ein Farblicht mit einem ähnlichen Farbton wie in 36 A. Nur ist es dunkler. An keiner Stelle des Spektrums ist volle Sättigung vorhanden. Die Komplementärfarbe, die diesen Farbton zu Weiß ergänzt, ist in 37 B aufgetragen. Die waagerechte Schraffur in 37 C zeigt noch einmal das gleiche Farblicht von 37 A. Mit der senkrechten Schraffur wird klargemacht, daß dieses Farblicht aber auch zu unbunt ergänzt werden kann mit einem Farblicht anderer spektraler Zusammensetzung als 37 B. Dieses senkrecht schraffierte Farblicht genügt bereits, um das vorhandene Licht zu neutralisieren. Der freigebliebene obere Teil in 37 C ist der Anteil von 37 B der über das ganze Spektrum hinweg in gleicher Intensität in diesem Farblicht 37 B vorhanden ist. Er ist also praktisch der spektrale Anteil der Komplementärfarbe, der eine Verweißlichung dieses Farblichtes verursacht hat. In der Ergänzungsfarbe zu 37 C fehlt dieser »Weiß-Bestandteil«.

Natürlich würde man, da das Auge sich an die jeweilige Helligkeit adaptiert, nach einer gewissen Zeit sowohl das Licht von Abb. 36 C als auch dasjenige von 37 C als »Weiß« empfinden. Der Unterschied zwischen beiden liegt eigentlich nur in der Intensität. Es handelt sich bei Licht ja immer, wie wir wissen, um relative Helligkeit. Deshalb ist zur Demonstration der additiven Mischung unbedingt notwendig, ein weißes Vergleichslicht im Gesichtsfeld zu haben.

Bei der subtraktiven Farbmischung liegen die Verhältnisse insofern einfacher, als das weiße Papier die unveränderte Bezugsbasis ist. Unter weißem Papier wollen wir in diesem Fall ein solches verstehen, das in allen Spektralbereichen eine optimale Remission besitzt. Im Prinzip verhält sich die subtraktive Mischung analog zur additiven.

Die magentarote Körperfarbe in 37 E ist wesentlich dunkler (verschwärzlichter) als die Grundfarbe (Optimalfarbe) Magentarot. An keiner Stelle des Spektrums ist eine volle Remission vorhanden. 37 F ist die Komplementärfarbe zu diesem verschwärzlichten Magentarot. Es handelt sich hier um eine verweißlichte grüne Farbe, denn in der Remission dieser Farbnuance sind Wellenlängen aller Spektralbereiche in einer bestimmten Intensität vorhanden. Diese bewirken, wie wir eben erfahren haben, eine Verweißlichung. Würde man diese beiden lasierenden Farbschichten übereinanderlegen, so ergänzten sie sich zu Unbunt, zu Grau. Sie würden aber nicht Schwarz er-

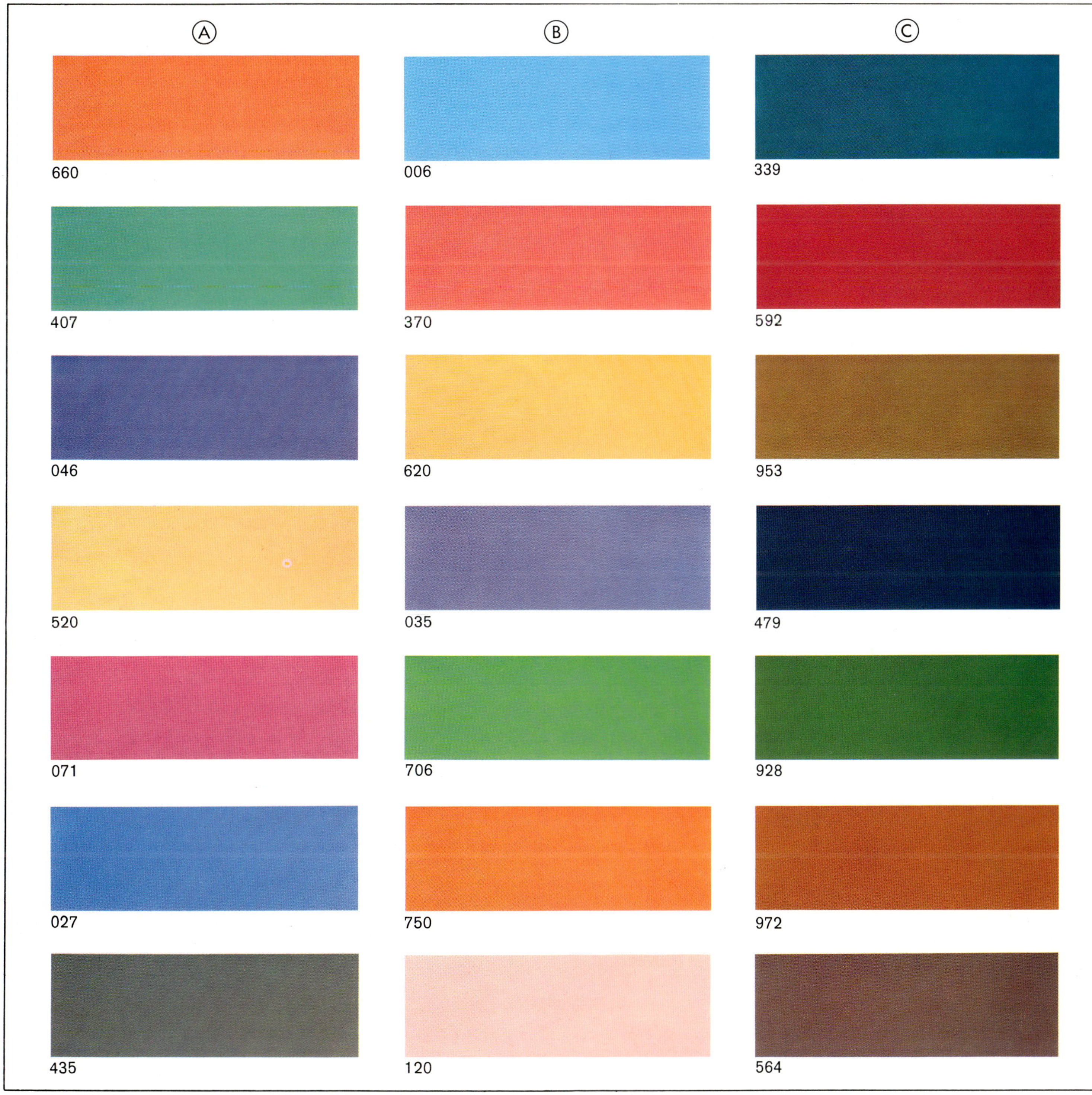


Abb. 38 Spalte (A) zeigt beliebige Farbnuancen. Während in (B) die minimalen Komplementärfarben (Kompensativfarben) abgebildet sind, zeigt (C) die maximalen. Genaugenommen sind nur die Farben, die im Farbenraum auf einer Linie zwischen (B) und (C) liegen, tatsächlich komplementäre Farbnuancen, weil nur sie immer Unbunt zum Ergebnis haben.

geben, wie man unter Umständen bei der subtraktiven Mischung erwarten könnte. Um Schwarz zu erhalten, dürfte die Komplementärfarbe keine spektralen Anteile der Bezugsfarbe remittieren oder durchlassen. Abb. 37 D zeigt diejenige Farbe, die zusammen mit 37 E Schwarz ergeben würde.

Durch diese Überlegungen wird nachgewiesen, daß es zu jeder Farbnuance zwar einen festliegenden komplementären Farbton gibt, daß dieser aber in bestimmten Grenzen verweißlicht oder verschwärzlicht sein kann. Man kann deshalb von einer »minimalen« und einer »maximalen« Komplementärfarbe sprechen. Das heißt, daß die Differenz zwischen der minimalen und der maximalen Komplementärfarbe alle komplementären Farbnuancen zu einer bestimmten Ausgangsfarbe umfaßt. Der Bereich, in dem diese komplementären Farbnuancen liegen können, wird in der Abb. 37 durch die freigebliebenen Flächenanteile der Abb. 37 C und D charakterisiert.

Präzise ausgedrückt kann man sagen, daß bei der additiven Farbmischung Komplementärfarben Farblichter sind, die ein vorhandenes Farblicht zu Unbunt ergänzen, während bei der subtraktiven Farbmischung Komplementärfarben Körperfarben sind, die eine vorhandene Körperfarbe zu Unbunt ergänzen.

Abb. 38 zeigt in der linken Spalte beliebige Farbnuancen. In der mittleren Spalte sind die minimalen, in der rechten Spalte die maximalen Komplementärfarben ausgeführt. Alle im Farbenraum auf einer geradlinigen Verbindung zwischen diesen beiden Punkten liegenden Farbnuancen sind ebenfalls Komplementärfarben.

Zum besseren Verständnis sind für jede Farbnuance die Kennzahlen nach Hickethier angegeben. Dieses System der Bezeichnung von Farbnuancen mit Kennzahlen lernen wir später noch genau kennen.

Volles Verständnis für diese Zusammenhänge wird aber sowieso erst möglich sein, wenn die Kapitel »Subtraktive Farbmischung« und »Additive Farbmischung« studiert wurden. Aus den Farbmischgesetzen ergibt sich nämlich klar und eindeutig, welche Farbanteile einem bestimmten Farbton hinzugegeben werden müssen, um seine Farbigkeit aufzuheben und um ihn unbunt werden zu lassen.

Bei der additiven Mischung liegen sämtliche Komplementärfarben zwischen dem Farblicht, welches mit der geringstmöglichen Intensität ein anderes Farblicht neutralisiert und jenem Farblicht, welches in der Addition mit dem vorhandenen ein Weiß ergibt, das dem Referenzweiß entspricht.

Bei der subtraktiven Mischung liegen alle Komplementärfarben, die möglich sind, zwischen jener Farbnuance, die eine vorhandene Körperfarbe zu Unbunt neutralisiert und jener, die die vorhandene Körperfarbe zu Schwarz ergänzt.

So ist, wie das Beispiel der obersten horizontalen Reihe der Abb. 38 zeigt, die minimale Komplementärfarbe zu dem Orange links (Spalte A) das Cyanblau in der Mitte (Spalte B). Ein helleres Cyanblau jedoch wäre nicht mehr komplementär, denn es könnte die Farbigkeit des Orange nicht neutralisieren. Nur die Farbnuancen, die zwischen dem Cyanblau in der Mitte und dem dunklen Feld rechts (Spalte C) liegen, sind komplementär zu dem Orange. Nur diese, aber keine anderen!

## Additive Mischung

Additive Mischung ist die Mischung von Farblichtern. Dabei darf man nicht nur an direkte farbige Emissionen (Ausstrahlungen) denken. Die Gesetze der additiven Mischung gelten immer dann, wenn wir es mit elektromagnetischen Strahlungen zu tun haben, ganz gleich, ob diese Strahlungen direkt von einer Lichtquelle kommen, ob sie durch Zwischenschalten zum Beispiel eines Farbfilters verändert worden sind, oder ob sie von einer Materie remittiert werden. Additive Mischung findet immer dann statt, wenn auf irgendeine Weise sichtbare elektromagnetische Schwingungen miteinander vermischt werden.

Die additive Mischung von Remissionen läßt sich zunächst nur schwer verstehen. Denn dabei handelt es sich ja gleichzeitig um Vorgänge von Subtraktion und Addition. Deshalb ist diesen Problemen ein besonderes Kapitel »Gleichzeitige additive und subtraktive Mischung« gewidmet.

In dem Bestreben, klar und deutlich zu sein, wollen wir uns jetzt nur mit der Mischung farbiger Lichter beschäftigen.

Wie wir bereits wissen, heißen die additiven Grundfarben Violettblau, Grün und Orangerot. Da sie jeweils einem Drittel des Spektrums entsprechen, nennt man sie auch »Ein-Drittel-Farben«.

Will man das Verhalten von Lichtern prüfen, dürfen die Beobachtungen nicht durch Hinzukommen von fremdem Licht gestört werden. Deshalb müssen derartige Versuche in einem völlig abgedunkelten Raum stattfinden. Schauen wir mit geöffneten Augen in einen solchen völlig dunklen Raum, so sehen wir »Schwarz«.

Stellen wir nun in einem solchen verdunkelten Raum drei Projektoren auf. Jeder Projektor soll ein farbiges Licht ausstrahlen, das den additiven Grundfarben Violettblau, Grün und Orangerot entspricht. Dies ist auf einfache Weise durch Vorschalten entsprechender Filter möglich. Jeder dieser Projektoren soll in zehn verschiedenen Stufen regelbar sein, und zwar in der Art, daß Stufe 0 keine Strahlung und Stufe 9 volle Intensität bedeutet. Die Stufen sollen untereinander gleichen Intensitäts-Abstand haben.

Abb. 39 zeigt diese Anordnung. In drei nebeneinanderliegenden Reihen sind die drei additiven Grundfarben in diesen zehn verschiedenen Intensitätsstufen zu sehen.

Wegen der Adaptation des Auges ist es unbedingt notwendig, daß wir zusätzlich zu den drei Farbprojektoren einen vierten Projektor mit konstantem weißem Licht haben. Dieses Licht soll ein energiegleiches Spektrum besitzen. Es wird auf die weiße Reflektionswand geblendet. Neben diesem Vergleichslicht beobachten wir nun die additive Mischung.

Nacheinander wird zunächst jeder der drei Projektoren eingeschaltet. Dadurch werden die verschiedenen Intensitätsstufen von 0% bis 100% sichtbar, so wie in Abb. 39 gezeigt. Wenn man die Projektoren nicht mit entsprechenden Potentiometern ausrüsten will, was natürlich einen ziemlichen technischen Aufwand bedeutet, so kann man diese Effekte sehr leicht durch Vorschalten von entsprechenden Graufiltern oder Polarisationsfiltern erzielen. Wir beginnen bei Violettblau,

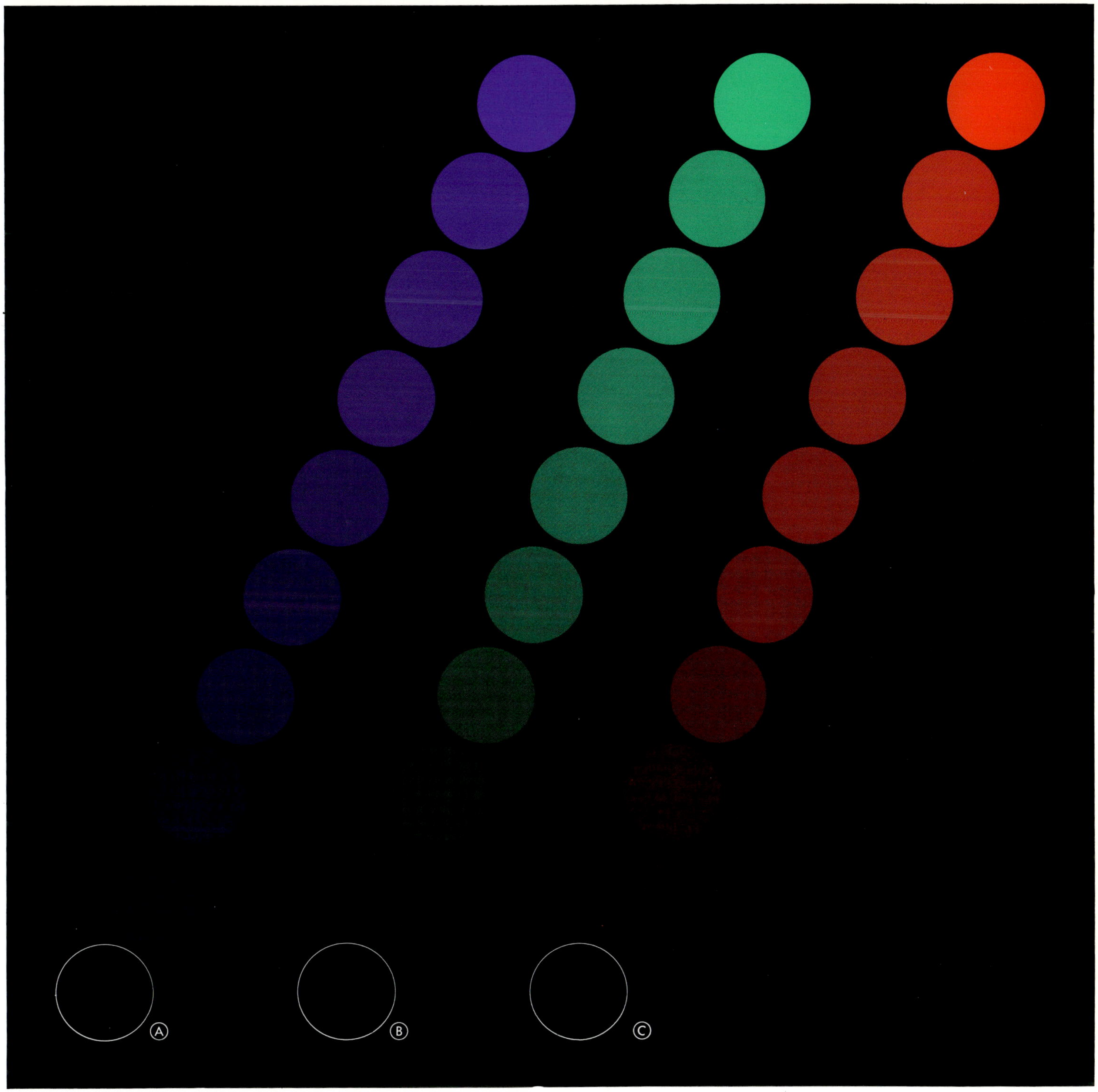


Abb. 39 Die additiven Grundfarben Violettblau (A), Grün (B) und Orangerot (C) in ihren 10 verschiedenen Sättigungsstufen. Dabei ist die erste Sättigungsstufe jeweils 0%, also Schwarz. Der Abstand von Stufe zu Stufe entspricht einem Sättigungsanteil von 11,11% an der Gesamtsättigung.

gehen zu Grün über und gelangen schließlich zu Orangerot. Das violettblaue Licht lassen wir in voller Intensität, also mit voller Sättigung neben dem weißen Licht stehen und blenden nun, wie in Abb. 40 A gezeigt, volles orangerotes Licht so darüber, daß sich die beiden Lichtkreise teilweise überdecken. An der Stelle, wo die beiden Ein-Drittel-Farben Orangerot und Violettblau übereinanderliegen, entsteht (logischerweise) die Zwei-Drittel-Farbe Magentarot.

Daraufhin schalten wir das violettblaue Licht ab und lassen das orangerote Licht in voller Intensität auf die Projektionswand strahlen. Jetzt bringen wir, ebenfalls in voller Intensität, das grüne Licht so dazu, daß es den orangen Lichtkegel teilweise überschneidet, wie in Abb. 40 B demonstriert. An der Stelle, wo Orangerot und Grün übereinandertreffen, entsteht die Zwei-Drittel-Farbe Gelb.

Schließlich zeigt 40 C, wie aus der Mischung der Ein-Drittel-Farben Grün und Violettblau die Zwei-Drittel-Farbe Cyanblau entsteht.

Nun blenden wir alle drei Farbprojektoren voll auf. Wir ordnen die einzelnen Lichtkreise wie in Abb. 41 an. Hier haben wir nun das vollständige System der additiven Farbmischung vor Augen.

Ausgangsbasis der additiven Farbmischung ist, wie anfangs festgestellt, die völlige Dunkelheit, das Nichtvorhandensein von sichtbaren elektromagnetischen Schwingungen, die Farbe »Schwarz«. Sie wird charakterisiert durch den schwarzen Hintergrund. Orangerot, Grün und Violettblau repräsentieren je ein Drittel des weißen Lichtes des Spektrums. Dort, wo jeweils zwei Ein-Drittel-Farben sich überschneiden, entsteht eine neue Farbe, eine Zwei-Drittel-Farbe. So ergeben sich die Farben Cyanblau, Magentarot und Gelb. Auf dem Teil der Fläche, die von allen drei Ein-Drittel-Farben überstrahlt wird, entsteht die »Drei-Drittel-Farbe« Weiß. Dort finden wir nämlich das Spektrum vereinigt wieder, das wir vorher in die drei Spektralbereiche Violettblau, Grün und Orangerot, aufgeteilt hatten. Diesen Versuch schließt man zweckmäßigerweise damit ab, daß man die drei Lichtkegel so übereinanderrückt, bis sie sich decken. Alle Farbigkeit verschwindet. Nun ist nur noch weißes Licht zu sehen. Besonders eindrucksvoll ist dies dann, wenn das durch Mischung entstehende weiße Licht in bezug auf Intensität und Farbton genau dem Vergleichslicht entspricht.

Natürlich kann dieser Versuch noch weit ausgebaut werden. Von Weiß ausgehend kann die Intensität jeder Grundfarbe stufenweise vermindert werden. Dazu schaltet man die vorhandenen Graufilter Schritt für Schritt dem entsprechenden Projektor vor, wodurch die Lichtintensität entsprechend reduziert wird. Auf diese Weise wird das weiße Licht mehr und mehr farbiges Aussehen erhalten. Wenn wir zum Beispiel den Orange-Projektor in der Intensität vermindern, so wird aus dem weißen Licht nach und nach eine cyanblaue Farbe. Die zuerst nur leicht bläuliche Färbung wird immer kräftiger und kräftiger, je mehr der orangerote Teil des Lichtes verschwindet. Wenn schließlich dieser Projektor ganz abgeschaltet ist, ist die cyanblaue Farbe in ihrer vollen Sättigung zu sehen.

Reduzieren wir nun gleichermaßen stufenweise das Licht des violettblauen Projektors, so wird der cyanblaue Farbton grünlicher und grünlicher, bis er schließlich volles Grün dann erreicht hat, wenn die violettblaue Strahlung ganz ausgeschaltet ist. Wieder wurde dem Licht ein Drittel des Spektralbereiches entzogen. Aus der Zwei-Drittel-Farbe Cyanblau ist die Ein-Drittel-Farbe Grün geworden.

Vermindern wir nun auch noch die Intensität des grünen Projektors schrittweise, so wird die grüne Farbe immer dunkler, sie wird verschwärzlicht, bis schließlich, sobald auch dieser Projektor ganz abgeschaltet ist, Schwarz erreicht wird.

In gleicher Weise kann man natürlich vom Weiß ausgehend zuerst auch die Intensität der beiden anderen additiven Grundfarben reduzieren.

Blättern wir nun noch einmal zurück zu Abb. 33. Auf der linken Seite dieser Abb. ist das Schema der Zusammenhänge zwischen den Grundfarben zu sehen. Das, was eben ausführlich beschrieben worden ist, kann an dieser grafischen Darstellung bereits in einfachster Form abgelesen werden. Ausgangspunkt für die additive Farbmischung ist das unten befindliche Schwarz. Die drei additiven Grundfarben liegen gleichwertig auf der nächsthöheren Ebene. Durch Mischung von je zwei von ihnen entstehen die subtraktiven Grundfarben Magentarot, Cyanblau und Gelb, die ihrerseits auf der nächsten Ebene liegen. Weiß ist die Summe der drei vollen Ausgangsfarben, der additiven Grundfarben. Damit umschließt Weiß alle Variationsmöglichkeiten, die bei der Mischung dieser drei Farben überhaupt denkbar sind und bildet somit den Endpunkt dieser Darstellung.

Mit Hilfe von drei Farbprojektoren, deren Licht in 10 Intensitätsstufen wie in Abb. 39 variabel ist, können insgesamt 1000 Farbnuancen gemischt werden, nämlich 10 × 10 × 10.

Allerdings muß daran erinnert werden, daß die exakte praktische Durchführung dieser Demonstration auf erhebliche technische Schwierigkeiten stoßen kann. Die zur Verfügung stehenden Farbfilter entsprechen nicht genau den idealen additiven Grundfarben. Sie weisen Fehlabsorptionen und Fehldurchlässigkeiten auf, wodurch Farbverschiebungen entstehen können. Auch ist es schwierig, das Licht eines Projektors in zehn Stufen mit gleichen Intensitätsabständen zu unterteilen, sei es durch Verwendung von Polarisations- oder Graufiltern, sei es durch Vorschalten von Widerständen. Bei Verwendung von Widerständen käme noch die Tatsache dazu, daß sich die spektrale Zusammensetzung des Lichtes, seine Farbtemperatur, ändern würde.

Wollte man diesen Versuch in optimaler Qualität durchführen, so müßte man durch Doppelbrechung aus dem Spektrum die Bereiche der additiven Grundfarben aussondern, diese durch ein geeignetes Linsensystem wieder vermischen, zusammenfassen und durch Vorschalten von Polarisationsfilterpaaren die Lichtintensität variieren. Dabei wäre Voraussetzung, daß man Licht mit einem energiegleichen Spektrum zur Verfügung hat.

Farbiges Fernsehen funktioniert nach dem Prinzip der additiven Farbmischung. Der Bildschirm besteht aus einem System von winzig kleinen Filterscheiben in den additiven Grundfarben Orangerot, Grün und Violettblau. Diese werden durch auf sie gerichtete Strahlen mehr oder weniger stark zum Leuchten ge-

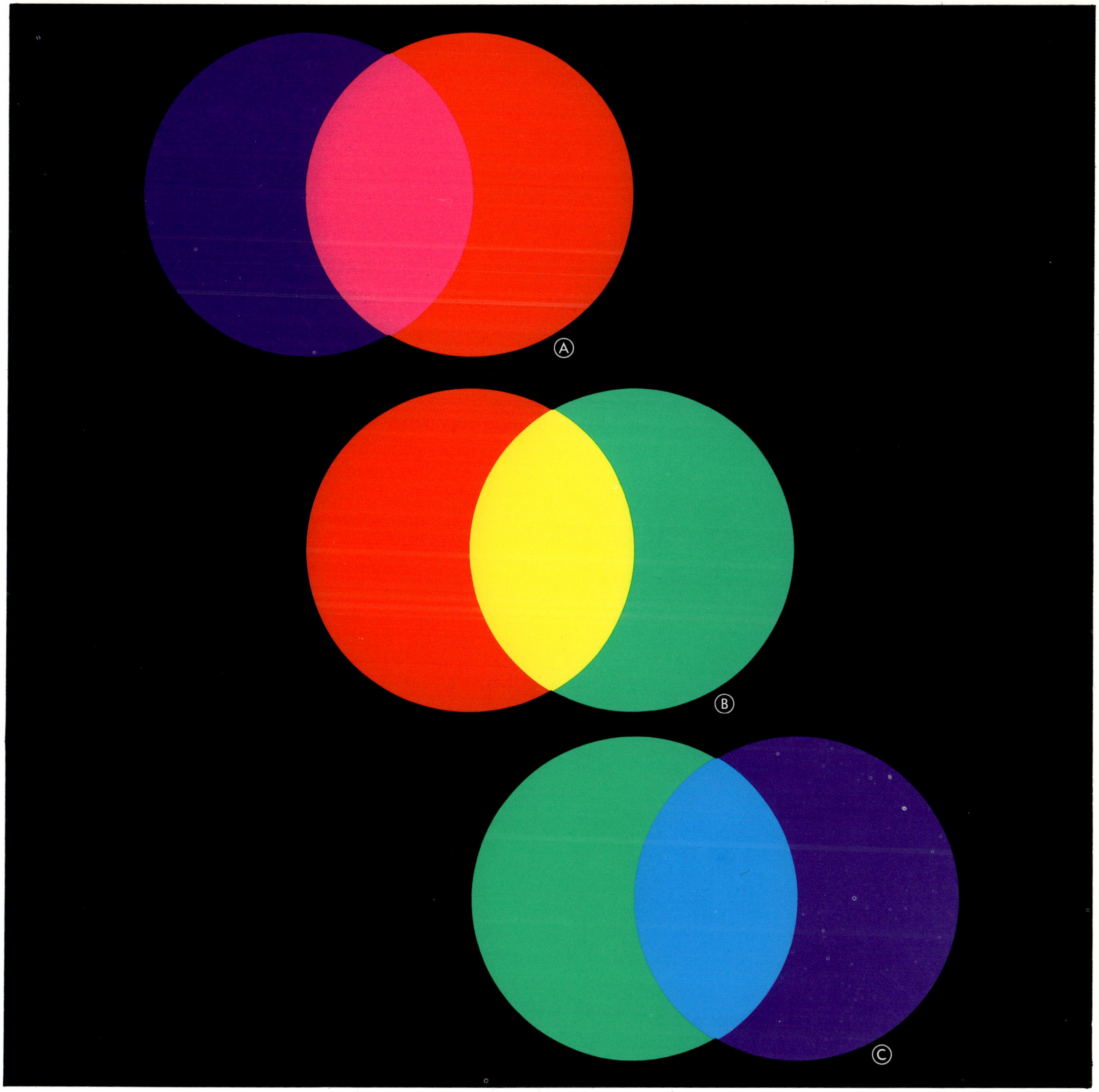


Abb. 40 Additive Farbmischung. Blendet man die voll gesättigten Optimalfarben Violettblau und Orangerot zusammen, so erhält man Magentarot (A). Wie durch Zusammenblenden von jeweils zwei additiven Grundfarben Gelb und Cyanblau entstehen, zeigen (B) und (C).

bracht. Aus der unterschiedlichen Intensität, mit der dies bei den einzelnen Grundfarben geschieht, ergibt sich das Mischungsergebnis, die betreffende Farbnuance. Natürlich wird hierbei nicht mit festen Intensitätsstufen gearbeitet, vielmehr sind die Variationsmöglichkeiten stufenlos.

Die Gegebenheiten bei der additiven Mischung veranschaulicht Abb. 42 noch einmal in anderer Weise. Die Darstellung A soll schematisch zeigen, daß die optimale Sättigung jeder einzelnen additiven Grundfarbe in je 9 Sättigungsanteile aufgeteilt wurde. Jeder Sättigungsanteil ist also der neunte Teil der Gesamt-Intensität einer Grundfarbe. Die zehn Sättigungsstufen von Abb. 39 müssen dann so verstanden werden, daß die erste 0 Anteile und die zehnte 9 Anteile besitzt, wobei jede Stufe einen Sättigungsanteil mehr als die vorhergehende aufweist. Ein Sättigungsanteil hat demnach 11,11% der Gesamtsättigung einer Grundfarbe.

Dementsprechend ist in Abb. 42 B und C gezeigt, wie sich ein beliebiger Farbton aus einer bestimmten Anzahl von Sättigungsanteilen der Grundfarben zusammensetzt. Die Farbnuance 42 B zum Beispiel, ein verweißlichtes Gelb, hat drei Sättigungsanteile Violettblau, acht Sättigungsanteile Grün und neun Sättigungsanteile Orangerot. 42 C dagegen zeigt ein dunkles, getrübtes Grün. Es besteht aus einem Sättigungsanteil Violettblau, sieben Anteilen Grün und zwei Anteilen Orangerot.

## Subtraktive Mischung

Die subtraktive Farbmischung beginnt immer beim Weiß. Dieses Weiß kann entweder ein weißes Licht sein, welches ein energiegleiches Spektrum besitzt, oder aber eine weiße Fläche, die in der Lage ist, alle sichtbaren elektromagnetischen Schwingungen gleichmäßig und möglichst in voller Intensität zu remittieren. Gutes Kunstdruckpapier zum Beispiel erfüllt diese Bedingung. Sein Remissionswert kann über das gesamte Spektrum bei über 90% liegen.

Die Verhältnisse liegen bei der subtraktiven Farbmischung genau umgekehrt wie bei der additiven. War bei der additiven Farbmischung die Ausgangsbasis das Schwarz, so ist sie bei der subtraktiven Mischung das Weiß. Weiß bedeutet das Vorhandensein aller sichtbaren Strahlungen. Sie werden von der weißen Papieroberfläche insgesamt remittiert. Jede Materie, die auf irgendeine Weise zwischen die Lichtquelle und die weiße Papieroberfläche in den Strahlengang gebracht wird, bedeutet eine Verminderung der sichtbaren Strahlung. Von der Strahlung wird somit etwas abgezogen, »subtrahiert«, daher der Begriff »subtraktive Mischung«.

Subtraktion ist also immer dann gegeben, wenn Farberscheinungen dadurch zustande kommen, daß dem weißen Licht spektrale Bestandteile entzogen werden. Dabei ist es unerheblich, ob dies in der Transmission oder in der Remission geschieht. Von Transmission reden wir bekanntlich, wenn Lichtstrahlen ein anderes Medium durchdringen, von Remission, wenn Lichtstrahlen von einer Materie zurückgeschickt, reflektiert werden. Dabei unterscheidet sich eine weiße Materie von einer farbigen dadurch, daß die erste alle auffallenden Lichtstrahlen remittiert, während die zweite nur einen Teil remittiert. Den Teil des Lichtes, der nicht remittiert wird, absorbiert – verschluckt – die Materie. Sie setzt ihn in Wärme um.

Jeder weiß, daß Steine oder Sand, die im Sommer längere Zeit intensiver Sonnenbestrahlung ausgesetzt sind, so heiß werden, daß man barfuß nicht mehr darüberlaufen kann. Der Grund hierfür ist, wie oben ausgeführt, darin zu suchen, daß die beachtlichen absorbierten Bestandteile des Lichts eine so große Energiemenge darstellen, daß die Materie regelrecht aufgeheizt wird.

Teile des Lichts können nicht nur von mehr oder weniger festen Stoffen absorbiert werden, u. a. von farbigen Filtern oder Flüssigkeiten, sondern auch von Nebel, Dunst oder Gasen.

Wir wollen einmal überlegen auf welche verschiedenartige Weise der Farbeindruck Orangerot überhaupt entstehen kann:

1. Durch direkte Emission dieses Spektralbereiches, zum Beispiel durch eine entsprechende Strahlung des schwarzen Körpers oder durch einen Verbrennungsvorgang einer bestimmten Materie.
2. Durch eine Lichtquelle, die von einem orangeroten Glas umgeben ist, zum Beispiel eine Dunkelkammerbirne.
3. Durch eine weiße Lichtstrahlung, die durch einen orangeroten Filter geschickt wird, zum Beispiel bei einem Projektor, dem ein Farbfilter vorgeschaltet ist.
4. Durch eine Materie, welche die Eigenschaft besitzt, alle übrigen Teile des Spektrums zu absorbieren und nur den orangeroten Bereich zu remittieren, z. B. eine Apfelsine oder eine entsprechende deckende Farbe.
5. Durch ein weißes Papier, auf welchem eine orangerote lasierende (transparente) Farbschicht aufgetragen ist.

Nur im ersten Fall haben wir es nicht mit Subtraktion zu tun. Hier ist eine Strahlung vorhanden, die lediglich aus dem Orangerot-Spektralbereich besteht. In den folgenden vier Fällen jedoch ist diese Farbe immer durch Subtraktion entstanden. Bei allen vier Beispielen ist zunächst weißes Licht dagewesen, dem an irgendeiner Stelle spektrale Teile durch Subtraktion entzogen worden sind, so daß schließlich der Orangerot-Bereich übrigblieb. Dabei ist es gleichgültig, ob die Absorption im Glas der Dunkelkammerbirne, im vorgeschalteten Filter, in der Schale der Apfelsine oder in der Farbschicht auf dem weißen Papier stattfand. Daraus geht hervor, daß eine auf weißes Papier aufgetragene lasierende Farbschicht im Prinzip genau das gleiche ist, wie ein Farbfilter, der in den Strahlengang gebracht wurde. Die Farbschicht absorbiert die gleichen Spektralbereiche wie der Farbfilter. Wie nur ein Teil des weißen Lichts den orangeroten Farbfilter vor einem Projektor passieren kann, so vermag auch nur ein Teil die orangerote Farbschicht auf dem Papier zu durchdringen. Die übrigbleibenden, nicht absorbierten Strahlungen gelangen auf die weiße Papieroberfläche und werden von dieser remittiert. Um es noch einmal zu erhärten: Die Remission findet an der weißen Papieroberfläche und nicht etwa in der lasierenden Farbschicht statt. Trotzdem ist es üblich, auch bei lasierenden Farbschichten von Remissionskurven zu sprechen, obwohl es eigentlich »Absorptionskurven« heißen müßte, weil ja von dieser farbigen

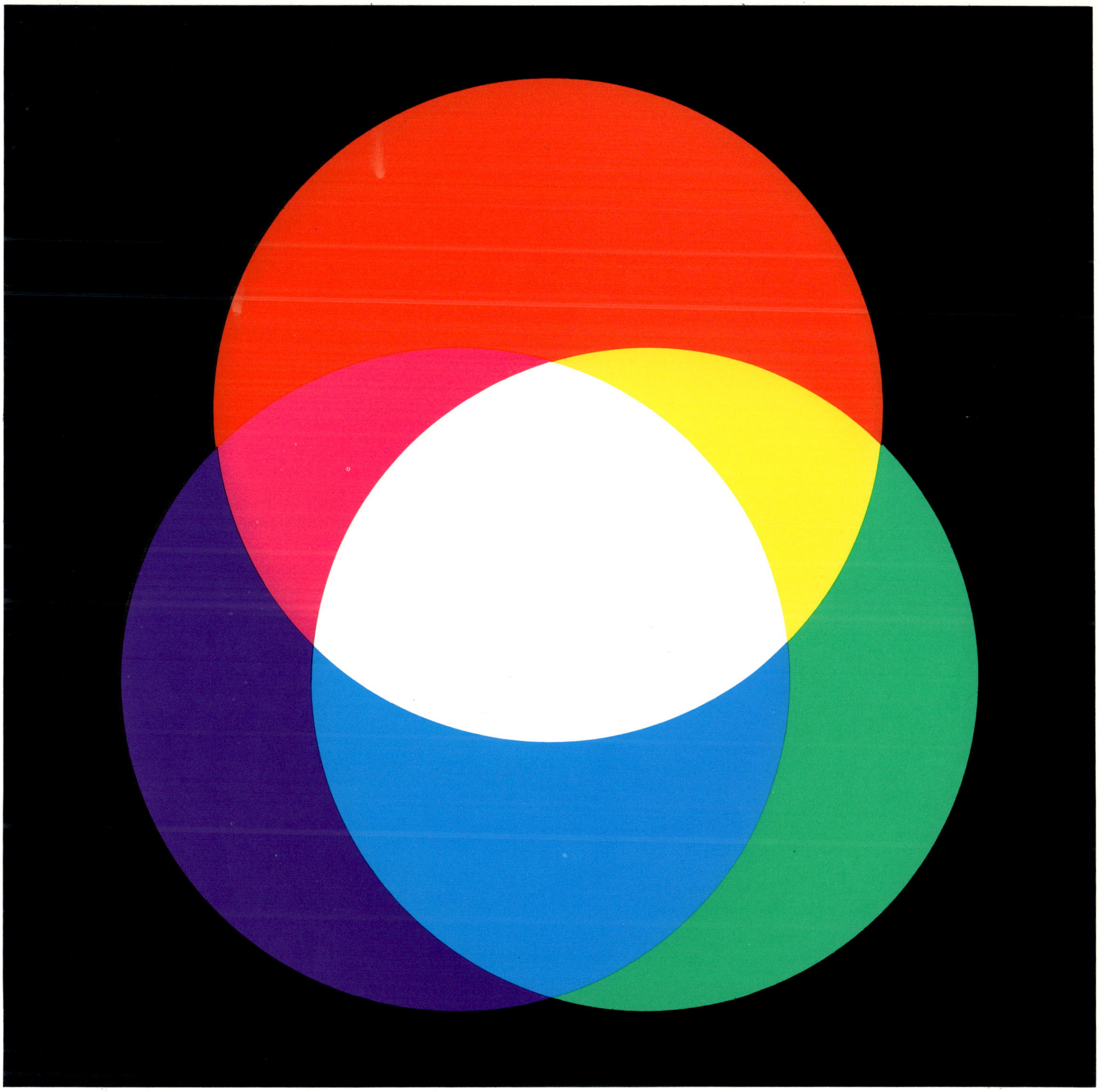

Abb. 41 Die additiven Grundfarben sind die Ein-Drittel-Farben Orangerot, Grün und Violettblau. Mischen sich je zwei von ihnen, dann entstehen die subtraktiven Grundfarben, die Zwei-Drittel-Farben. Dort, wo sämtliche drei additiven Grundfarben übereinandergeblendet sind, entsteht Weiß.

Materie selbst, wie wir gesehen haben, nichts remittiert werden kann.

Subtraktive Farbentstehung und subtraktive Farbmischung beginnt also, wie wir nun wissen, beim Weiß, welches dem vollen Spektrum und damit den drei Spektrumsdritteln entspricht (Abb. 32 D). Ausgangspunkt für die subtraktive Farbmischung ist somit die Drei-Drittel-Farbe Weiß. Es läßt sich nun schon sehr gut vorstellen, daß der in Frage kommende Endpunkt Schwarz sein wird. Denn wenn vom Weiß beginnend durch Subtraktion Farben erzeugt werden, kann am Ende schließlich nur Schwarz stehen, nämlich jener Grenzpunkt, wo keinerlei sichtbare elektromagnetische Schwingungen mehr übrig sind.

Die subtraktiven Grundfarben müssen logischerweise Zwei-Drittel-Farben sein. Denn wenn man bei der Gesamtheit Weiß beginnt und durch Subtraktion Farbigkeit erzeugt, muß man auf dem Weg von Weiß zu Schwarz zwangsläufig erst zu den Zwei-Drittel-Farben kommen, ehe die Ein-Drittel-Farben erreicht werden (siehe Abb. 33 A).

Die subtraktiven Grundfarben heißen Gelb, Magentarot und Cyanblau. Jede von ihnen remittiert $^{2}/_{3}$ des Spektrums und absorbiert $^{1}/_{3}$. Cyanblau remittiert den violettblauen und den grünen Spektralbereich und absorbiert den orangeroten. Gelb remittiert den grünen und orangeroten, absorbiert aber den violettblauen Bereich, während Magentarot den violettblauen und orangeroten Bereich remittiert und den grünen absorbiert. Dies konnten wir in Abb. 32 bereits sorgfältig studieren.

Der absorbierte Teil des Lichtes entspricht bei Körperfarben immer der Komplementärfarbe der remittierten Farbnuance. Denn absorbierter und remittierter Teil zusammen ergeben ja das vorher dagewesene weiße Licht, also ein energiegleiches Spektrum.

Um es noch einmal anders zu sagen: Gelb entsteht dadurch, daß dem weißen Licht durch Absorption der violettblaue Bereich entzogen wird. Der orangerote und grüne Bereich bleiben übrig. Magentarot entsteht durch Absorption des grünen Bereiches, es bleibt der Orangerot- und Violettblau-Bereich. Cyanblau entsteht durch Absorption des Orangerot-Bereiches. Der Grün-Bereich und der Violettblau-Bereich bleiben übrig.

Was geschieht aber, wenn man zwei subtraktive Grundfarben »zusammenmischt«? Es sei mit dem einfachsten Beispiel begonnen: Aus einem Projektor wird weißes Licht auf eine weiße Fläche gestrahlt. In dieser unbunten weißen Drei-Drittel-Farbe ist alle denkbare Farbigkeit enthalten. Nun wird in den Strahlengang der Farbfilter einer subtraktiven Grundfarbe, z. B. des Magentarot, gebracht. Jetzt wird dem Licht der Grünbereich entzogen, der violettblaue und der orangerote Spektralbereich durchdringen den Filter und fallen auf die weiße Wand. Der Farbeindruck ist selbstverständlich Magentarot. Bringt man daraufhin einen zweiten Farbfilter einer anderen subtraktiven Grundfarbe, z. B. einen cyanblauen, zusätzlich in den Strahlengang, so daß er hinter dem magentaroten steht, so zeigt sich folgendes: Das vom Magenta-Filter durchgelassene farbige magentarote Licht, das aus dem violettblauen und orangeroten Bereich des Spektrums besteht, trifft auf den cyanblauen Filter. Dieser absorbiert den orangeroten Bereich und läßt lediglich noch den violettblauen Bereich durch, der auf die weiße Wand fallen kann und den Farbeindruck Violettblau erzeugt. Wird jetzt hinter die beiden schon genannten Filter die dritte subtraktive Grundfarbe, nämlich Gelb, in den Strahlengang eingeschaltet, so absorbiert diese den violettblauen Bereich des Spektrums und es kann durch diese Kombination von drei Filtern kein sichtbares Licht mehr auf die weiße Wand fallen. Der Farbeindruck ist Schwarz.

Genauso verhält es sich, wenn man auf weißem Papier mit lasierenden Farbschichten arbeitet. In Abb. 43 sind auf weißem Papier verschiedene Farbschichten so übereinander gedruckt, daß sie sich teilweise überschneiden. Man sieht in 43 A, daß an der Stelle, wo die cyanblaue mit der gelben Fläche übereinander kommt, Grün entsteht. Aus den beiden Zwei-Drittel-Farben Cyanblau und Gelb ist die Ein-Drittel-Farbe Grün geworden. In 43 B überschneiden sich Gelb und Magentarot. Es entsteht Orangerot. Auch hier wurde durch Mischung von zwei Zwei-Drittel-Farben eine Ein-Drittel-Farbe. Entsprechend sieht man in 43 C, wie aus Magentarot und Cyanblau Violettblau wird.

Das vollständige Schema der subtraktiven Farbmischung gibt Abb. 44. Die Ausgangsbasis ist das weiße Papier. Dort, wo nur eine Farbschicht das Papier bedeckt, werden jeweils $^{2}/_{3}$ des Spektrums remittiert. Dies sind die subtraktiven Grundfarben Cyanblau, Gelb und Magentarot. Wo sich zwei von ihnen überschneiden, entstehen die Ein-Drittel-Farben Violettblau, Grün und Orangerot. Dort, wo in der Mitte der Darstellung Schwarz zum Vorschein kommt, liegen alle drei subtraktiven Grundfarben übereinander.

Das Gleiche, was in den Abb. 43 und 44 verdeutlicht wurde, wird in Abb. 45 gewissermaßen noch einmal im Querschnitt gezeigt. Das weiße Papier A besitzt die Fähigkeit, alle sichtbaren elektromagnetischen Schwingungen, die auffallen, zu remittieren. Die Remission wird um den Violettbereich vermindert, wenn die gelbe Farbschicht B auf das Papier aufgetragen wird. In der Abbildung sind die Spektralbereiche Orangerot, Grün und Violettblau durch Pfeile symbolisiert. Der violettblaue Pfeil dringt nicht in die gelbe Farbschicht ein. Das soll bedeuten, daß dieser Spektralbereich absorbiert wird. Die beiden Bereiche Orangerot und Grün können die gelbe Farbschicht passieren, treffen auf die weiße Papieroberfläche auf, werden von dort remittiert und gelangen in das Auge eines Betrachters. Es entsteht der Farbeindruck Gelb.

Trägt man nun die magentarote Farbschicht C auf die gelbe Farbschicht auf, so wird der Grünbereich als erster absorbiert, wie in der Mitte der Darstellung zu sehen ist. Der Orangerot- und der Violettblau-Bereich können die magentarote Farbschicht passieren und treffen auf die gelbe Farbschicht auf. Diese absorbiert den violettblauen Bereich und läßt nur noch den orangeroten Bereich durch, der auf die weiße Papieroberfläche fällt und von dort ins Auge eines Betrachters remittiert werden kann.

Bringt man schließlich auf diese beiden Farbschichten noch die cyanblaue Farbschicht D auf, wie links im Bild zu sehen ist, so wird zunächst einmal von ihr der orangerote Bereich absorbiert. Cyanblau läßt die Bereiche Grün und Violettblau

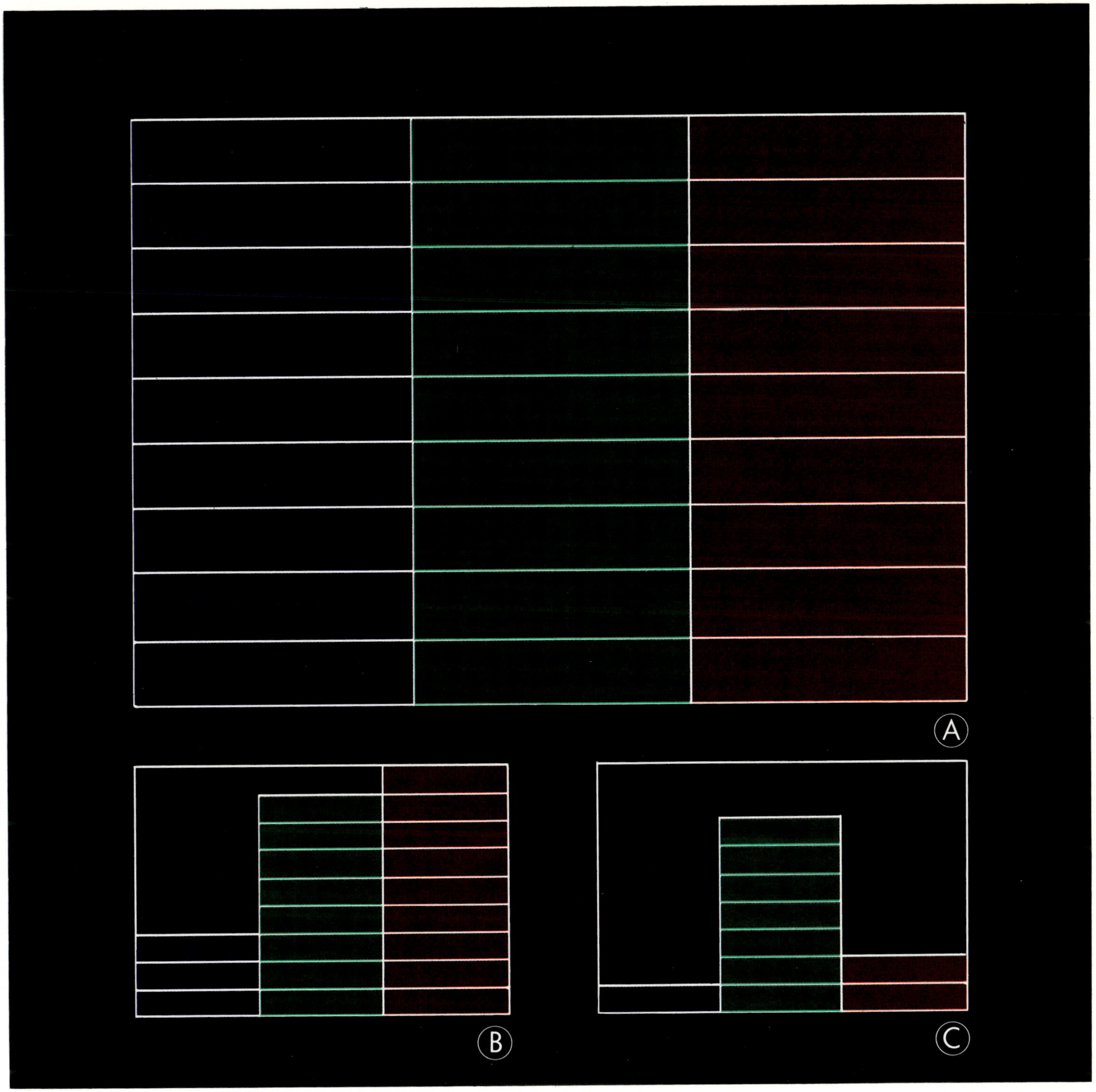


Abb. 42 Teilt man die Intensität einer additiven Grundfarbe in 9 gleiche Teile auf, so erhält man »Farbanteile«. Dies ist in (A) schematisch dargestellt.
(B) und (C) zeigen, wie aus der zahlenmäßigen Variation von Farbanteilen Mischfarben entstehen. Dabei handelt es sich in (B) um ein aufgehelltes Gelb und in (C) um ein dunkles unreines Grün.

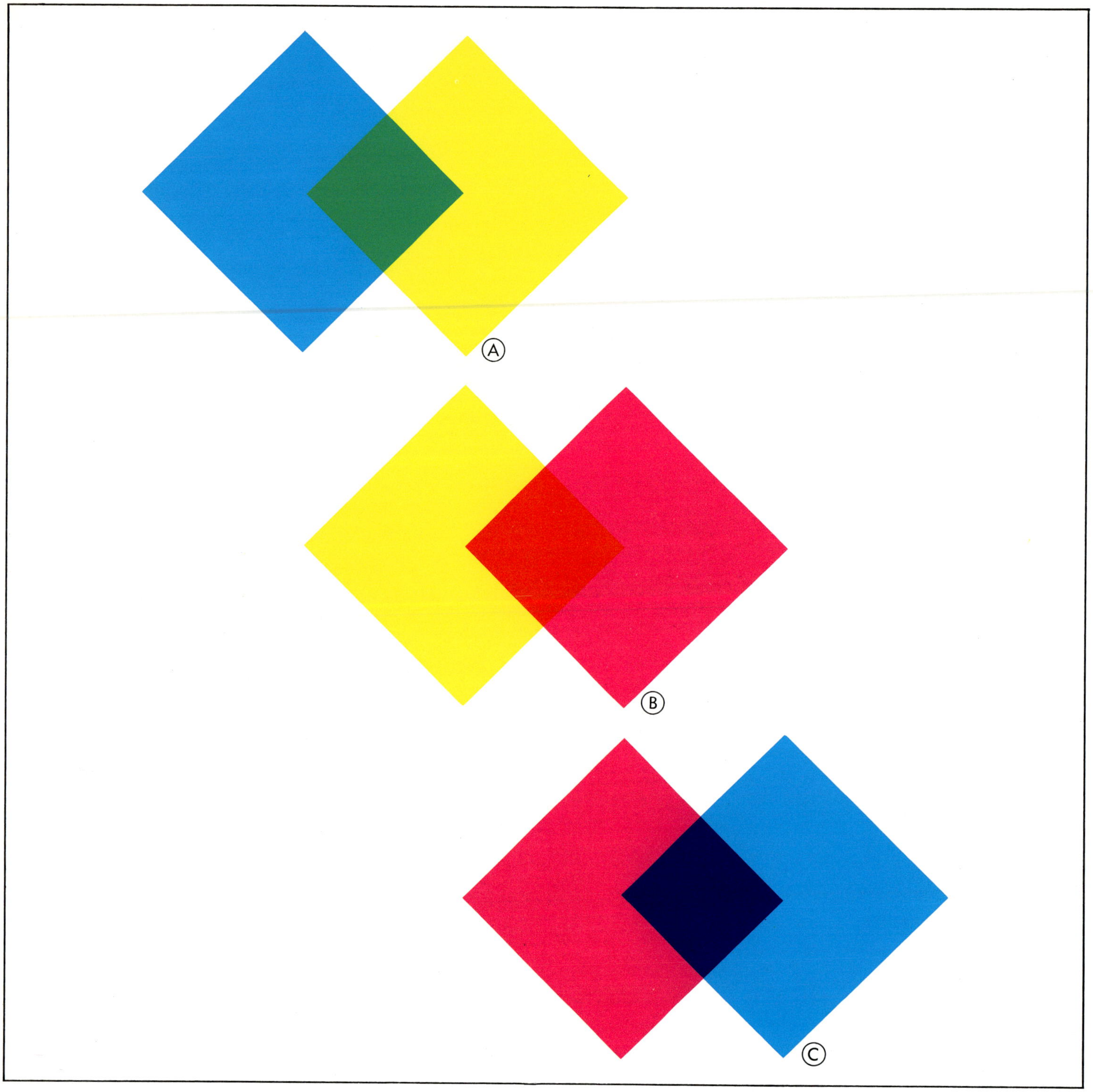


Abb. 43 Das System der subtraktiven Farbmischung bei übereinanderliegenden Farbschichten wird an den Beispielen (A), (B) und (C) gezeigt. An den Stellen, wo zwei subtraktive Grundfarben in optimaler Sättigung übereinanderliegen, entstehen die Farben Grün, Orangerot und Violettblau.

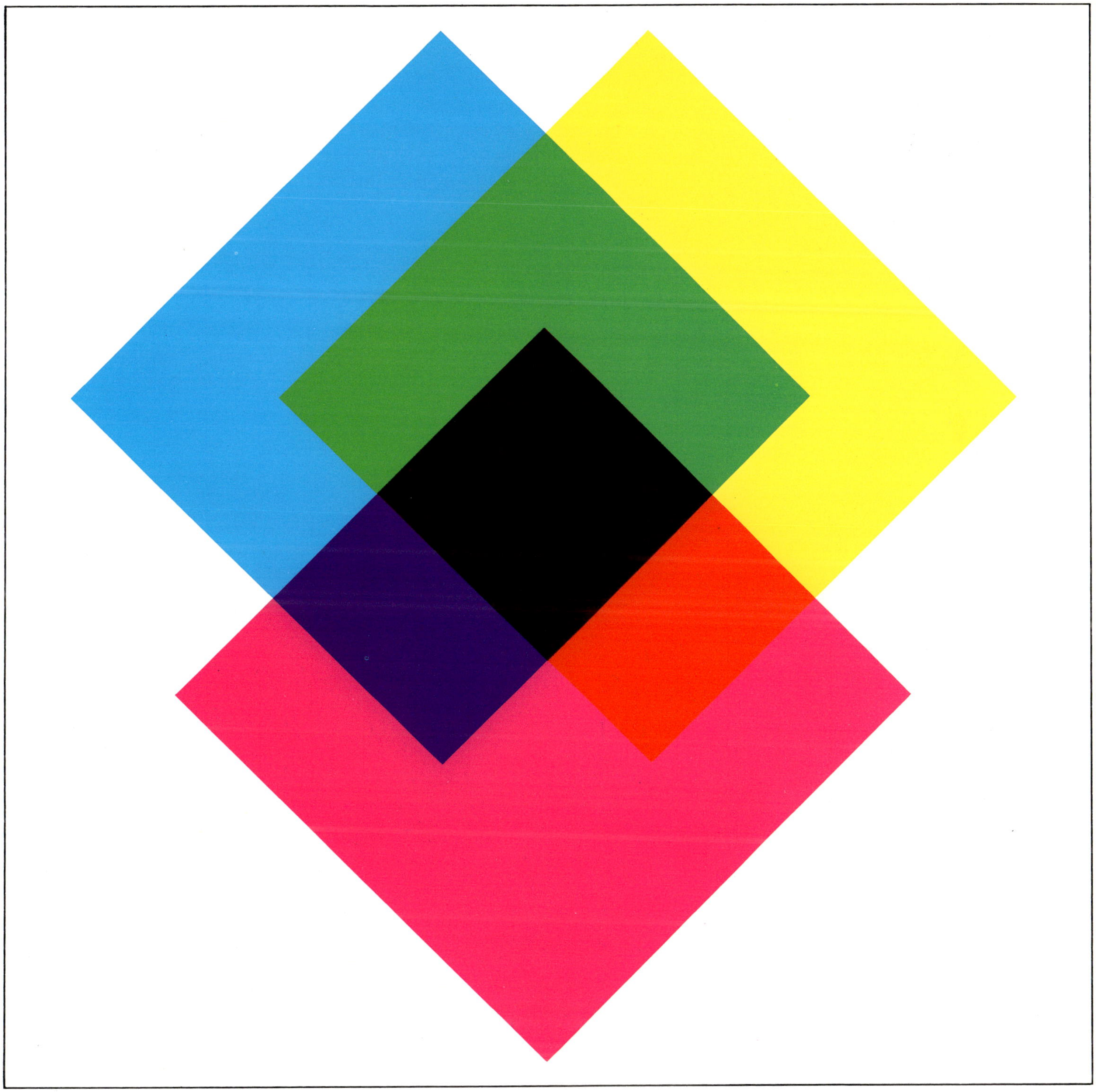

Abb. 44 Ausgangsbasis für die subtraktive Farbmischung ist Weiß, also ein Untergrund, der alles auffallende Licht remittiert. Jede subtraktive Grundfarbe entzieht der Remission ein Drittel des Spektrums. Aus je zwei Zwei-Drittel-Farben entsteht eine Ein-Drittel-Farbe. Liegen sämtliche drei subtraktiven Grundfarben in optimaler Sättigung in Schichten übereinander, ergibt sich Schwarz.

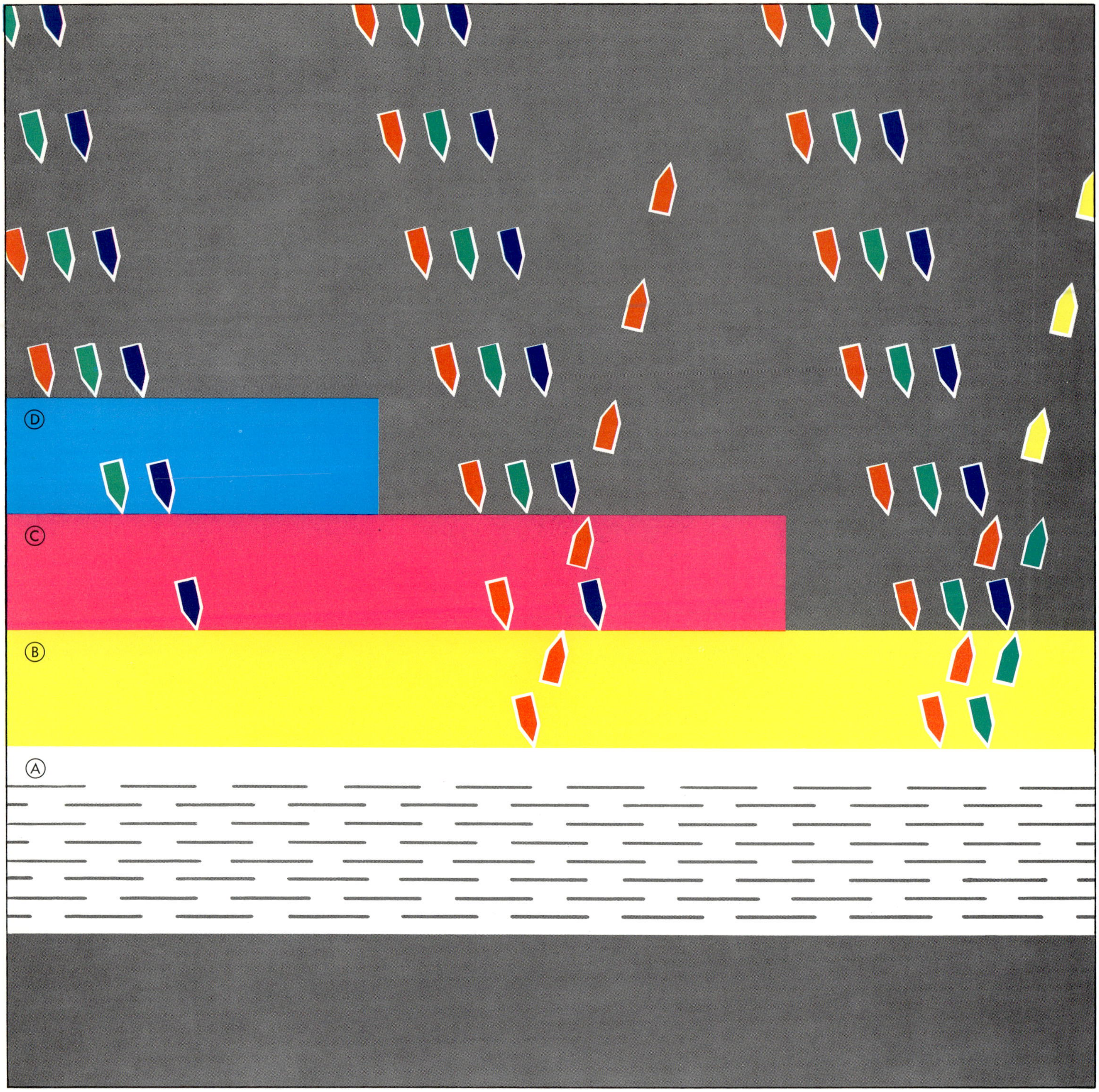


Abb. 45 Die Spektralbereiche des weißen Lichtes – Orangerot, Grün und Violettblau – sind schematisch als Pfeile dargestellt. Auf die weiße Papieroberfläche (A) wird eine gelbe Farbschicht (B) aufgetragen. Dem weißen Licht wird der violettblaue Spektralbereich entzogen (rechts auf der Abbildung). Wie auch der Grünbereich und der Violettbereich absorbiert wird, zeigt C und D.

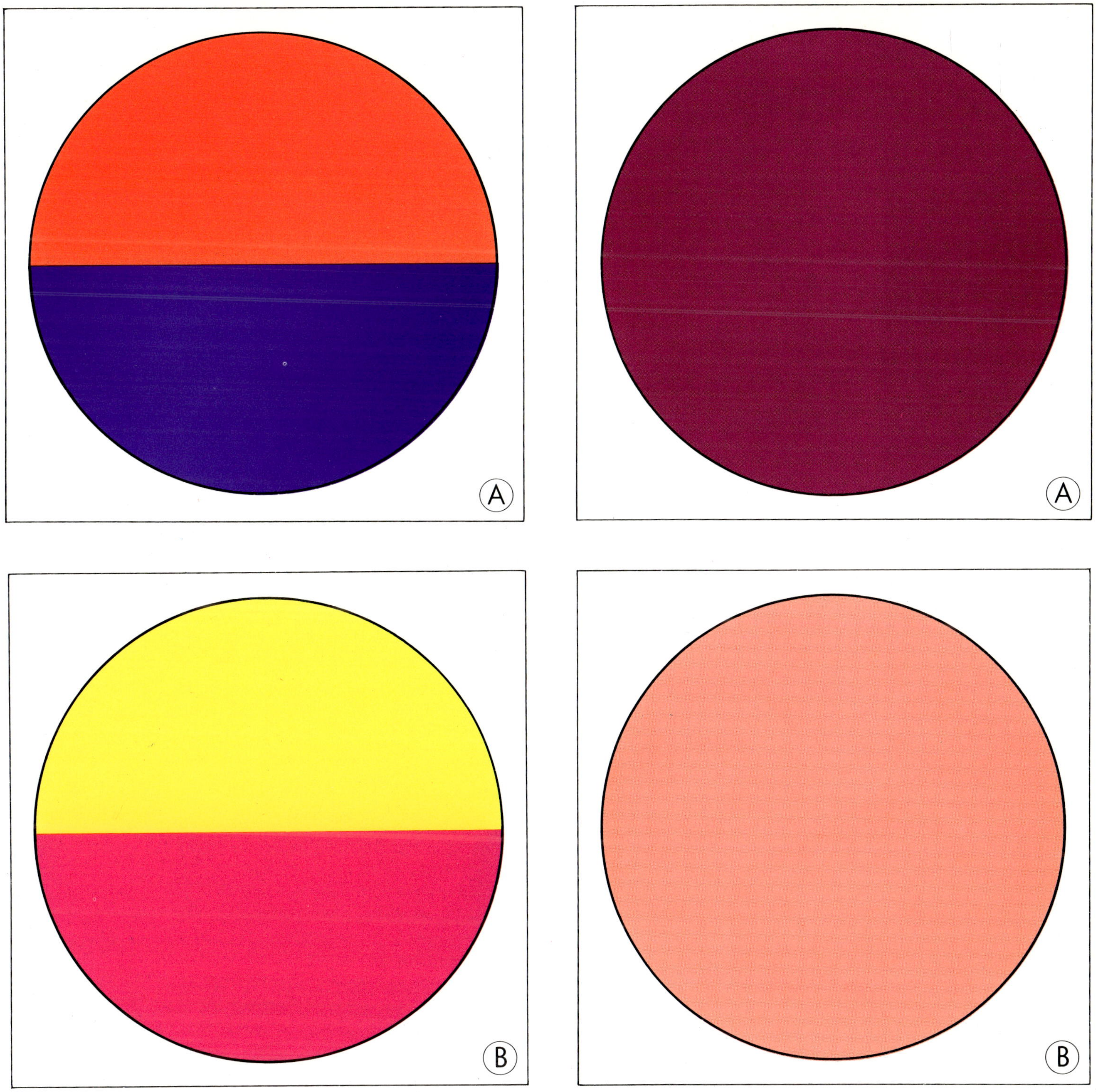


Abb. 46 Auf einer Drehscheibe, die genügend schnell rotiert, vermischen sich Körperfarben additiv. Orangerot und Violettblau ergeben dabei ein verschwärzlichtes Magentarot (A). Logischerweise vermischen sich zwei subtraktive Grundfarben, z. B. Magentarot und Gelb, zu einer verweißlichten Farbe (B).

durch, Grün wird von der magentaroten Farbschicht absorbiert, so daß lediglich der violettblaue Bereich durch diese durchfallen kann. Er trifft auf die gelbe Farbschicht, wo er seinerseits absorbiert wird. Es sind keine weiteren sichtbaren Strahlungen mehr übrig, die auf die Papieroberfläche fallen und von ihr remittiert werden könnten. Der Farbeindruck ist schwarz. Hier sei noch einmal auf Abb. 33 zurückverwiesen. Dort wurde an dem Verbindungsschema links bereits die additive Farbmischung erklärt. An ihm läßt sich jetzt auch die subtraktive Farbmischung verdeutlichen. Während die additive Farbmischung beim Schwarz an der unteren Spitze begann, beginnt die subtraktive beim obenliegenden Weiß. Von dort aus gelangt man zu den Zwei-Drittel-Farben Magentarot, Cyanblau und Gelb. Die subtraktive Mischung aus je zwei von diesen ergibt je eine Ein-Drittel-Farbe. Diese liegen auf der nächst niedrigeren Ebene. Es bleibt nämlich beim Mischen von je zwei Zwei-Drittel-Farben dasjenige Drittel übrig, das in jeder der beiden Ausgangsfarben als Remissions- bzw. Transmissions-Möglichkeit vorhanden war. So entstehen die Farben Violettblau, Orangerot und Grün. Von ihnen kommt man dann zum Schwarz, das entsteht, wenn alle drei Grundfarben in der Subtraktion voll wirksam werden.

Die Farbfotografie (Farbdiatechnik und Farbfilmtechnik) beruht auf dem Prinzip der subtraktiven Farbmischung. Auch die Drucktechnik arbeitet nach diesem Prinzip, sofern lasierende Farben verwendet werden. Beim Rasterdruck allerdings ist neben der subtraktiven Farbmischung auch die additive mit im Spiel, wie wir später noch sehen werden.

In diesem Kapitel ist zunächst nur das Prinzip der subtraktiven Farbmischung erklärt worden. Im weiteren Verlauf wird auf die Entstehung der einzelnen Farbnuancen bei der subtraktiven Farbmischung noch sehr ausführlich eingegangen werden.

## Gleichzeitige additive und subtraktive Mischung

Auch Körperfarben, deren Farbigkeit ja immer durch Subtraktion von Spektralbereichen des weißen Lichtes entsteht, können additiv gemischt werden. Genauer gesagt: Nicht die Körperfarben selbst werden additiv gemischt, sondern ihre Remissionen. Am anschaulichsten läßt sich dies auf einer Drehscheibe vor Augen führen. Abb. 46 A zeigt links die Fläche einer solchen Drehscheibe, die zur Hälfte mit Violettblau und zur anderen Hälfte mit Orangerot bedeckt ist. Bei genügend hoher Drehgeschwindigkeit, nämlich dann, wenn die Scheibe sich schneller als mit 24 U/sec bewegt, lassen sich die einzelnen Farben nicht mehr erkennen, ihre Remissionen mischen sich.

Natürlich kann das entstehende Magentarot auf der rechten Seite keine Zwei-Drittel-Farbe sein, die genau so aussieht, wie die subtraktive Grundfarbe Magentarot. An jeder Stelle der Scheibe wird nämlich nur ein Drittel des Spektrums remittiert, auf der orangeroten Hälfte das orangerote, auf der violettblauen das violettblaue. Das Mischprodukt der additiven Mischung von Orangerot und Violettblau muß also auf dem Schema von Abb. 33 A auf einer geradlinigen Verbindung zwischen Magentarot und Schwarz auf der gleichen Ebene mit den Ein-Drittel-Farben liegen.

Analog verhält es sich, wenn man zwei subtraktive Grundfarben additiv mischt. Das Produkt muß zwangsläufig wesentlich heller sein, weil an jeder Stelle der Scheibe zwei Drittel des Spektrums remittiert werden. Dies ist in 46 B zu sehen. Links sind die Farben Gelb und Magentarot auf die Drehscheibe je zur Hälfte aufgetragen, rechts ergibt sich ein verweißlichtes Orangerot, das gerade auf der Mitte einer Verbindungslinie zwischen Orangerot und Weiß bei dem Schema von Abb. 33 A liegen muß. Es kann bei diesem Versuch selbstverständlich kein Orangerot in voller Sättigung entstehen, weil das optimale Orangerot eine Ein-Drittel-Farbe ist, an jeder Stelle der Drehscheibe aber zwei Drittel des Spektrums remittiert werden.

Folgende einfache Rechnung ergibt sich für 46 B: Gelb = Ein-Drittel-Farbe Orangerot + Ein-Drittel-Farbe Grün. Magentarot = Ein-Drittel-Farbe Orangerot + Ein-Drittel-Farbe Violettblau. Die drei Ein-Drittel-Bereiche Violettblau, Grün und Orangerot vermischen sich additiv zu einer unbunten Strahlungsenergie, die den nicht kompensierten Orangerotbereich verweißlicht.

Außer durch schnelle Bewegung kann additive Mischung von subtraktiven Farben aber auch durch Auflösung der Farbflächen in winzig kleine Elemente zustandekommen, wenn die Punkte so klein sind, daß sie nicht mehr einzeln vom Auge unterschieden werden können. Dies ist beim hochwertigen Mehrfarbendruck der Fall. Bei einem 60er Raster gibt es im Vierfarbendruck auf einem einzigen Quadratzentimeter 14 400 Rasterpunkte. Das Auflösungsvermögen auf der Netzhaut des Auges reicht nicht aus, um diese einzeln zu erkennen.

Dieser Effekt der additiven Mischung bei Aufteilung der Farbflächen in winzige Elemente wird in Abb. 47 gezeigt. Es handelt sich hier um einen groben Raster, dessen Strukturen sich so ergänzen, daß das Violettblau mit etwa 45% genau zusammenpaßt mit dem Orangerot von etwa 55%. Wenn der Druck gut gelungen ist, darf an keiner Stelle des Bildes Papierweiß durchscheinen.

In diesem Falle befinden sich auf einem Quadratzentimeter nur 100 violettblaue und 100 orangerote, also zusammen 200 Rasterpunkte. Je mehr man sich vom Bild entfernt, desto unmöglicher wird es, die Rasterpunkte einzeln zu erkennen. Bei einem Abstand von bereits nur wenigen Schritten sieht man schon auf der gesamten Fläche nur noch einen einzigen Farbton.

Während man vorher die einzelnen Farben Orangerot und Violettblau deutlich (notfalls durch eine Lupe) gesehen hat, fließen sie nun zu einem dunklen, verschwärzlichten Magentarot zusammen. Das Ergebnis sieht ganz ähnlich aus wie dasjenige in Abb. 46 A, denn es handelt sich ja um die gleichen Ausgangsfarben und um das gleiche Mischprinzip. Nur ist die mengenmäßige Verteilung der beiden Farben aus technischen Gründen etwas anders. Während auf der Drehscheibe genau die Hälfte von jeder Farbe bedeckt war, überwiegt bei der Rasterabbildung das Orangerot um etwa 10% gegenüber dem Violettblau.

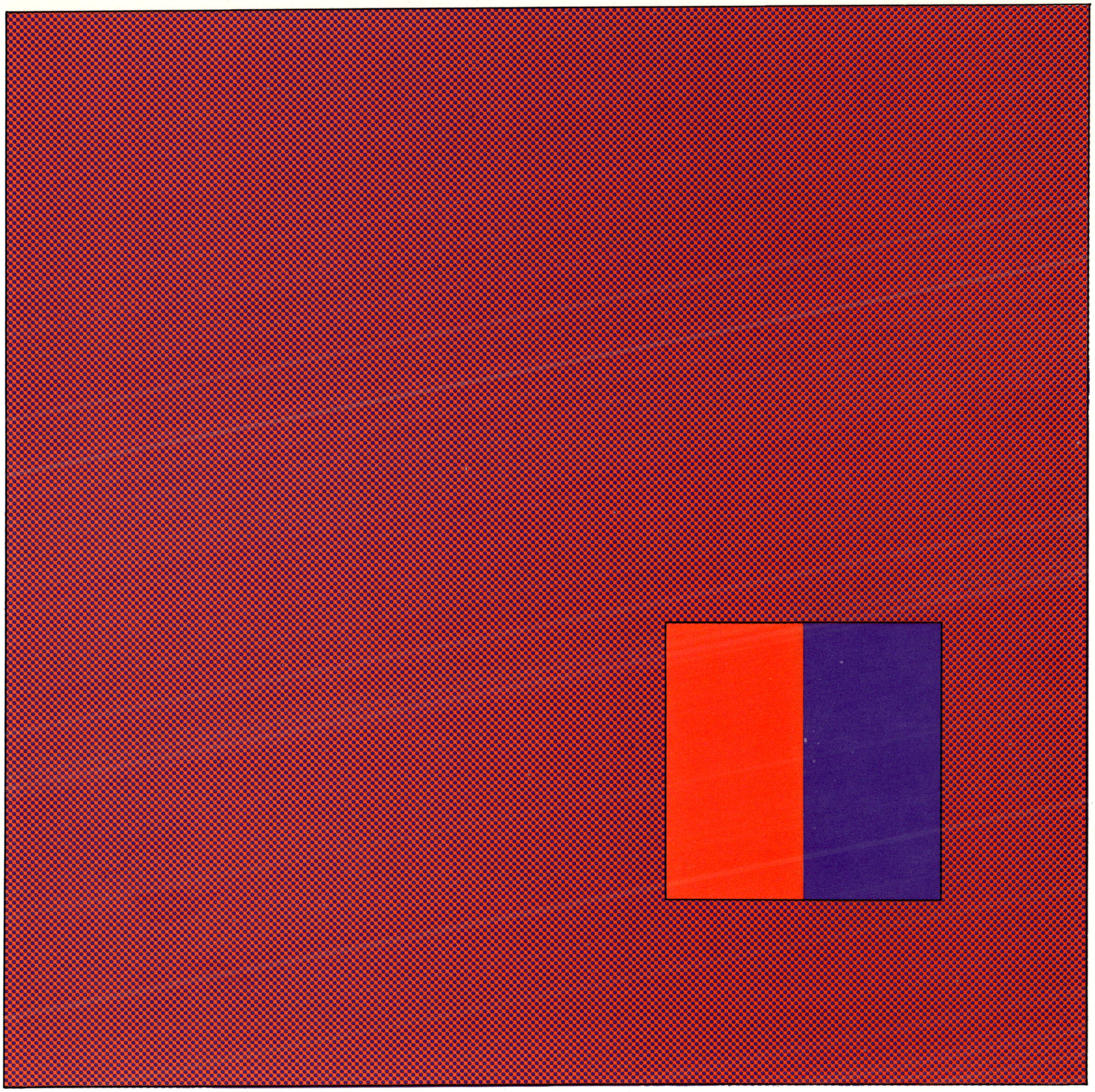

Abb. 47 An dieser Abb. läßt sich die additive Mischung von Orangerot und Violettblau studieren. Die beiden im Kasten sichtbaren additiven Grundfarben sind als ineinanderpassende Rasterformationen zusammengedruckt. Dabei hat das Orangerot einen größeren Prozentwert als das Violettblau. Es empfiehlt sich, sich die Rasterpunkte genau durch eine Lupe anzusehen.

Natürlich kann sowohl bei dem Versuch, der in Abb. 46 beschrieben wurde als auch bei Abb. 47, der Farbton der Mischung in bezug auf das Ergebnis, das theoretisch erwartet werden darf, eine Verschiebung erfahren. Das erklärt sich einerseits durch Fehlabsorptionen und -remissionen der verwendeten Farben, andererseits durch die Sättigungsschwankungen, mit denen die Farben aufgetragen worden sind.

Bei der Drucktechnik handelt es sich immer dann um eine subtraktive Farbentstehung, wenn irgendwelche Farbstoffe oder Farbpasten aufgetragen werden. Subtraktive Farbmischung ist bei mehrfarbigem Rasterdruck dann vorhanden, wenn mindestens zwei lasierende Farbschichten übereinander liegen.

Abb. 48 zeigt einen stark vergrößerten dreifarbigen Rasterdruck eines grauen Tonwertes mit den Verteilungen Cyanblau 20%, Gelb 15% und Magentarot 12%. Im Kästchen rechts unten ist dieser Tonwert mit 60er Raster gedruckt. Die übrige Fläche des Bildes zeigt den gleichen Tonwert stark vergrößert. Bei den vergrößerten Rasterstrukturen gibt es keine additive Farbmischung, weil alle Bildelemente so groß sind, daß sie von der Netzhaut einzeln wahrgenommen werden können. In dem eingebauten Kästchen dagegen kommt zu der subtraktiven Farbmischung additive Farbmischung hinzu. Hier verschwindet das bunte Bild der Rasterpunkte und es kann nur noch eine blaugraue einheitliche Farbnuance wahrgenommen werden. Dieser Farbeindruck Blaugrau entsteht durch additive Mischung der Farbreize aller einzelnen farbigen Rasterpunkte.

Sämtliche Bestandteile, aus denen das Rasterbild zusammengesetzt ist, haben sich zu einem geschlossenen Tonwert additiv zusammengefügt. Die cyanblauen, die gelben, die magentaroten, die orangeroten, die grünen, die violettblauen und die schwarzen haben sich zusammen mit der nicht bedeckten weißen Papierfläche vermischt. Dies ist nach dem gleichen Prinzip geschehen, welches Abb. 47 zeigt.

## Abwandlungsmöglichkeiten einer Farbe

Im Kapitel über die subtraktive Farbmischung wurde das grobe Schema der Gesetzmäßigkeit beim Mischen von Körperfarben erläutert. Es handelt sich bei diesem Funktionsschema gewissermaßen um den äußeren Rahmen, um die Grenzfälle der subtraktiven Mischung.

Jetzt sei ein System gesucht, das die Beziehungen der Farben zueinander im einzelnen veranschaulicht. Es soll sämtliche Farbnuancen umfassen, die durch Mischung der drei subtraktiven Grundfarben miteinander überhaupt entstehen können. Durch die Anordnung der Mischtöne in diesem System sollte sichtbar werden, in welchem mengenmäßigen Verhältnis jede Farbnuance zu den einzelnen Grundfarben steht, und wie die Beziehungen aller einzelnen Farbnuancen zum Gesamtsystem sind.

Das ganze beginnt zunächst mit der Überlegung, wie eine einzelne subtraktive Grundfarbe überhaupt abgewandelt werden kann. Man stelle sich vor, es stünde ein Farbtopf, ein Pinsel und ein Blatt weißes Papier zur Verfügung. Wie lassen sich mit diesen Mitteln die Veränderungsmöglichkeiten der zu untersuchenden Grundfarbe zeigen? Das ist natürlich nicht sehr schwierig. Begonnen sei mit den beiden Extremen. Entweder bringen wir überhaupt nichts von der Farbe auf das Papier, dann haben wir Weiß. Oder wir tragen die Farbe so dick wie möglich auf, dann kommt es zur optimalen Farbsättigung. Dieses »so dick wie möglich« soll daran erinnern, daß es gar keinen Sinn hat, soviel Farbpaste aufzutragen, daß der Punkt der optimalen Sättigung überschritten wird.

Eigentlich ist die vorher gestellte Frage jetzt schon beantwortet. Sämtliche Farbnuancen, die aus dieser einen zur Verfügung stehenden Körperfarbe denkbar sind, liegen zwischen diesen beiden Punkten, dem Papierweiß und der vollen Farbsättigung. Und zwar sind es unendlich viele Farbnuancen, weil die Farbigkeit kontinuierlich zunimmt, je weiter sich ein Punkt vom Weiß weg zur vollen Farbsättigung hin bewegt, wie man in Abb. 49 A sehen kann. Diese Darstellung wird auch als stufenloser Verlauf bezeichnet. Warum man auch »Farbkeil« dazu sagt, geht aus Abb. 49 B hervor. Trägt man die Farbanteile grafisch auf, so hat man auf der rechten Seite bei 0% keine Farbsättigung mehr und auf der linken Seite bei 100% volle Farbsättigung. Eine solche grafische Darstellung von der Farbmenge, die aufs Papier aufgetragen wird, hat die Form eines Keiles.

Nun hat es selbstverständlich keinen Sinn, mit unendlich vielen Sättigungsstufen einer subtraktiven Grundfarbe operieren zu wollen. Das menschliche Auge ist gar nicht in der Lage, bei einem solchen Farbverlauf eine sehr große Anzahl von Sättigungsunterschieden zu erkennen. Je nachdem, wie sehr eine Farbe optisch dunkler oder heller ist, läßt sich eine größere oder geringere Zahl von Sättigungsstufen unterscheiden. Beim Schwarz, der optisch dunkelsten Farbe, ist naturgemäß diese Zahl am größten. Aber auch hier hat es gar keinen Sinn, einen Tonwertverlauf in mehr als 30 bis höchstens 40 Stufen einzuteilen.

49 C zeigt, wie aus dem stufenlosen Farbkeil B ein Stufenkeil geworden ist. Zehn Stufen sind zu erkennen. Die Stufe 0 auf der rechten Seite besagt, daß hier überhaupt kein Sättigungsanteil dieser Farbe vorhanden ist. Die Stufe 9 bedeutet volle, optimale Sättigung. Insgesamt sind es also 10 Stufen, was die Möglichkeit eröffnet, mit einem dekadischen System zu operieren.

Die Stufe 1 bedeutet natürlich nicht 10% sondern 11,11%. Demgemäß bedeutet die Stufe 2 22,22% und die Stufe 3 33,33% und so fort. Die Stufe 9 bedeutet 99,99%, was mit 100% gleichgesetzt wird.

49 D zeigt für jede einzelne subtraktive Grundfarbe einen solchen in 10 Stufen eingeteilten Sättigungsverlauf.

Die Abwandlungsmöglichkeit einer einzigen subtraktiven Grundfarbe ist also eindimensional. Das gilt natürlich auch für jede andere Farbe, gleichgültig, ob es sich um eine Körperfarbe oder ein Farblicht handelt. Eine einzelne Farbe kann abgewandelt werden von voller Sättigung bis zum Nicht-mehr-Vorhandensein. Alle möglichen Sättigungsstufen liegen auf einer geraden Linie zwischen diesen beiden extremen Punkten.

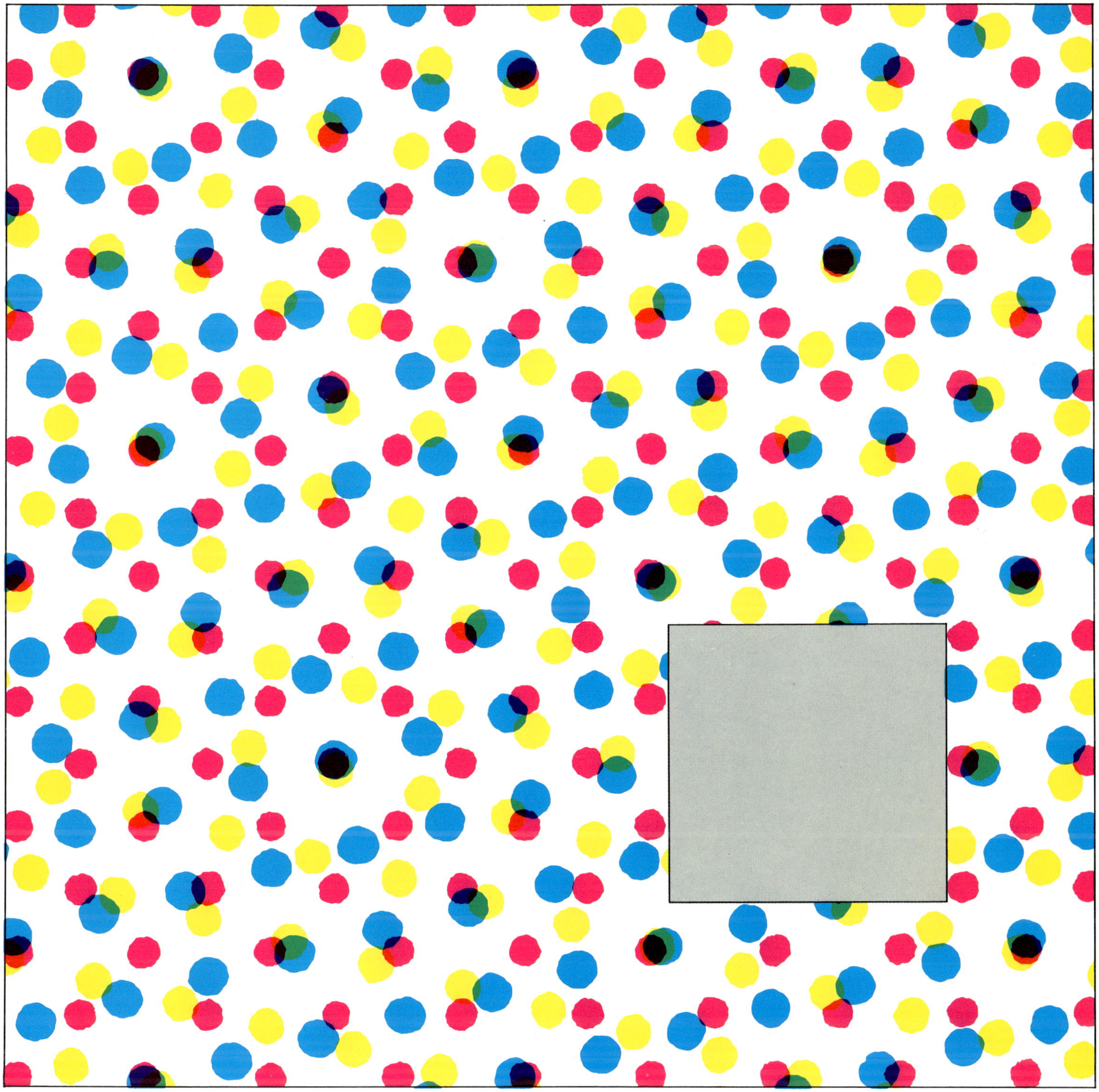

Abb. 48 Der normale Farbendruck wird mit den subtraktiven Grundfarben Gelb, Magentarot und Cyanblau durchgeführt. Die graue Fläche im kleinen Quadrat ist aus feinen Rasterpunkten dieser drei Grundfarben aufgebaut. Auf der großen Fläche sieht man eine starke Vergrößerung dieser Rasterformationen. Es handelt sich um gleichzeitige subtraktive und additive Mischung.

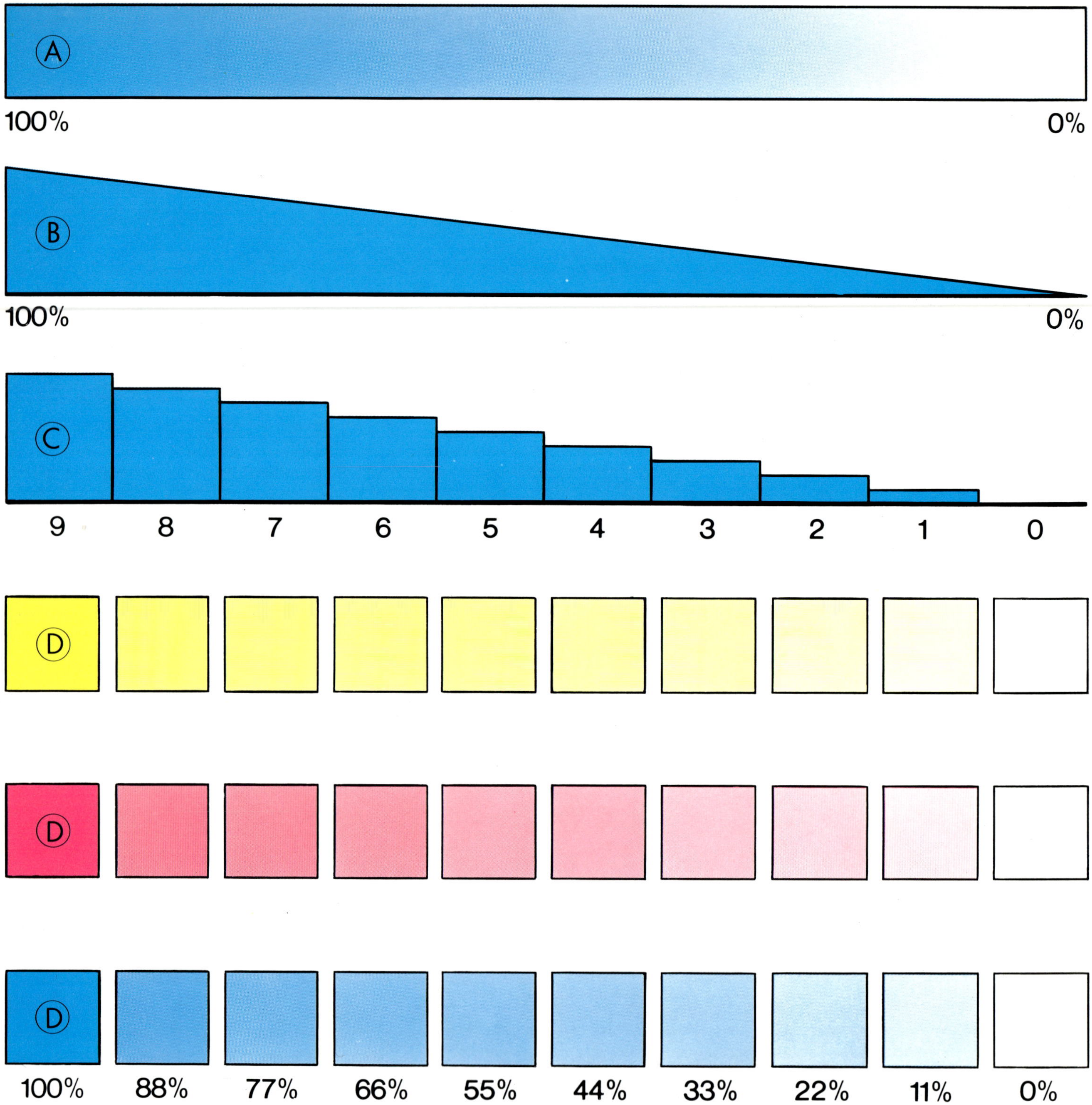


Abb. 49 Den stufenlosen Verlauf einer Farbe von optimaler Sättigung bis zum Nichtmehrvorhandensein erkennt man in (A). (B) ist die schematische Darstellung der Mengenverhältnisse und (C) der Umwandlung in 10 Sättigungsstufen. Diese sind in (D) für die drei subtraktiven Grundfarben ausgeführt.

## Mischmöglichkeiten von zwei Farben

Man kann die Mischmöglichkeiten zweier Farben nicht eindimensional darstellen. Vielmehr benötigt man zur sinnvollen schematischen Anordnung eine Fläche. Die zweite Farbe bedingt die zweite Dimension.

Will man auf einer Fläche sämtliche Mischergebnisse sichtbar machen, die zwischen zwei beliebigen Ausgangsfarben möglich sind, so werden die vier Eckpunkte dieser Darstellung folgende sein: Erstens und zweitens die beiden Ausgangsfarben selbst, drittens deren volle Mischung miteinander und viertens Weiß. Sucht man nun nach einer geeigneten Fläche, um die Gesetzmäßigkeit, welche dieser Mischung zugrunde liegt, darzustellen, so bietet sich das Quadrat an.

Jede der beiden Farben wird so angeordnet, daß sie von der einen Außenkante des Quadrates zur gegenüberliegenden stufenlos verläuft. Dabei muß an derjenigen Kante, von der aus der Verlauf beginnt, die Farbe in optimaler Sättigung vorhanden sein. Die Sättigung nimmt mehr und mehr ab, je mehr sich der Verlauf der gegenüberliegenden Seite nähert. Dort darf überhaupt kein Farbanteil mehr vorhanden sein. Einen solchen Flächenverlauf der Farbe Cyanblau zeigt Abb. 50. Es handelt sich dabei praktisch um einen stufenlosen Farbkeil, der jedoch so breit ist, daß er die gesamte Fläche überquert.

Einen gleich aufgebauten Flächenverlauf von Magentarot zeigt Abb. 51. Der einzige Unterschied ist, daß die Verlaufrichtung nicht von links nach rechts, sondern von unten nach oben geht.

Diese beiden Flächenverläufe der subtraktiven Grundfarben Cyanblau und Magentarot sind in Abb. 52 übereinandergebracht. Die Vielfalt sämtlicher Möglichkeiten von Mischverhältnissen und Abwandlungen dieser Ausgangsfarben ist jetzt sichtbar geworden. Die beiden Flächenverläufe überschneiden sich in einem Winkel von 90°. Bei dieser Anordnung haben wir an den vier Ecken dieses Quadrates die ursprünglich geforderten Farben Cyanblau, Magentarot, Violettblau und Weiß.

Theoretisch besteht diese Fläche aus unendlich vielen Farbpunkten, von denen jeder ein anderes Mischungsverhältnis an den beiden Ausgangsfarben hat. Es besteht ein fester mathematischer Zusammenhang zwischen dem Abstand, den ein Farbpunkt von den Außenkanten des Quadrates hat, und dem Mischungsverhältnis, aus welchem er besteht. Dies kann man anhand der beiden Skalen, mit denen Prozentwerte für die jeweilige Verlaufrichtung angegeben sind, deutlich erkennen. Damit läßt sich aus der Lage des Punktes auf der Fläche sowohl die Zusammensetzung dieser Farbnuance in bezug auf die Ausgangsfarben, als auch ihr Aussehen eindeutig definieren. Zieht man eine senkrechte Linie von einem beliebigen Punkt der Fläche auf die untere Skala, so kann man dort den Prozentanteil an der Ausgangsfarbe Cyanblau ablesen. Eine waagerechte Linie, die auf die Skala an der linken Quadratkante abgetragen wird, gibt den Prozentsatz an Magentarot an.

Alle Mischungen mit gleichen Anteilen Cyanblau liegen auf einer Linie senkrecht übereinander, alle jene mit gleichem Anteil Magentarot auf einer Linie waagerecht nebeneinander. Dies sind Linien gleicher Sättigung für die entsprechende Ausgangsfarbe. Wenn zum Beispiel eine Mischung aus 70% Cyanblau und 30% Magentarot besteht, so heißt das, daß dieser Punkt auf der Sättigungslinie von 70% des cyanblauen Farbverlaufes und auf derjenigen von 30% des magentaroten Farbverlaufes liegen muß. Damit ist gleichzeitig die Entfernung dieses Farbpunktes zu den Sättigungslinien 0% von Cyanblau und 0% von Magentarot festgelegt. Die Entfernung dieses Farbpunktes von der Sättigungslinie 0% beträgt nämlich z. B. bei Cyanblau 70% der Gesamtentfernung zwischen den beiden Außenkanten des Quadrates.

Durch die jeweils zwei Entfernungsangaben zu den Sättigungslinien 0% des Cyanblau und des Magentarot, läßt sich auf der Fläche der genaue Ort für jeden Farbpunkt mathematisch bestimmen. Diese beiden Entfernungsangaben geben eindeutigen Aufschluß über das Mengenverhältnis der auf das Papier aufgetragenen Farbe an einer beliebigen Stelle auf dieser Fläche.

Für den praktischen Gebrauch hat es, das wurde schon einmal gesagt, gar keinen Sinn, mit unendlich vielen Farbpunkten zu arbeiten. Deswegen muß dieser Flächenverlauf ebenfalls in Stufen verwandelt werden, wie dies bei Abb. 49 bereits erläutert worden ist. Es wird also jeder Flächenverlauf in zehn Sättigungsstufen gegliedert, so daß sich die Fläche in 100 kleine Quadrate teilt. Nun erst ist ganz deutlich zu erkennen, wie sich die nebeneinanderliegenden Quadrate voneinander unterscheiden. Aus der unendlich großen Anzahl von Farbpunkten der Abb. 52 wurden somit einhundert gleichabständige Farbnuancen in Abb. 53 ausgewählt. Es ist ein logisches Schema mit mathematisch exaktem Zusammenhang entstanden.

## Der Farbenwürfel

So wenig sich die Mischmöglichkeiten von zwei Farben auf einer Geraden, also eindimensional, darstellen lassen, so unmöglich ist es auch, die Vielfalt der Farbvariationen, die aus drei Farben gemischt werden können, auf einer Fläche anschaulich zu machen. Für die Darstellung der Mischmöglichkeiten von drei Farben wird die dritte Dimension benötigt.

Die Zusammenhänge der Farben untereinander und die Gesetzmäßigkeiten der Farbmischung lassen sich nur in einem Farbenraum demonstrieren. Ein solcher Farbenraum ist immer, da er ganz konkrete Begrenzungen hat, ein geometrischer Körper. Man bezeichnet einen solchen geometrischen Körper, in dem die Farben nach einem bestimmten System angeordnet werden, »Farbenkörper«.

Aus dem vorhergehenden Kapitel ging hervor, daß sich im Quadrat die Mischmöglichkeiten von zwei Farben optimal veranschaulichen lassen. Konsequenterweise sollte ein Würfel derjenige Körper sein, der geeignet ist, die Mischmöglichkeiten dreier Farben zu zeigen.

Ein Würfel hat bekanntlich sechs Quadrate als Außenflächen. Jeweils zwei gegenüberliegende Flächen bestimmen die Durchdringungsrichtung einer Grundfarbe. Jede der dei Grundfarben durchdringt den Körper so, daß sie auf der einen Außenfläche

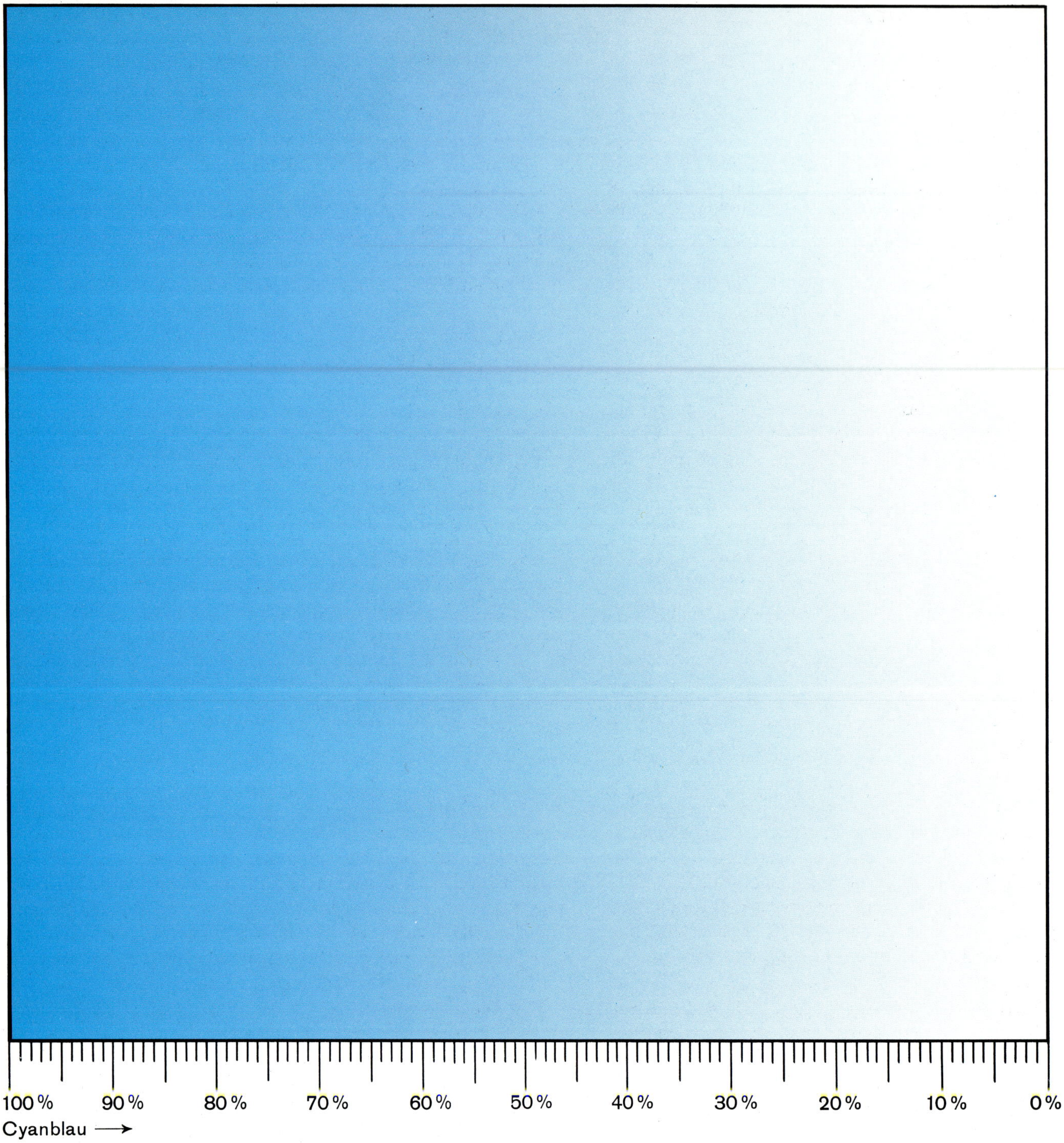


Abb. 50 Flächenverlauf von Cyanblau. Senkrechte Linien, die parallel zu den Außenkanten verlaufen, sind Linien gleicher Sättigung. Auf der Skala am unteren Rande läßt sich der Sättigungswert ablesen.

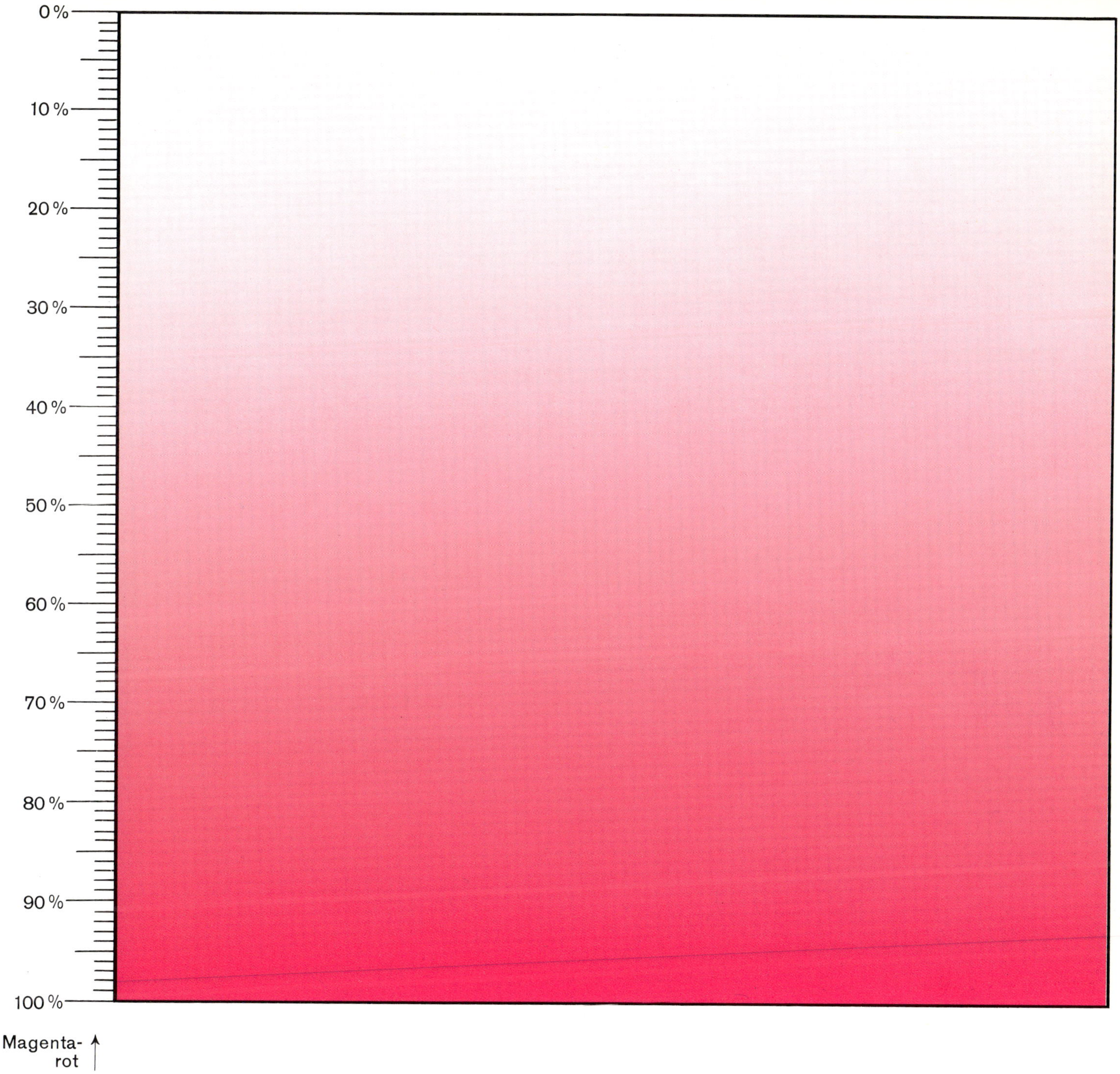


Abb. 51 Flächenverlauf für Magentarot. Waagerechte Linien, die parallel zu Ober- und Unterkante verlaufen, sind Linien gleicher Sättigung im Magentarot. An der linken Skala kann der Sättigungswert abgelesen werden.

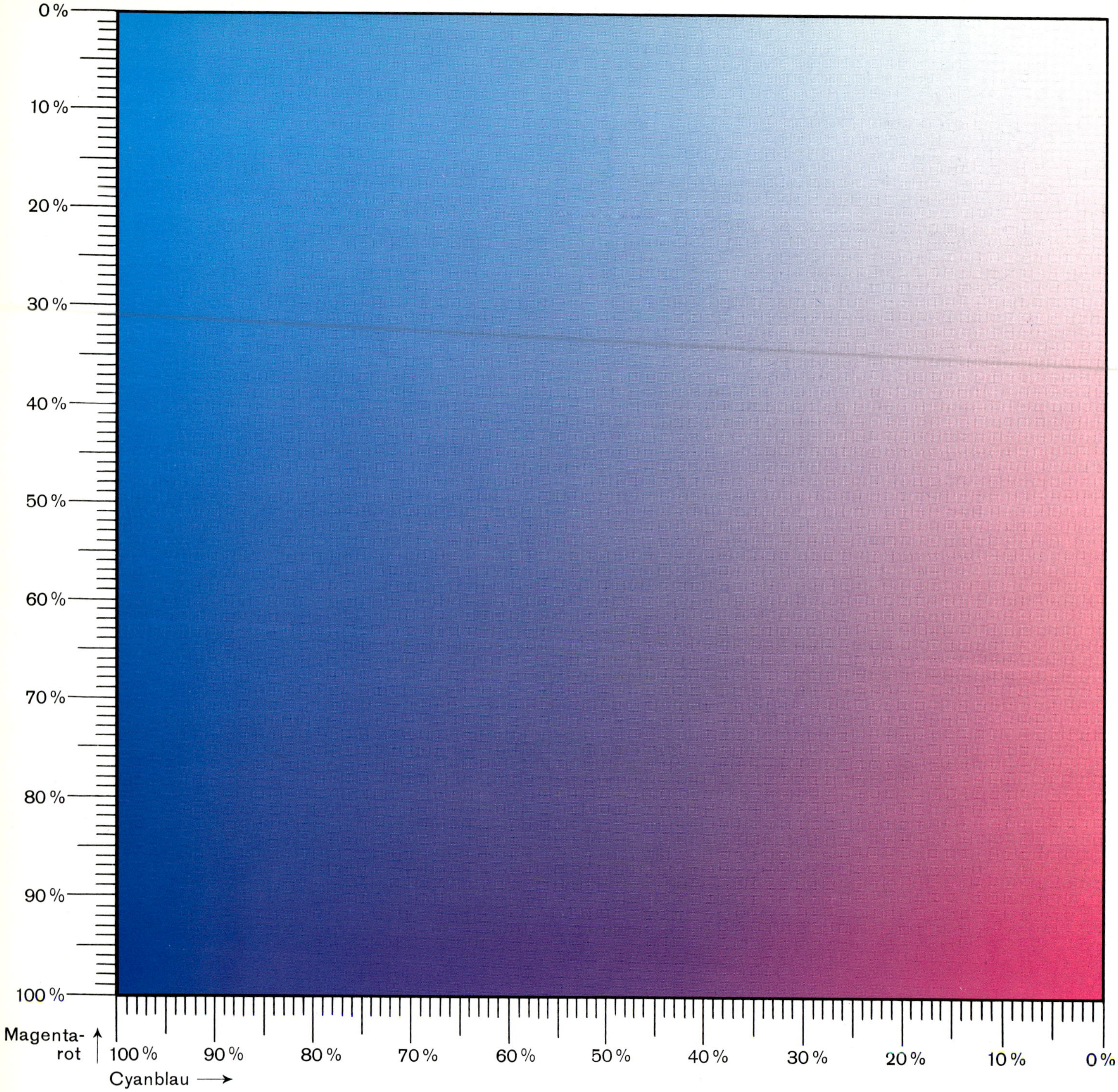


Abb. 52 Die Flächenverläufe von Cyanblau (Abb. 50) und Magentarot (Abb. 51) sind übereinandergedruckt. Es entstehen sämtliche möglichen Mischvarianten. Für jeden beliebigen Punkt dieser Fläche kann man durch Führen einer senkrechten Linie den Mischanteil von Cyanblau, durch Führen einer waagerechten den Mischanteil von Magentarot auf der entsprechenden Skala ablesen.

in voller Sättigung vorhanden ist, daß dann die Sättigung mehr und mehr abnimmt, bis auf der gegenüberliegenden Außenfläche keine Farbanteile dieser Farbe mehr erscheinen.

Es geschieht analog das gleiche, was bereits die Abb. 50 und 51 zeigten. Im Gegensatz zu diesen Abbildungen von Flächenverläufen handelt es sich jetzt aber um Körperverläufe. Die drei verschiedenen Durchdringungsrichtungen der subtraktiven Grundfarben werden in Abb. 54 A, B und C deutlich. In A ist es das Cyanblau, das den Körper von der Vorderfläche aus in Richtung auf die Hinterfläche durchdringt, in B das Magentarot, das von der rechten Außenfläche zur gegenüberliegenden linken verläuft und in C das Gelb, das den Körper von der Oberfläche zur Grundfläche durchdringt.

Schließlich zeigt 54 D, wie dieser Würfel aus der gleichen Perspektive aussieht, wenn alle drei Grundfarben gleichzeitig angeordnet sind.

Welche Farben müssen auf den acht Ecken des Würfels zu finden sein? Auskunft gibt uns Abb. 59. Dort, wo von keiner Grundfarbe irgendein Farbanteil existiert, befindet sich Weiß. Diagonal gegenüber, nämlich dort, wo alle drei Grundfarben volle Sättigung haben, Schwarz. Die übrigen sechs Ecken werden von den sechs Grundfarben gebildet, nämlich von den drei Ein-Drittel-Farben und den drei Zwei-Drittel-Farben.

Auch im Farbenraum sind natürlich unendlich viele Farbpunkte enthalten. Wegen der Anschaulichkeit ist es nötig, ähnlich vorzugehen, wie dies in Abb. 53 bei der Aufteilung der Fläche in Sättigungsstufen geschehen ist. Entsprechend dem Vorschlag von Alfred Hickethier werden Schnittflächen derartig durch den Würfel gezogen, daß sich tausend Schnittpunkte ergeben. Diese Schnitte müssen parallel zu den Außenflächen verlaufen. Es handelt sich um acht Schnitte, die gleichsabständig zwischen jeweils zwei Paaren von sich gegenüberliegenden Außenflächen angeordnet werden. Zusammen mit diesen beiden Außenflächen sind in jeder Richtung dann zehn Ebenen vorhanden. Da es drei Schnittrichtungen gibt, ergeben sich auf diese Weise tausend Schnittpunkte.

Abb. 55 zeigt die senkrecht stehenden Außenflächen des Würfels von Abb. 54 D (allerdings in Sättigungsstufen gegliedert). Abbildung 56 zeigt links die Grundfläche und rechts die Oberfläche.

Es ist bereits bekannt, daß die Durchdringungsrichtung von Gelb in diesem geometrischen Körper senkrecht verläuft. Das heißt, daß auf der Oberfläche in jedem Farbton Gelb in voller Sättigung vorhanden ist. Auf der Grundfläche ist in keinem Farbton Gelb vorhanden. Waagerechte Schnitte, die nun durch diesen Würfel ausgeführt werden, ergeben Flächen gleicher Sättigung im Gelb. Je näher eine waagerechte Schnittfläche der Grundfläche kommt, desto geringer ist der Farbanteil des Gelb an jeder Farbnuance auf dieser Schnittfläche. Die Abb. 57 und 58 zeigen die acht Schnittflächen, die zwischen der Grundfläche (Abb. 56 A) und der Oberfläche (Abb. 56 B) liegen.

Die zehn Ebenen der Abbildungen 56, 57 und 58 sind die zehn Schnittflächen der subtraktiven Grundfarbe Gelb. Analog verhält es sich mit den zehn Schnittflächen der subtraktiven Grundfarben Cyanblau und Magentarot.

Der Abstand eines beliebigen Farbenpunktes zu den drei entsprechenden Außenflächen, die in diesem System die Bezugsebenen sind, definiert seine Lage im kontinuierlichen Farbenkörper genau. Gleichzeitig ist aber auch das Mischungsverhältnis dieses Farbenpunktes definiert, denn der Abstand zu der betreffenden Bezugsebene entspricht dem Sättigungsanteil der entsprechenden Grundfarbe.

Die drei Bezugsebenen für die verwendeten subtraktiven Grundfarben sind jene drei Flächen, die sich an der Weißecke treffen.

Ein Farbpunkt zum Beispiel, der sich in einem Abstand von 33% (des Gesamtabstandes der entsprechenden beiden Außenflächen) zur Bezugsfläche befindet, hat einen Sättigungswert von 33% für diese bestimmte Grundfarbe.

Demnach hat ein bestimmter Farbpunkt, der einen Abstand von 33% zu allen drei Bezugsflächen hat, einen Sättigungsanteil von 33% an jeder dieser Farben.

Dabei darf natürlich nicht übersehen werden, daß es unzulässig ist, nach diesen Regeln mit irgendwelchen Farbpasten praktische Versuche nachzumischen. Man kann die Farben nicht einfach in einem Topf zusammenmischen und das Produkt dann auf Papier auftragen. Die subtraktiven Mischgesetze gelten nur, wenn lasierende Farbschichten übereinander kommen. Mischt man Farbpasten oder Farbstoffe direkt zusammen, gelten die Gesetze der integrierten Mischung.

Der Farbwürfel in Abb. 59 steht auf seiner schwarzen Spitze. Die weiße Spitze zeigt dabei nach oben. Beim genauen Studium dieser Darstellung fällt auf, daß wir eine ganz ähnliche Darstellung schon in Abb. 33 A gesehen haben. Die Farben sind im Prinzip nach dem gleichen System hier wie dort geordnet.

## Das Zahlensystem Hickethier

Es war Alfred Hickethiers Idee, Farbnuancen mit Kennzahlen zu bezeichnen. Er schlug vor, den Sättigungsverlauf einer Grundfarbe in zehn Sättigungsstufen einzuteilen und diese mit den Ziffern 0 bis 9 zu kennzeichnen. In Abb. 49 haben wir das bereits praktiziert.

Die tausend Schnittpunkte, die im Farbenraum eines Würfeln entstehen, wenn die Durchdringungsrichtung jeder Grundfarbe in zehn Sättigungsebenen eingeteilt wird, lassen sich nun sehr elegant mit dreistelligen Zahlen kennzeichnen. Zwischen der Zahl 000 und 999 stehen also 1000 Zahlenbezeichnungen zur Verfügung.

Hickethier hat dieses System »Zahlenordnung« genannt. Die einzelnen Ziffern einer Zahl geben nämlich den Farbanteil einer der drei Ausgangsfarben an der entsprechenden Farbmischung an. Grundsätzlich sei betont, daß es sich bei diesem Zahlensystem um ein subjektives System handelt. Es bezieht sich nämlich auf die drei ganz bestimmten vorhandenen Ausgangsfarben, die in einem speziellen Fall verwendet werden. Da diese Ausgangsfarben ganz unterschiedliche Remissionseigenschaften besitzen können, können natürlich bei gleichem Mischverhältnis aber anderen Ausgangsfarben auch andere Mischergebnisse entstehen.

Trotzdem ist dieses System hervorragend geeignet, um dem Lernenden die Zusammenhänge begreiflich zu machen.

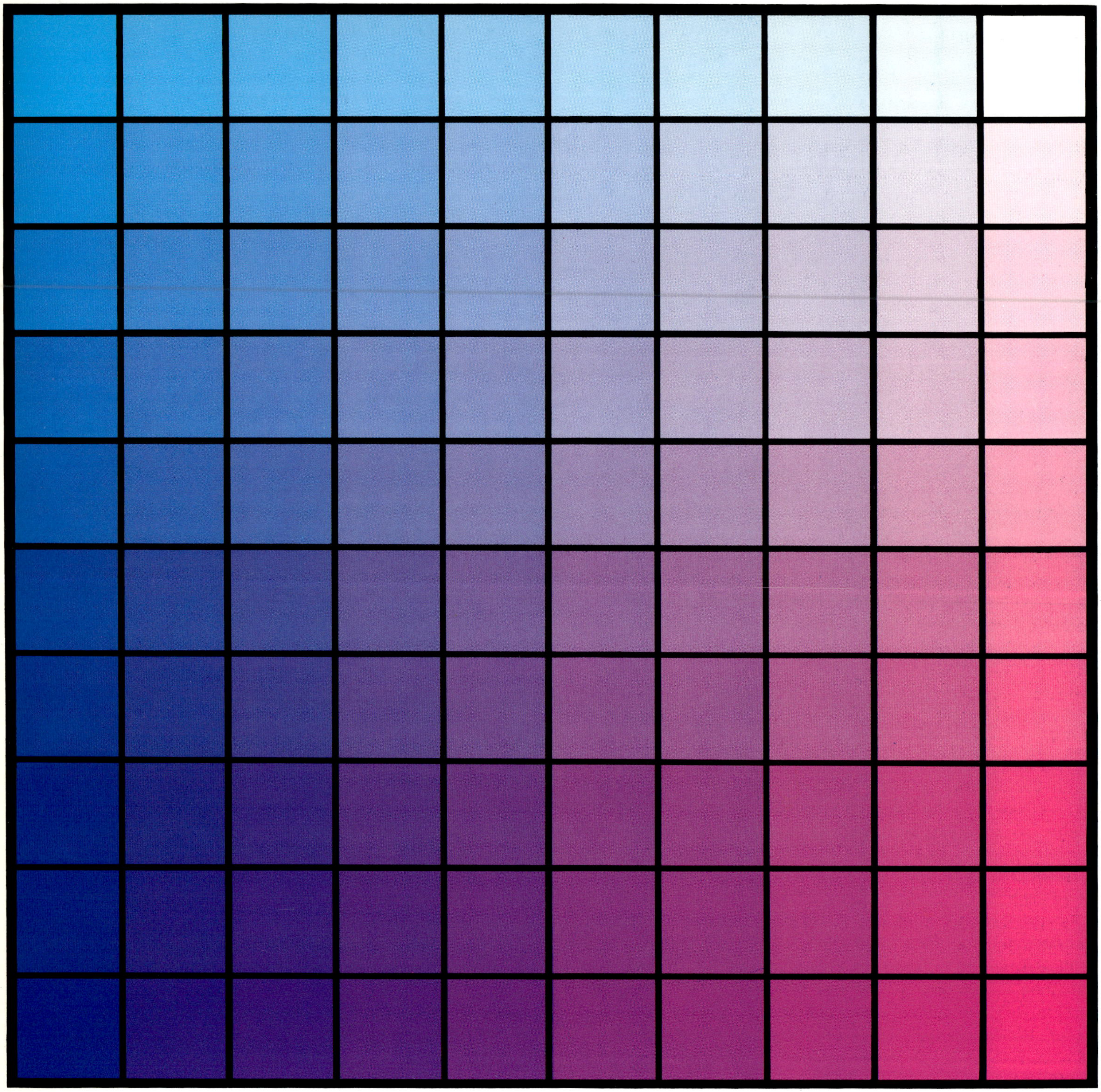

Abb. 53 Die Anordnung der Farbnuancen ist im Prinzip die gleiche wie in Abb. 52. Jedoch wurden die Flächenverläufe in 10 Stufen aufgegliedert. So entstehen 100 Mischfarben aus Cyanblau und Magentarot.

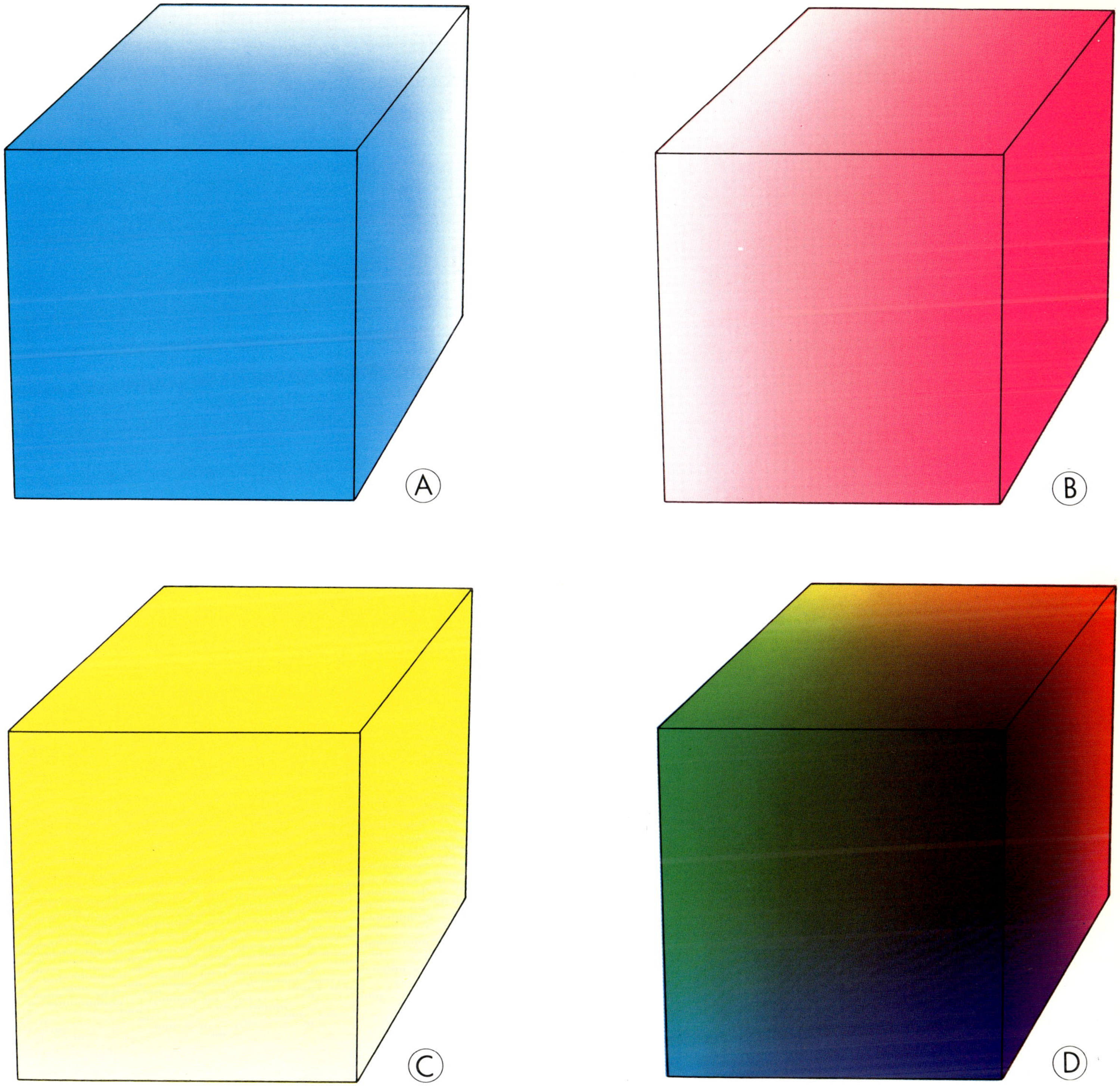


Abb. 54 Wie man zur Darstellung von Mischmöglichkeiten aus zwei subtraktiven Grundfarben eine Fläche benötigt, so benötigt man zur Darstellung der Mischmöglichkeiten von drei subtraktiven Grundfarben einen geometrischen Körper. Ausgehend von dem Quadrat Abb. 53 bietet sich der Würfel an. In (A), (B) und (C) sind die drei Durchdringungsrichtungen der subtraktiven Grundfarben einzeln gezeigt, in (D) zusammen.

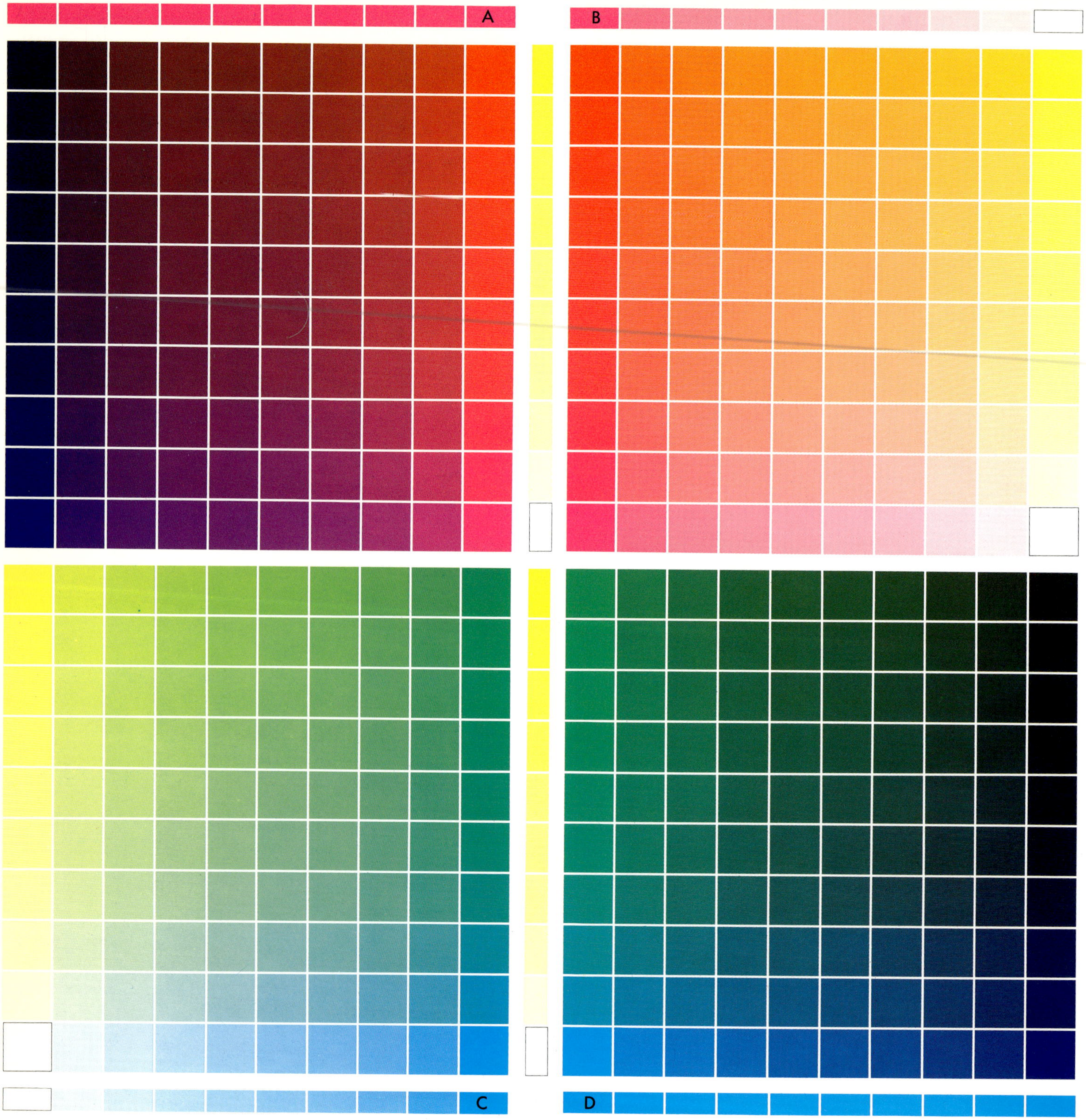
A
B
C
D

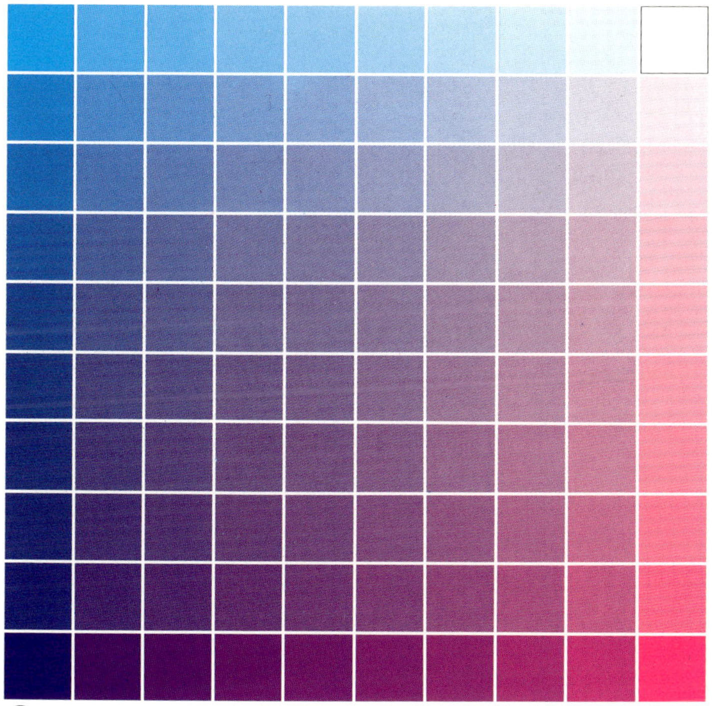

Ⓐ

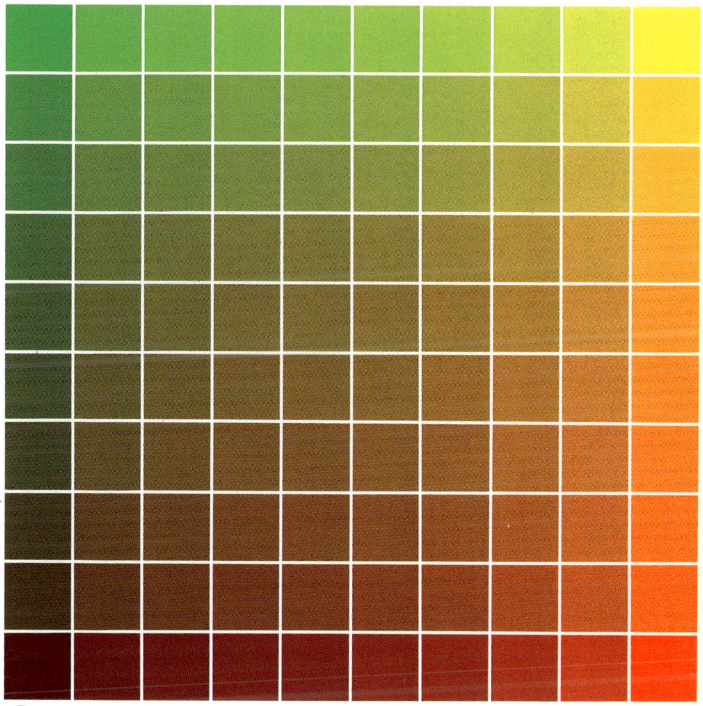

Ⓑ

◁ Abb. 55 Steht der Würfel auf der Grundfläche von Abb. 53, in welcher nirgendwo Gelbanteile vorhanden sind, dann steigt der Sättigungswert von der Grundfläche zur Oberfläche hin kontinuierlich an. Dies erkennt man an den hier dargestellten vier senkrecht stehenden Außenflächen, in denen von der Unterkante zur Oberkante hin der Körperverlauf von Gelb zu erkennen ist. Die schmalen Streifen oben, unten und zwischen den Feldern geben Aufschluß über den Sättigungsverlauf.

△ Abb. 56 Zwischen der Grundfläche (A) des Würfels und seiner Oberfläche (B) vollzieht sich der Körperverlauf von Gelb. In keiner Mischung von (A) ist ein Anteil Gelb enthalten. Je näher ein Farbenpunkt in dem geometrischen Raum des Würfels an der Oberfläche liegt, desto größer wird sein Sättigungsanteil am Gelb. In der Oberfläche selbst ist Gelb an jeder Mischung mit optimaler Sättigung beteiligt.

(A)

(B)

(C)

(D)

Abb. 57 Ordnet man zwischen der Grundfläche und der Oberfläche des Würfels, die in Abb. 56 gezeigt sind, acht Sättigungsschnitte für die Grundfarbe Gelb an, so erhält man die Flächen (A), (B), (C) und (D). Ihr Sättigungswert für Gelb ist: A = 11,11%, B = 22,22%, C = 33,33% und D = 44,44%.

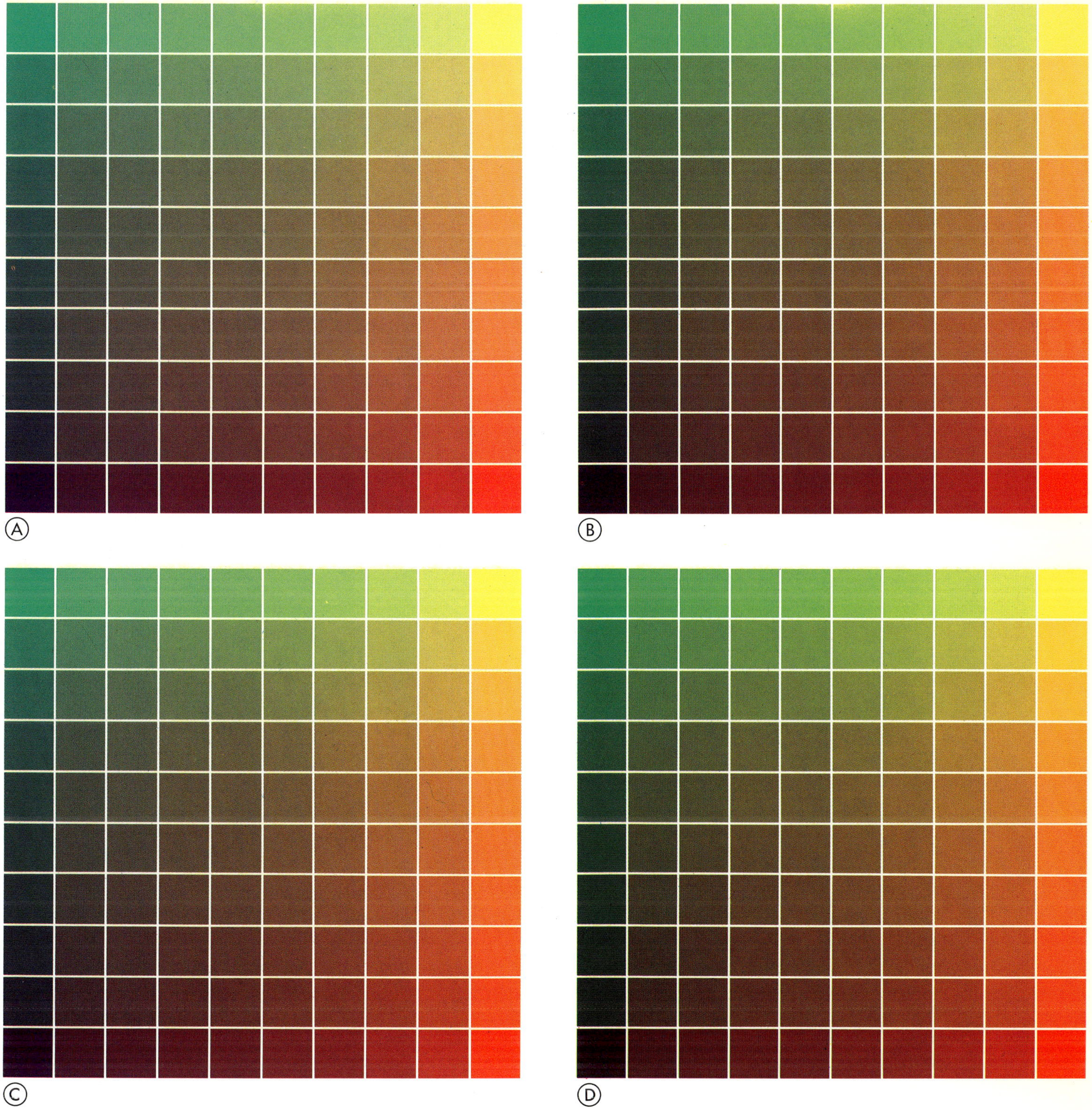


Abb. 58 Dies sind die vier weiteren Sättigungsschnitte für Gelb im Würfel mit den Sättigungswerten: A = 55,55%, B = 66,66%, C = 77,77% und D = 88,88%.

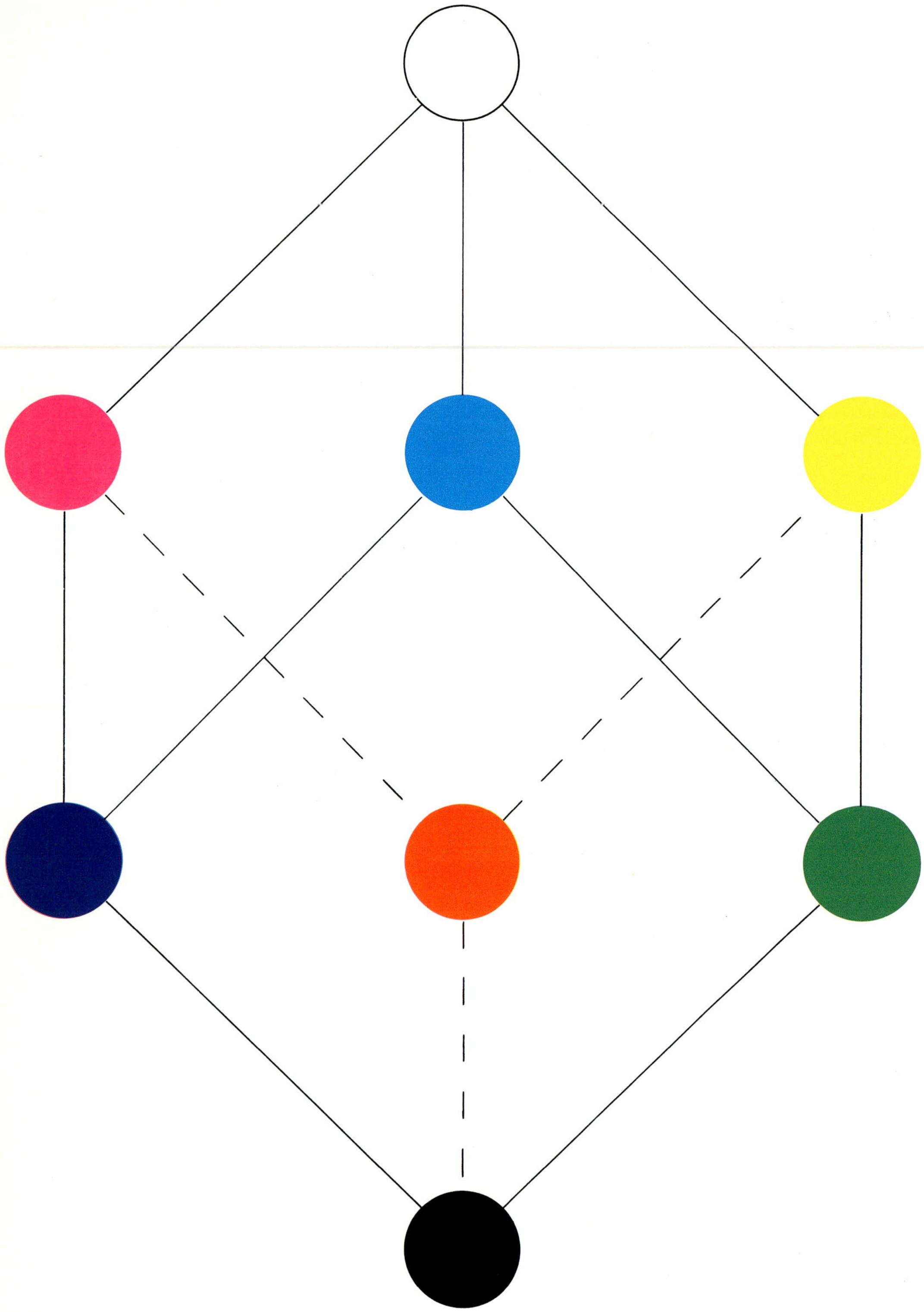

Abb. 59 Stellt man den Farbenwürfel auf seine schwarze Spitze, so läuft die Grauachse senkrecht nach oben bis zum Weißpunkt. Je näher ein Farbenpunkt in diesem Farbenraum am Weiß liegt, desto heller muß er sein. Die Ein-Drittel-Farben Violettblau, Orangerot und Grün liegen näher beim Schwarz, die Zwei-Drittel-Farben Magentarot, Cyanblau und Gelb liegen näher beim Weiß.

Der Farbenwürfel zeigt sämtliche Mischmöglichkeiten, die aus drei Ausgangsfarben überhaupt denkbar sind. Da bei der technischen Anwendung der subtraktiven Farbmischung (Farbfotografie, Mehrfarbendruck) drei Komponenten im Spiele sind, ist es möglich, mit einer dreistelligen Zahl die Farbanteile für jede Ausgangsfarbe anzugeben.

In Abb. 60 sind im oberen Teil die Stufenkeile für die drei subtraktiven Grundfarben mit den entsprechenden Kennzahlen zu sehen. Die erste Ziffer bezeichnet den Farbanteil Gelb, die zweite den Farbanteil Magentarot und die dritte den Farbanteil Cyanblau. Bekanntlich bedeutet die Sättigungsstufe 5 vom Gelb, die die Kennzahl 500 (also 0 Sättigungsanteile Magentarot und 0 Sättigungsanteile Cyanblau) besitzt, nicht etwa 50 % Sättigung sondern 55,55 %. Dasselbe gilt natürlich auch für alle anderen Stufen. Die Sättigungsstufe 090 bedeutet 99,99 % (was mit 100 % gleichgesetzt werden darf) Sättigungsanteil von Magentarot.

Aus jeder Farbenkennzahl läßt sich leicht die Zusammensetzung ablesen. Im unteren Teil der Abb. 60 sind drei beliebige Farbnuancen ausgewählt, unter denen die dazugehörige Kennzahl steht. Rechts neben jeder Farbnuance ist dargestellt, aus welchen einzelnen Sättigungsstufen Gelb, Magentrarot und Cyanblau diese Farbnuance zusammengesetzt ist. Zum besseren Verständnis ist unter jeder Kreisfläche die dazugehörige Kennzahl angegeben. Die Sättigungsanteile lassen sich mathematisch zusammenrechnen:

$$\begin{array}{r} 700 \\ +\ 060 \\ +\ 002 \\ \hline =\ 762 \end{array}$$

In diesem System bedeutet 000, daß von keiner der drei subtraktiven Grundfarben irgendwelche Sättigungsanteile vorhanden sind. Das weiße Papier hat an dieser Stelle keinerlei Farbauftrag erfahren. 999 kennzeichnet das Vorhandensein aller drei Grundfarben in voller Sättigung, also Schwarz. Eine Zahl, die drei gleiche Ziffern hat, bedeutet immer eine unbunte Nuance. Das setzt natürlich voraus, daß die Ausgangsfarben subtraktive Grundfarben sind, welche die Graubedingungen erfüllen, d. h. daß sie zu gleichen Teilen zusammengemischt immer Grau ergeben. Dann ist zum Beispiel die Zahl 333 ein helles Grau und die Zahl 666 ein dunkles Grau.

Eine Zahl, in der eine 0 vorhanden ist, ist immer eine reine Mischung aus zwei Grundfarben. Eine solche Zahl, in der zwei Nullen enthalten sind, ist immer eine bestimmte Sättigungsstufe nur einer einzigen reinen Grundfarbe.

Im Kapitel »Komplementärfarben« wurde festgestellt, daß die maximale Komplementärfarbe einer bestimmten Farbnuance die Differenz zwischen ihr und Schwarz ist. Mit den Hickethierschen Zahlen wäre dies also die Differenz zwischen einer beliebigen Farbnuance, zum Beispiel 037 und 999:

$$\begin{array}{r} 999 \\ ./.\ 037 \\ \hline =\ 962 \end{array}$$

Die minimale Komplementärfarbe wird dagegen durch die Zahl dargestellt, die nötig ist, um alle Ziffern einer bestimmten Farbnuance auf den kleinstmöglichen gemeinsamen Wert zu bringen. Bei dem gleichen Beispiel der Kennzahl 037 ergibt sich folgende Rechnung:

$$\begin{array}{r} 037 \\ +\ 740 \\ \hline =\ 777 \end{array}$$

Bei der Farbnuance 037 hätte demnach die maximale Komplementärfarbe die Kennzahl 962 und die minimale 740. Der Bereich der zu der Ausgangsnuance 037 komplementären Ergänzungen liegt also auf der gradlinigen Verbindung der Farbpunkte 962 und 740 im Farbenraum.

Natürlich muß daran erinnert werden, daß die praktische Ermittlung der Komplementärfarbe auf diese Weise ungenau und fehlerhaft ist, da ja Fehlabsorption und Fehlremission der Ausgangsfarben unberücksichtigt bleiben. Immerhin gibt dieses Zahlensystem aber die Möglichkeit, sich eine ganze konkrete Vorstellung von den theoretischen Gegebenheiten zu machen.

Interessant ist es auch, irgendeinen beliebigen Farbton in Bezug auf seinen Unbuntfaktor zu untersuchen. Diesen könnte man auch Verschwärzlichung oder Trübung bzw. Brechung nennen. In einer bestimmten Kennzahl ist immer der größte gemeinsame Faktor der Grauwert der Mischung, sein Unbuntanteil. Eine Farbnuance 428 kann man zerlegen in einen Grauanteil und ein Farbanteil. Der größte gemeinsame Faktor ist 222. Zu diesem Grauwert kommt ein Farbanteil von 206 hinzu. Die Rechnung würde folgendermaßen aussehen:

$$\begin{array}{lr} \text{Grauwert} & 222 \\ \text{Farbwert} & 206 \\ \hline & 428 \end{array}$$

Die einzelnen Ziffern einer Kennzahl können je nachdem, wie dieses System subjektiv ausgeführt ist, Gewichtsanteil, Flächenanteil bei Aufrasterung (Rasterdruck) oder Absorptionsvermögen (Farbfotografie) bedeuten.

## Ostwalds Doppelkegel

Zu Anfang unseres Jahrhunderts wurde von Professor Wilhelm Ostwald ein Ordnungssystem für Farben geschaffen, das gegenüber den vorher bekannten eine wesentliche Verbesserung bedeutete [8]. Verschiedentlich ist es noch heute im Gebrauch.

Ausgangspunkt für Ostwalds Überlegungen war der Farbenkreis, wie er in Abb. 35 bereits gezeigt worden ist. In diesem Farbenkreis, so meinte er, seien alle monochromatischen Farben enthalten. Er nahm an, daß alle reinen Farben in optimaler Sättigung dort repräsentiert würden, wenn die Verbindung der beiden Spektrumsenden durch die magentaroten Farbtöne geschaffen sei.

Das Ostwaldsche System beruht nun darauf, daß jeder Farbton dieses Farbenkreises nach Weiß und nach Schwarz hin abgewandelt wird.

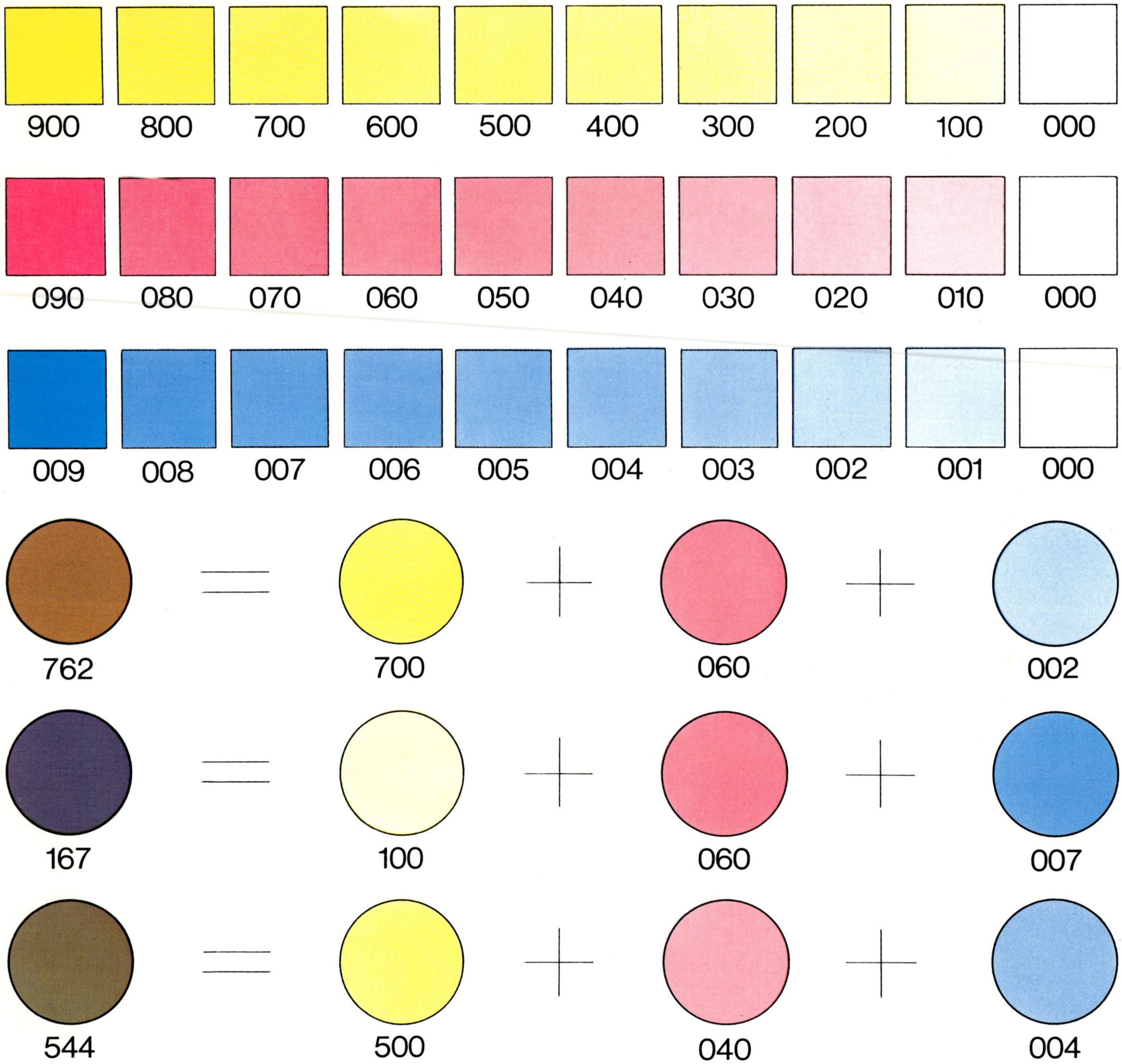


Abb. 60 Das Zahlensystem Hickethier ordnet den tausend Farbnuancen dreistellige Zahlen zu. Im oberen Teil der Abb. ist gezeigt, welche Kennzahlen die einzelnen Sättigungsstufen der Grundfarben erhalten. Darunter sind Beispiele von Mischungen gegeben, bei denen man die Sättigungswerte der einzelnen Grundfarben erkennen kann.

Abb. 61 Das System von Ostwald geht von den Farben des Farbenkreises aus. Jede einzelne der unendlich vielen Farben des Farbenkreises kann nach Schwarz und nach Weiß hin abgewandelt werden. Ein Dreieck, in dem eine dieser Farben sowie Schwarz und Weiß (an den drei Ecken) angeordnet sind, nennt Ostwald »Farbtongleiches Dreieck«.

Sämtliche Abwandlungsmöglichkeiten zwischen irgendeiner beliebigen Farbe und Weiß und Schwarz, lassen sich sinnvoll auf einem Dreieck anordnen. Abb. 61 zeigt ein solches »farbtongleiches Dreieck«, dessen drei Ecken von einem grünen Farbton, von Weiß und von Schwarz gebildet werden. Die gradlinige Verbindung zwischen den Ecken ist einmal die Abwandlungsmöglichkeit dieses Farbtons zu Weiß, zum zweiten die Abwandlungsmöglichkeit zu Schwarz und zum dritten die Grauachse, nämlich die Verbindung zwischen Weiß und Schwarz.

Wenn man sich vorstellt, daß dieses farbtongleiche Dreieck eine Pappscheibe ist, die man senkrecht auf den Schwarzpunkt hinstellt, wie das in Abb. 61 gezeigt ist, dann ergibt sich durch eine Drehbewegung um die Schwarz-Weiß-Achse die Form des Doppelkegels in Abb. 62. Der Doppelkegel ist also ein Farbenkörper für unendlich viele farbtongleiche Dreiecke. Denn jede einzelne der unendlich vielen Farbnuancen auf dem Farbenkreis hat theoretisch ihr eigenes farbtongleiches Dreieck.

Da es aber, wegen der Unfähigkeit des menschlichen Auges geringe Tonwertunterschiede zu registrieren, keinen Sinn hat, mit unendlich vielen Farbnuancen zu operieren, hat Ostwald seinen Doppelkegel in 24 farbtongleiche Dreiecke zerschnitten. Dabei entspricht jeweils die gesättigte Farbe einem Farbton auf dem 24teiligen Farbenkreis der Abb. 35.

In der Tat kann man sich vorstellen, daß man eine große Zahl von Farbnuancen ausmischen kann, wenn man zusätzlich zu einem Topf mit einer bestimmten bunten Farbe einen Topf mit Schwarz und einen Topf mit Weiß hat. So muß man sich die Entstehung eines farbtongleichen Dreiecks denken. Die reine gesättigte Farbe befindet sich auf der Spitze links im Bild 61. Das nächste Feld in Richtung auf Weiß zu ist mit einem bestimmten Anteil Weiß vermischt, das folgende mit einem entsprechend größeren. Der reine Farbton wird heller und heller, bis auf der oberen Spitze des Dreiecks nur noch Papierweiß da ist.

Analog verhält es sich bei der Unterkante des Dreiecks. Der Anteil Schwarz vergrößert sich, je näher eine Farbnuance bei Schwarz liegt.

Die Verbindung zwischen Schwarz und Weiß, nämlich die senkrecht stehende Kante des Dreiecks, zeigte reine Grauabstufungen.

Sämtliche Farbnuancen dieses Dreiecks sind systematisch angeordnet. Auf senkrechten Linien, die parallel zur Grauachse verlaufen, liegen immer Farben, die einen gleichen Sättigungsanteil an der bunten Ausgangsfarbe haben.

Auf den Linien, die parallel zur Kante Farbton-Schwarz laufen, liegen alle Farbnuancen mit gleichem »Weißanteil«. Auf den Linien, die parallel zur Kante Farbton-Weiß verlaufen, liegen alle Farbnuancen mit gleichem »Schwarzanteil«.

Ostwald hat dieses System weit ausgebaut und in seinem Farbenatlas praktisch nutzbar gemacht. Es gibt in Amerika eine Firma, die den Ostwaldschen Farbenatlas herstellt und vertreibt. Abb. 63 zeigt diesen Farbenatlas so aufgeschlagen, daß zwei komplementäre farbtongleiche Dreiecke zu sehen sind [9]. Das würde einem senkrechten Schnitt durch den Farbenkörper entsprechen, der durch die Grauachse geführt wird.

In diesem Farbenatlas sind alle Farbnuancen in Form von eingesteckten Täfelchen vorhanden, die herausgenommen und für den praktischen Vergleich verwendet werden können. Sie lassen sich natürlich auch dazu verwenden, Farbzusammenstellungen zu machen, um festzustellen, ob Farben harmonieren oder nicht.

Der Atlas ist so konstruiert, daß man beliebige farbtongleiche Dreiecke nebeneinander betrachten kann.

Ostwald hat für seinen Farbenkorper ein Benennungssystem erarbeitet, das jede einzelne Farbnuance bezeichnet. Jedes Täfelchen besitzt eine Zahl und zwei Buchstaben. Dabei bezeichnet die Zahl den Farbton auf dem 24teiligen Farbkreis. Der erste Buchstabe meint die Verweißlichung, also den Weißanteil (Ostwald sagt »Sättigung« dazu). Der zweite gibt die Verschwärzlichung, also den Schwarzanteil an (Ostwald sagt dazu »Helligkeit«). Dabei bedeutet a immer die hellste Variante, so daß mit fortlaufendem Alphabet sowohl die Sättigung als auch die Verschwärzlichung zunimmt.

So ist zum Beispiel der Farbton 13 ic auf dem farbtongleichen Dreieck 13 zu suchen und liegt im Schnittpunkt der »Sättigungslinie« i und der »Helligkeitslinie« c.

Ostwald hatte die Vorstellung, daß es möglich sei, mit Hilfe eines bestimmten, von ihm erarbeiteten Schemas, in seiner Farbenordnung automatisch Farbnuancen aufzufinden, die miteinander optimal harmonieren. Dieses System ist allerdings von Künstlern heftig angegriffen worden. Seine Gedanken wurden aber weiterentwickelt. Dem Farbenatlas, der in Abb. 63 gezeigt wird, liegt ein Schema bei, nach dem man, wie dort versprochen wird, systematisch Farbharmonien auffinden kann.

## Das IBK-System

Für die Wissenschaft große Bedeutung erlangte ein System, das von der internationalen Beleuchtungs-Kommission (IBK) im Jahre 1931 empfohlen wurde. Es ist auch bekannt geworden unter den Bezeichnungen »Normvalenz-System« und »CIE-System« (Commission Internationale de l'Eclairage) [10].

Die Wissenschaft mußte auf ein System zurückgreifen können, das mathematisch exakt funktionierte und mit dessen Hilfe sich alle Farberscheinungen rechnerisch erfassen ließen. Diese Forderungen erfüllte das IBK-System. Der Laie wird jedoch die Zusammenhänge kaum verstehen können, da dieses System wenig anschaulich und dazu mathematisch recht kompliziert ist.

Ausgegangen wird von der additiven Farbmischung. Die additiven Grundfarben werden allerdings nicht durch Spektralbereiche sondern durch monochromatische Strahlungen, die man »Primärvalenzen« oder »Normvalenzen« nennt, repräsentiert. Es handelt sich dabei um folgende Wellenlängen:

Additive Grundfarbe Violettblau = 435,8 nm
Additive Grundfarbe Grün = 546,1 nm
Additive Grundfarbe Orangerot = 700,0 nm

Abb. 64 zeigt ein Schema des IBK-Systems. Der Schwarzpunkt befindet sich unten. Er ist der Nullpunkt, der Ausgangspunkt. Die Primärvalenzen nehmen von hier aus in ihrer Sättigung mehr und mehr zu, bis sie auf der Begrenzungsfläche des

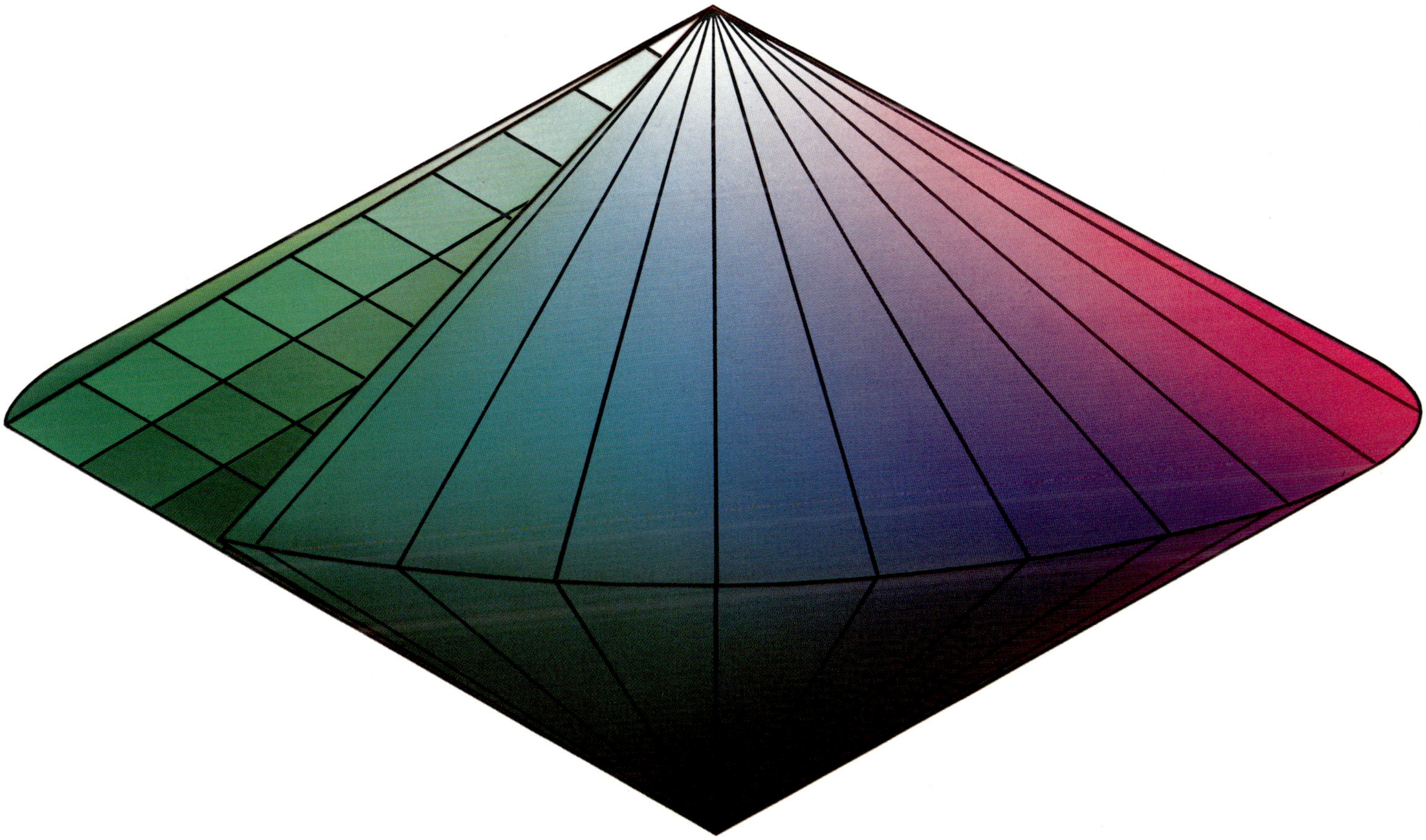

Abb. 62 Dreht man ein farbtongleiches Dreieck um die Grauachse, so ergibt sich die Form von Ostwalds Doppelkegel. Auf dem Mantel, nämlich der Verbindung zwischen den Farben des Farbenkreises und den Spitzen Schwarz und Weiß, sind alle reinen Farben angeordnet. Die im Innern des Körpers liegenden Farbenpunkte nennt er »getrübt«.

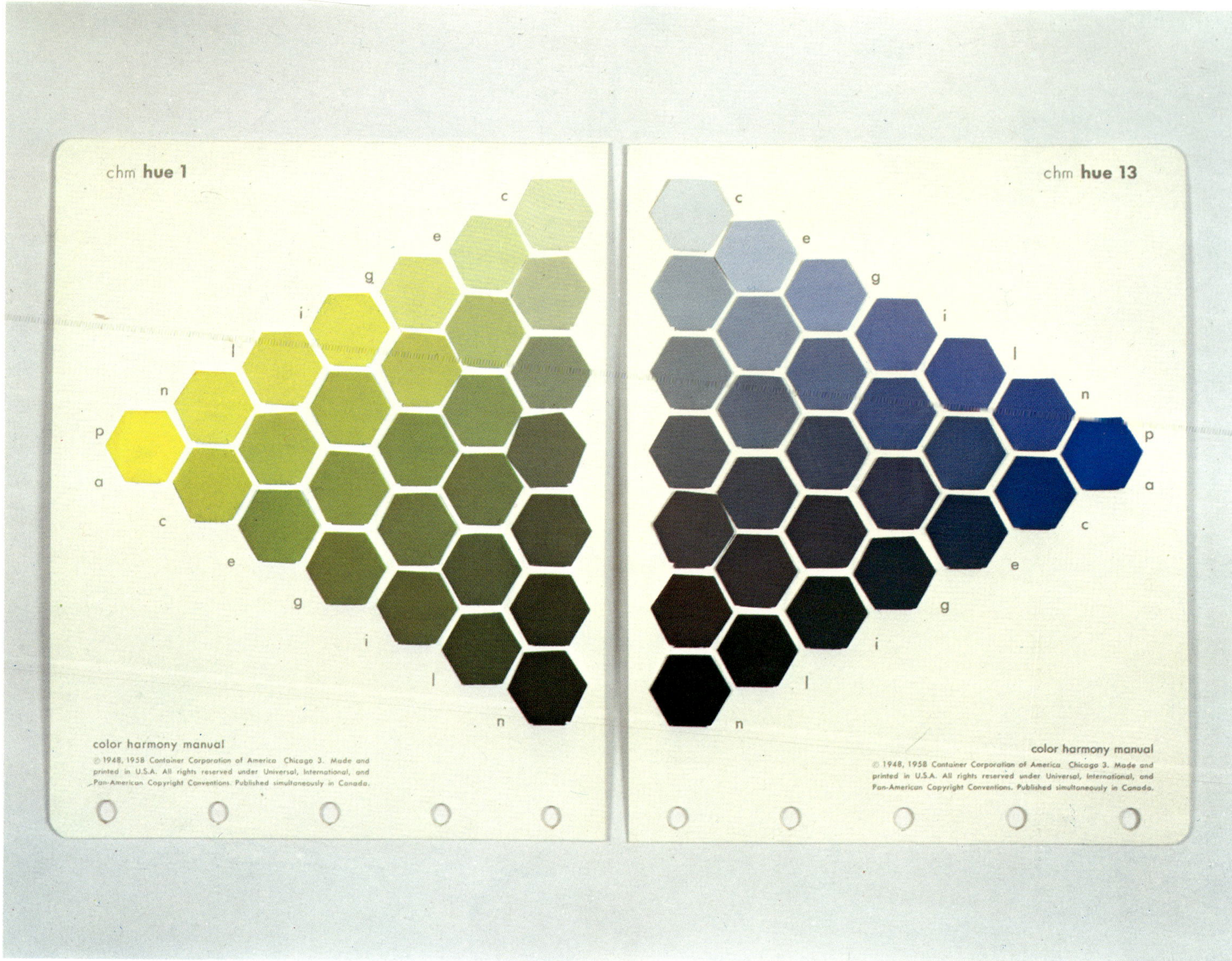


Abb. 63 Zwei Seiten aus einem Farbenatlas nach Ostwald [9]. Die farbtongleichen Dreiecke können wahlweise nebeneinander betrachtet werden. Die einzelnen Farbnuancen sind eingesteckte Kunststofftäfelchen.

Systems die volle Farbsättigung erreichen. Diese Begrenzungsfläche nennt man auch »Spektralfarbenzug«. Sie ist in Abb. 65 noch einmal gezeigt.

Auf der Randlinie des Spektralfarbenzuges befinden sich alle monochromatischen Farben in voller Sättigung. Die Anordnung entspricht derjenigen des Spektrums. Violettblau und Orangerot, die kurzwelligsten und die langwelligsten sichtbaren Strahlungen also, sind durch die sogenannte »Purpurgerade« miteinander verbunden. Auf dieser Geraden liegen alle Farbtöne des magentaroten Bereiches.

Den Farbort für jede monochromatische Spektralfarbe auf diesem Spektralfarbenzug (Abb. 65) findet man auf der Grundlage:

$$\text{Orangerot} + \text{Grün} + \text{Violettblau} = 1.$$

Folglich muß jede einzelne Farbe einen geringeren Wert als 1 haben, da ja 1 die Summe aller drei Primärvalenzen ist. Gleichzeitig bedeutet 1 weißes Licht.

Der genaue Ort auf dem Spektralfarbenzug liegt mit der mathematischen Bestimmung der Größen X, Y und Z für die drei Primärvalenzen fest. Dabei genügt es natürlich, in das Koordinatensystem nur zwei dieser Größen einzuordnen, da sich die dritte jeweils als Differenz der beiden vorhandenen zu 1 ergibt [11].

Mit den drei Primärvalenzen kann man zwar jeden Farbton durch Angabe eines entsprechenden Mischungsverhältnisses dieser drei Ausgangsfarben darstellen. Es gelingt aber nicht, jeden Farbton in voller Sättigung zu erzielen. Das liegt daran, daß eine Farbnuance, die aus zwei Primärvalenzen durch Mischung erzielt werden kann, immer auf der Geraden zwischen diesen beiden Punkten liegen muß. Der Spektralfarbenzug zeigt aber eine Krümmung. Hieraus ergibt sich, daß monochromatische Spektralfarben gesättigter sein können als die Mischung aus den jeweiligen Primärvalenzen. Im übrigen geht aus Abb. 64 hervor, daß durch die Wahl der monochromatischen Farbe 546,1 für Grün ein wesentlicher Teil des Farbenraumes im grünen Bereich gar nicht erfaßt werden kann.

Mathematisch schwierig würde die Sache dadurch, daß man jene Farben außerhalb der gradlinigen Verbindungen zwischen den drei Punkten der Primärvalenzen, die sich auf dem Spektralfarbenzug befinden, mathematisch mit negativen Werten erfassen müßte. Betroffen wären Teile des Cyanblau-, des Grün-, des Magentarot- und des Violettblau-Bereiches.

Um nun das mathematische Arbeiten zu erleichtern und um das Rechnen mit negativen Werten zu umgehen, hat man ein Bezugssystem geschaffen, bei dem zwischen den Bezugsgrößen X, Y und Z ein Farbenraum aufgespart wird. Man erkennt auf Abb. 64, daß auf diese Weise sämtliche Farben des eigentlichen Farbenkörpers, nämlich des unregelmäßigen Kegels, innerhalb dieses Farbenraumes Platz finden. Dabei ist X die Bezugsgröße für den Sättigungsanteil der Primärvalenz 700 nm (Orangerot), Y diejenige für 546,1 nm (Grün) und Z diejenige für 435,8 nm (Violettblau).

Durch dieses außerhalb liegende Bezugssystem ist es möglich, jeden Punkt im unregelmäßig geformten Farbenraum durch positive Werte von X, Y und Z zubestimmen.

Es sei nun noch einmal die Begrenzungsebene des Farbenraumes, der Spektralfarbenzug von Abb. 65, einer genauen Betrachtung unterzogen. Zunächst einmal ist wichtig, daß der Weißpunkt im mittleren Bereich der Fläche liegt. Je nachdem auf welche Lichtart sich die Berechnungen beziehen, verschiebt sich natürlich auch die Lage des Weißpunktes in eine entsprechende Richtung, denn die verschiedenen Lichtarten unterscheiden sich ja durch ihre spektrale Zusammensetzung voneinander. Daher ist dieses System für den Vergleich verschiedener Lichtarten gut geeignet.

Die Unbuntachse (Grauachse) ist die gradlinige Verbindung zwischen dem Weißpunkt und dem Schwarzpunkt (Abb. 64). Der Mantel des unregelmäßigen Kegels zeigt alle reinen Spektralfarben in steigender Sättigung. Der Rand des Spektralfarbenzuges stellt die monochromatischen Spektralfarben in optimaler Sättigung dar. Vom Rand aus zur Mitte des Spektralfarbenzuges erscheinen die Farben verweißlicht, bis sie schließlich in unbuntes Weiß verlaufen.

## DIN 6164

Das System DIN 6164 ist von Prof. Dr. Manfred Richter, Berlin, entwickelt worden. In Zusammenarbeit zwischen der Bundesanstalt für Materialprüfung und dem Fachnormenausschuß Farbe ist durch seine Initiative die DIN-Farbkarte DIN 6164 entstanden [12].

Das Ziel von Prof. Dr. Richter war es, einen Farbenkörper zu schaffen, in dem die Farbnuancen empfindungsmäßig gleiche Abstände aufweisen. Sein Farbenkörper ist in Abb. 67 G zu sehen.

Dieser Richtersche Farbenkörper wird durch 12 vertikale Schnitte in ganz ähnlicher Weise aufgeteilt, wie dies beim Doppelkegel von Prof. Ostwald beschrieben worden ist. Diese Schnitte durch die Grauachse werden also ebenfalls entsprechend dem 24teiligen Farbenkreis ausgeführt. Die Abwandlungsmöglichkeiten des einzelnen Farbtones sind auf 24 »Beiblättern« ausgearbeitet. Ein 25. Beiblatt zeigt die Grauachse.

Das Beiblatt Nr. 3, das alle Abwandlungsmöglichkeiten des Farbtons 3 des 24teiligen Farbenkreises zeigt, ist in Abb. 66 reproduziert.

Sämtliche ausgemischten Farbnuancen der einzelnen Beiblätter sind in Form von Einsteckkärtchen vorhanden. Sie können herausgenommen werden, wenn es darum geht, Farbnuancen zu vergleichen oder zusammenzustellen. In der obersten Reihe sieht man jeweils rechts auf den einzelnen Beiblättern den reinen Farbton in seiner vollen Sättigung. Nach links zu nimmt die Sättigung fortlaufend ab, bis ganz links der hellste reine Farbton erreicht ist. Die vertikalen Spalten sind mit S = 7 bis S = 1 überschrieben, so daß alle Farbnuancen mit gleicher »Farbsättigung« untereinander stehen.

Die waagerechten Spalten zeigen die Dunkelstufe. Dabei bedeutet D = 8 Dunkelstufe 8 beziehungsweise Schwarz. D = 1 ist die hellste Dunkelstufe in diesem System. Alle waagerecht nebeneinanderstehenden Farbnuancen haben demnach die gleiche Verschwärzlichung beziehungsweise den gleichen Schwarzanteil (Helligkeit).

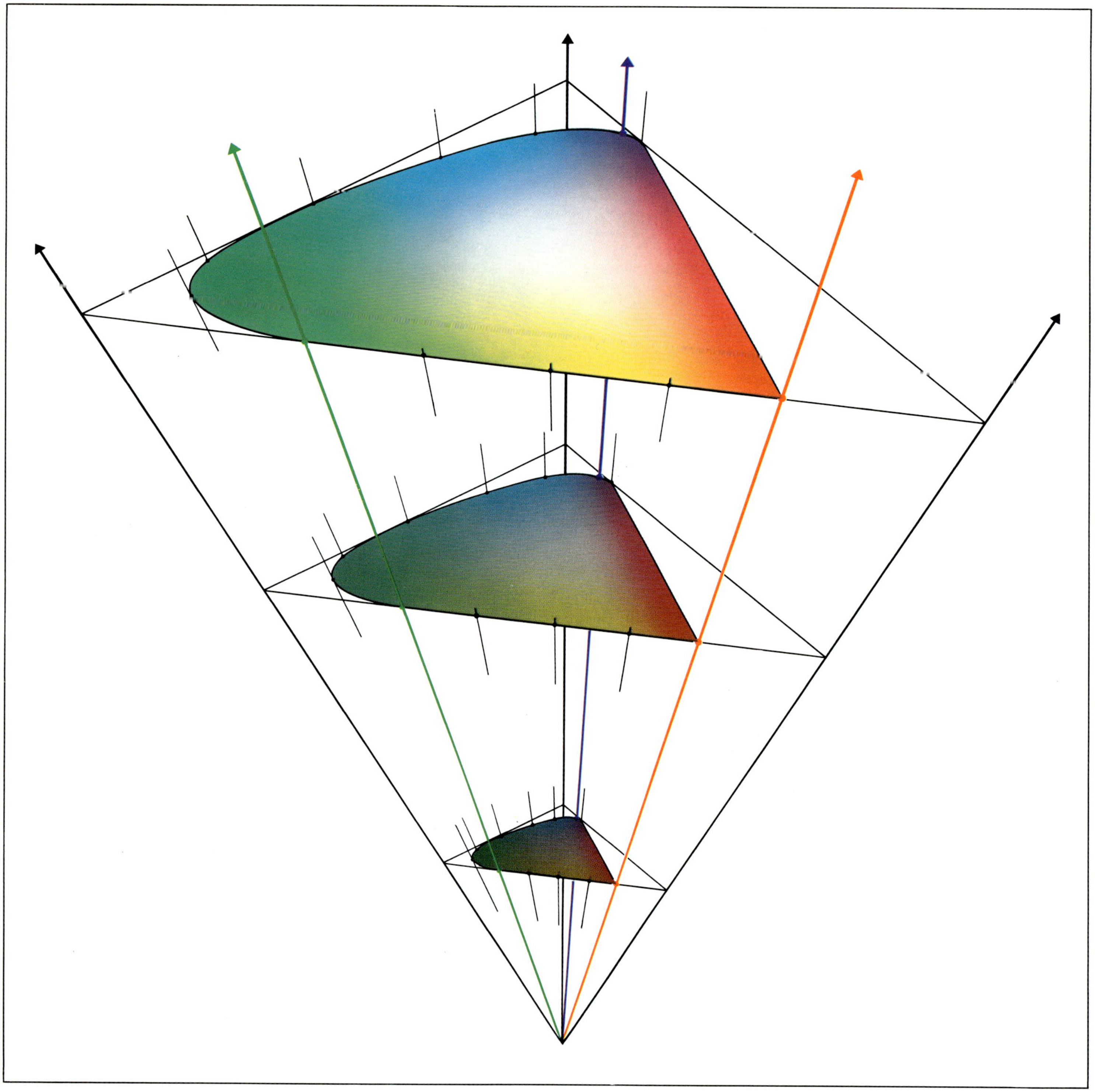

Abb. 64 Darstellung des IBK-Systems (auch CIE-System genannt). Man erkennt die Primärvalenzen Orangerot, Grün und Violettblau. Da es aber nicht möglich ist, mit ihnen den gesamten Farbenraum zu erfassen, arbeitet man mit den mathematischen Primärvalenzen x, y und z, die durch die schwarzen Pfeile dargestellt sind. Vom spektralen Farbenzug der Oberfläche dieses Systems aus werden die Farben dunkler und dunkler, je mehr sie sich dem Schwarzpunkt an der unteren Spitze des Systems nähern.

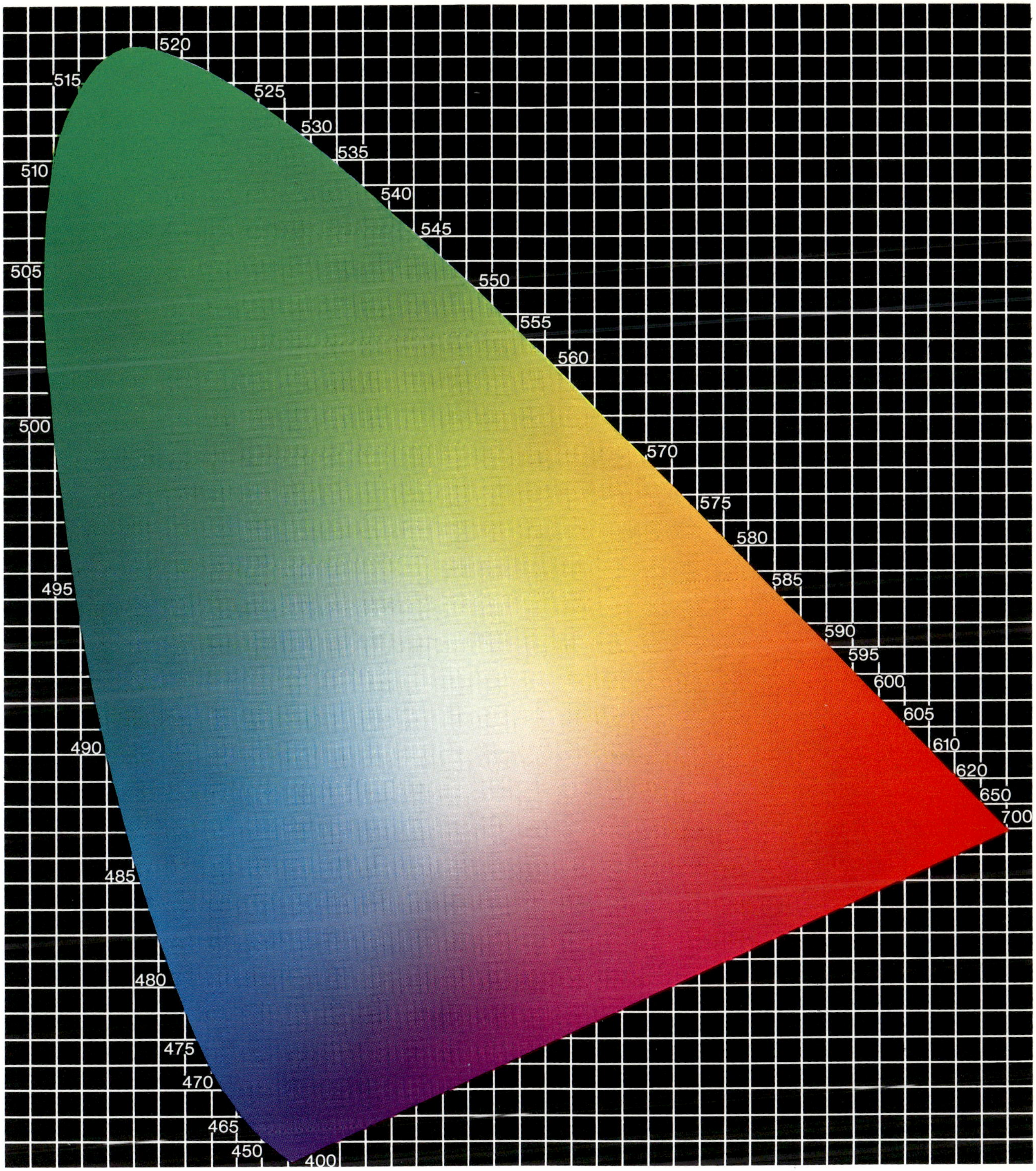


Abb. 65 Dieser »Spektrale Farbenzug« ist die Oberfläche des in Abb. 64 gezeigten IBK-Systems. Die monochromatischen Farben, deren Wellenlängen in der Abb. angegeben sind, verlaufen in einem Kurvenzug von Violettblau nach Orangerot. Die gradlinige Verbindung dieser beiden Punkte nennt man »Purpurgerade«. Die Lage des Weißpunktes in diesem System ändert sich je nach Lichtart.

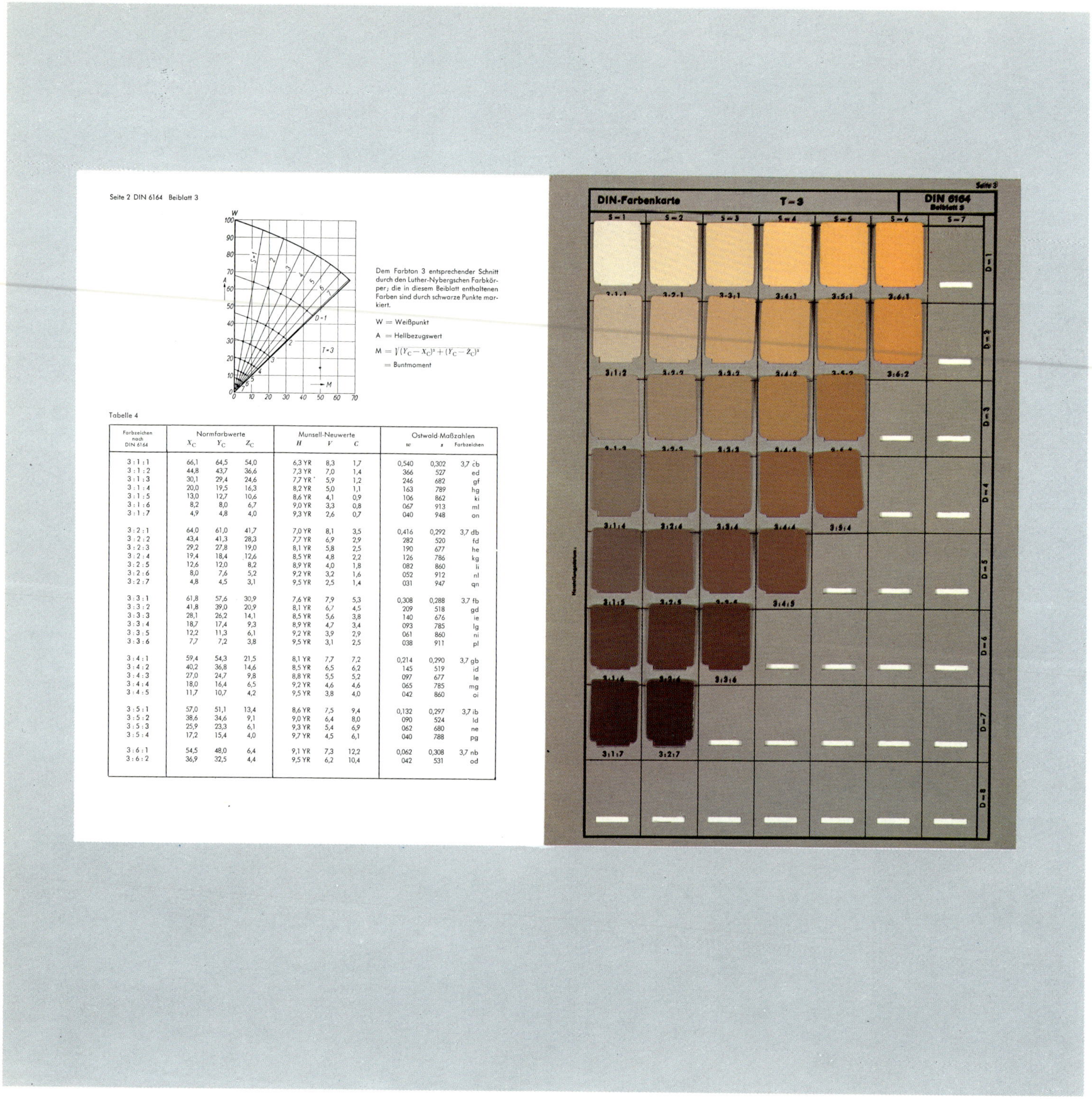

Seite 2 DIN 6164 Beiblatt 3

Dem Farbton 3 entsprechender Schnitt durch den Luther-Nybergschen Farbkörper; die in diesem Beiblatt enthaltenen Farben sind durch schwarze Punkte markiert.

W = Weißpunkt

A = Hellbezugswert

$M = \sqrt{(Y_C - X_C)^2 + (Y_C - Z_C)^2}$

= Buntmoment

Tabelle 4

| Farbzeichen nach DIN 6164 | Normfarbwerte $X_C$ | $Y_C$ | $Z_C$ | Munsell-Neuwerte $H$ | $V$ | $C$ | Ostwald-Maßzahlen $w$ | $s$ | Farbzeichen |
|---|---|---|---|---|---|---|---|---|---|
| 3 : 1 : 1 | 66,1 | 64,5 | 54,0 | 6,3 YR | 8,3 | 1,7 | 0,540 | 0,302 | 3,7 cb |
| 3 : 1 : 2 | 44,8 | 43,7 | 36,6 | 7,3 YR | 7,0 | 1,4 | 366 | 527 | ed |
| 3 : 1 : 3 | 30,1 | 29,4 | 24,6 | 7,7 YR | 5,9 | 1,2 | 246 | 682 | gf |
| 3 : 1 : 4 | 20,0 | 19,5 | 16,3 | 8,2 YR | 5,0 | 1,1 | 163 | 789 | hg |
| 3 : 1 : 5 | 13,0 | 12,7 | 10,6 | 8,6 YR | 4,1 | 0,9 | 106 | 862 | ki |
| 3 : 1 : 6 | 8,2 | 8,0 | 6,7 | 9,0 YR | 3,3 | 0,8 | 067 | 913 | ml |
| 3 : 1 : 7 | 4,9 | 4,8 | 4,0 | 9,3 YR | 2,6 | 0,7 | 040 | 948 | on |
| 3 : 2 : 1 | 64,0 | 61,0 | 41,7 | 7,0 YR | 8,1 | 3,5 | 0,416 | 0,292 | 3,7 db |
| 3 : 2 : 2 | 43,4 | 41,3 | 28,3 | 7,7 YR | 6,9 | 2,9 | 282 | 520 | fd |
| 3 : 2 : 3 | 29,2 | 27,8 | 19,0 | 8,1 YR | 5,8 | 2,5 | 190 | 677 | he |
| 3 : 2 : 4 | 19,4 | 18,4 | 12,6 | 8,5 YR | 4,8 | 2,2 | 126 | 786 | kg |
| 3 : 2 : 5 | 12,6 | 12,0 | 8,2 | 8,9 YR | 4,0 | 1,8 | 082 | 860 | li |
| 3 : 2 : 6 | 8,0 | 7,6 | 5,2 | 9,2 YR | 3,2 | 1,6 | 052 | 912 | nl |
| 3 : 2 : 7 | 4,8 | 4,5 | 3,1 | 9,5 YR | 2,5 | 1,4 | 031 | 947 | qn |
| 3 : 3 : 1 | 61,8 | 57,6 | 30,9 | 7,6 YR | 7,9 | 5,3 | 0,308 | 0,288 | 3,7 fb |
| 3 : 3 : 2 | 41,8 | 39,0 | 20,9 | 8,1 YR | 6,7 | 4,5 | 209 | 518 | gd |
| 3 : 3 : 3 | 28,1 | 26,2 | 14,1 | 8,5 YR | 5,6 | 3,8 | 140 | 676 | ie |
| 3 : 3 : 4 | 18,7 | 17,4 | 9,3 | 8,9 YR | 4,7 | 3,4 | 093 | 785 | lg |
| 3 : 3 : 5 | 12,2 | 11,3 | 6,1 | 9,2 YR | 3,9 | 2,9 | 061 | 860 | ni |
| 3 : 3 : 6 | 7,7 | 7,2 | 3,8 | 9,5 YR | 3,1 | 2,5 | 038 | 911 | pl |
| 3 : 4 : 1 | 59,4 | 54,3 | 21,5 | 8,1 YR | 7,7 | 7,2 | 0,214 | 0,290 | 3,7 gb |
| 3 : 4 : 2 | 40,2 | 36,8 | 14,6 | 8,5 YR | 6,5 | 6,2 | 145 | 519 | id |
| 3 : 4 : 3 | 27,0 | 24,7 | 9,8 | 8,8 YR | 5,5 | 5,2 | 097 | 677 | le |
| 3 : 4 : 4 | 18,0 | 16,4 | 6,5 | 9,2 YR | 4,6 | 4,6 | 065 | 785 | mg |
| 3 : 4 : 5 | 11,7 | 10,7 | 4,2 | 9,5 YR | 3,8 | 4,0 | 042 | 860 | oi |
| 3 : 5 : 1 | 57,0 | 51,1 | 13,4 | 8,6 YR | 7,5 | 9,4 | 0,132 | 0,297 | 3,7 ib |
| 3 : 5 : 2 | 38,6 | 34,6 | 9,1 | 9,0 YR | 6,4 | 8,0 | 090 | 524 | ld |
| 3 : 5 : 3 | 25,9 | 23,3 | 6,1 | 9,3 YR | 5,4 | 6,9 | 062 | 680 | ne |
| 3 : 5 : 4 | 17,2 | 15,4 | 4,0 | 9,7 YR | 4,5 | 6,1 | 040 | 788 | pg |
| 3 : 6 : 1 | 54,5 | 48,0 | 6,4 | 9,1 YR | 7,3 | 12,2 | 0,062 | 0,308 | 3,7 nb |
| 3 : 6 : 2 | 36,9 | 32,5 | 4,4 | 9,5 YR | 6,2 | 10,4 | 042 | 531 | od |

Seite 3

DIN-Farbenkarte T-3 DIN 6164 Beiblatt 3

Abb. 66 Das Beiblatt Nr. 3 aus dem System DIN 6164, das von Prof. Dr. Manfred Richter entwickelt wurde. In diesem System ist der Versuch unternommen worden, die einzelnen Farbnuancen empfindungsmäßig gleichabständig anzuordnen, dabei aber die mathematischen Vorzüge des IBK-Systems beizubehalten.

Jede Farbnuance in diesem System ist mit drei Ziffern gekennzeichnet, die durch Doppelpunkte voneinander getrennt sind, zum Beispiel 3 : 5 : 2. Dabei bedeutet die erste Ziffer den Farbton und damit die Nummer der Farbtonkarte, die zweite Ziffer die »Sättigung« und die dritte die Dunkelstufe.

Die DIN-Farbekarte DIN 6164 bietet neben ihrer praktischen Anwendbarkeit für den Künstler und für den Techniker exakte mathematische Grundlagen für den Wissenschaftler.

## Kritik der Farbsysteme

Der Physiker und Mathematiker Johann Heinrich Lambert (1728 bis 1777) war offenbar der erste, der sich bemühte, alle Farberscheinungen in ein Bezugssystem zu bringen, und der dabei Erfolg hatte. Sein Farbenkörper war eine Pyramide; sie ist in Abb. 67 A gezeigt. Die Eckpunkte des Grunddreieckes wurden von den Farben Gelb, Rot und Blau gebildet. (Natürlich hatte man damals keine Pigmente in der heute gewohnten Reinheit zur Verfügung.) In der Mitte dieses Dreiecks lag der Schwarzpunkt. Zur Grundfläche parallele Schnittflächen durch die Pyramide zeigten immer heller werdende Farben, und zwar um so mehr, je näher die Schnittfläche sich der Spitze der Pyramide näherte. Die Spitze selbst war der Weißpunkt [13].

Der offensichtliche Fehler des Systems von Lambert, Schwarz auf einer Ebene mit den reinen bunten Farben anzuordnen, wurde bereits von Tobias Mayer (1745) vermieden. Seine Doppelpyramide zeigt den Schwarzpunkt und den Weißpunkt im gleichen Abstand zu den bunten reinen Farben (Abb. 67 B).

Der Maler Philipp Otto Runge (1777–1810) ordnete die Farben in einer Kugel an (Abb. 67 C). Sein ständiger praktischer Kontakt mit Farben hatte ihn auch zum Nachdenken über die Gesetzmäßigkeiten veranlaßt. Ihm schien unsere Erde das rechte geometrische Modell für einen Farbenkörper zu sein. So ließ er den »Äquator« vom Farbenkreis der reinsten Farben bilden. Der »Südpol« wurde zum Schwarzpunkt, der »Nordpol« zum Weißpunkt. Alle möglichen Mischungen liegen innerhalb der Kugel. Die Verbindungslinie zwischen Südpol und Nordpol ist die Grauachse.

Es war Prof. Ostwald, der einen Konstruktionsfehler an Runges Farbenkugel entdeckte. Er stellte nämlich fest, daß sich die Farben um so weniger voneinander unterscheiden, je verweißlichter, beziehungsweise je verschwärzlichter sie sind. Das bedeutete für ihn, daß es nicht richtig sein konnte, die Abwandlungsmöglichkeiten einer beliebigen gesättigten, reinen Farbe zum Schwarz bzw. zum Weiß hin auf der gekrümmten Kugeloberfläche darzustellen. Für ihn mußten diese Abwandlungsmöglichkeiten geradlinig verlaufen.

Schafft man nun nach dieser Konsequenz geradlinige Verbindungen von jedem Punkt des Farbenkreises zum Schwarzpunkt und zum Weißpunkt, so entsteht die Form des Doppelkegels, der in Abb. 67 D gezeigt wird und der als Ostwalds Farbenkörper berühmt und bekannt geworden ist.

Prase kam 1910 auf den Gedanken, die Farben in einer Zylinderform anzuordnen (Abb. 67 E). Die Oberfläche des Zylinders stellte das Weiß dar. Nach unten hin wurden die Farben dunkler. Der Zylinder ging in eine unsymmetrische Form über, die im Schwarzpunkt endete.

Alfred Hickethier, der vor einigen Jahren starb, war reiner Praktiker. Er kam aus der Druckindustrie und wußte aus der Erfahrung heraus, welche Mischmöglichkeiten die für den Druckprozeß zur Verfügung stehenden subtraktiven Grundfarben bieten. In der bereits durch Charpentier 1885 und später durch Becke in den zwanziger Jahren unseres Jahrhunderts vorgeschlagenen Form des Würfels ordnete er sein System an. Hickethiers Beitrag zur Geschichte der Farbenlehre ist also nicht der Würfel selbst (Abb. 67 F), sondern sein Zahlensystem, mit dem es möglich wurde, bestimmte Farbnuancen durch dreistellige Zahlen zu bezeichnen [15].

Waren die Systeme von Lambert, Runge und Hickethier reine Anordnungen von Körperfarben, so ging Ostwald dagegen von der Abwandlung der monochromatischen Farben, also von Farblichtern aus, die er als Körperfarben nachmischt. Dabei scheint dieses Vorgehen unlogisch zu sein, weil er bei den magentaroten Farben bereits das Prinzip der monochromatischen Bezugsfarben durchbrach.

Das schon eingehend erläuterte IBK-System (Abb. 64) ist im Gegensatz zu den vorhergehenden ein rein theoretisches, ein rein wissenschaftliches, ein rein additives System [10], mit dessen Hilfe es möglich ist, exakte mathematische Berechnungen anzustellen. Wie bereits gesagt, ist es jedoch sehr wenig anschaulich und wegen der komplizierten mathematischen Konstruktion des Spektralfarbenzuges ohne entsprechende Vorkenntnisse nur schwer zu begreifen. Darüber hinaus scheint es unlogisch, daß die Optimalfarben zusammen mit Weiß auf einer Ebene angeordnet sind.

Diese Anordnung erinnert an diejenige von Lambert. Nur ist der Unterschied, daß bei ihm die subtraktiven Grundfarben mit Schwarz zusammen auf einer Ebene liegen.

Der größte Nachteil des IBK-Systems ist aber die Tatsache, daß die Farbabstände im Farbenraum im Vergleich zu den empfindungsgemäß richtigen Farbständen stark verzerrt sind. Es läßt sich auch nicht auf einfache Weise ein Zusammenhang zwischen der Lage eines Farbenpunktes im Farbenraum und seinen Mischungsanteilen an den Grundfarben erkennen. Auch das ist ein Grund, warum sich das IBK-System als Anschauungsmodell ungeeignet erweist.

Den Mangel der empfindungsmäßig falschen Abstände versuchte zunächst Judd im Jahre 1935 (USA) zu beheben. Sein System ist verschiedentlich modifiziert worden. Am bekanntesten ist die Modifizierung durch McAdam (USA). Sie ist praktisch eine Abwandlung, eine Entzerrung des IBK-Systems mit dem Ziel, annähernde Gleichabständigkeit zu erreichen. Man findet für McAdams Farbenraum in den Vereinigten Staaten auch häufig die Bezeichnung UCS-Diagramm (Uniform Chromaticity Scale) [11].

Ein anderes, in Nordamerika recht verbreitetes Farbsystem ist dasjenige von Munsell (siehe Literaturverzeichnis). Er bemühte sich, ein System zu schaffen, bei dem die Gleichabständigkeit aller Farbnuancen den absoluten Vorrang hatte. Dies versuchte er nicht nur in bezug auf den Farbton, sondern auch hinsichtlich Verschwärzlichung und Farbsättigung zu erreichen.

Entstanden ist dabei ein völlig unsymmetrischer Farbenraum [11]. Prof. Manfred Richter wiederum strebte an, eine möglichst optimale Annäherung der beiden Forderungen »empfindungsgemäße Gleichabständigkeit« und »exakte mathematische Berechenbarkeit« mit der DIN-Farbenkarte DIN 6164 (Abb. 67 G) zu realisieren. –

Die empirischen Konstruktionen von Lambert, Mayer und Runge wurden durch Ostwalds Doppelkegel wesentlich verbessert. Die farbtongleichen Dreiecke konnten einleuchtend zum Verständnis der Zusammenhänge im Farbenraum beitragen. Durch die Gliederung nach Farbton, »Helligkeit« und »Sättigung« war jeder Punkt im Farbenraum exakt bestimmbar und berechenbar geworden. Der logische Fehler in Ostwalds Konstruktion liegt (nach der Meinung des Autors) darin, daß alle gesättigten reinen Farben gleichberechtigt auf dem Farbenkreis liegen und gleiche Abstände zu Weiß und Schwarz hin aufweisen. Und wenn den Grundfarben eine Sonderstellung zukommt, die derjenigen von Weiß und Schwarz entspricht, muß, nach der Logik von Ostwald selbst, die Verbindung zwischen ihnen geradlinig sein. Das schließt aber die Anordnung auf dem Farbenkreis aus.

Der Würfel von Charpentier, den Hickethier auswertete, hat diesen Fehler nicht (siehe Abb. 59). Stellt man ihn auf die schwarze Spitze, so liegen die Ein-Drittel-Farben Violettblau, Grün und Orangerot näher am Schwarzpunkt als die Zwei-Drittel-Farben Gelb, Magentarot und Cyanblau. Diese liegen näher beim Weißpunkt. Auch sind die Verbindungen zwischen den sechs Grundfarben geradlinig. Das ist folgerichtig. Sicherlich ist diese Anordnung einleuchtender. Der Würfel ist als Farbenkörper wohl von den Wissenschaftlern deswegen nicht ernst genommen worden, weil Hickethier selbst als reiner Praktiker sein System auf die Ausfertigung sämtlicher Mischmöglichkeiten von drei bestimmten subtraktiven Grundfarben beschränkte. Damit hat er sich begnügt. Er ist nicht imstande gewesen, seinen Vorstellungen ein theoretisch abgesichertes Fundament zu geben.

Das IBK-System, das Farbdiagramm von McAdam und die DIN-Farbekarte von Prof. Richter haben gemeinsam, daß sie eine gute Basis für mathematische Rechenoperationen bieten. Dabei kann man McAdams System als eine Verbesserung des IBK-Systems ansehen und DIN 6164 wiederum als eine Verbesserung des Systems von McAdam. DIN 6164 bietet noch den großen Vorzug, daß es ausgerüstet ist mit einsteckbaren Farbkärtchen für jede ausgefertigte Farbnuance und deshalb auch für den praktischen Gebrauch von großem Nutzen sein kann. Dies sogar für Leute, die von Farbentheorie nicht die geringste Ahnung haben.

Die Anschaulichkeit aller drei Systeme ist jedoch gering. Sie gehen nur von der additiven Mischung aus und es gibt keinen Bezug zu den physiologischen Vorgängen des Sehens sowie zu den Farbmischgesetzen von Körperfarben. Alle monochromatischen Farben, wie sie auf der Kurve des Spektralfarbenzuges angeordnet sind, werden als gleichwertig angenommen. Grundfarben haben keine Vorrangstellung den anderen Farben gegenüber.

Das System von Munsell ist in seiner Konstruktion etwas anschaulicher, da es aus der Praxis heraus entstanden und aufgebaut worden ist. Doch scheint es nicht zu genügen, der empfindungsmäßigen Gleichabständigkeit aller Farbnuancen den Vorrang zu geben und diese Forderung als alleinige Ausgangsbasis für ein System zu erheben, wobei andere Bezüge außer acht gelassen werden.

Eines haben jedoch alle bisher beschriebenen Farbsysteme gemeinsam. Eine Grauachse läuft quer durch den jeweiligen Farbenraum und verbindet den Schwarzpunkt mit dem Weißpunkt. Sie ist das Rückgrat jedes dieser Systeme, eines jeden Farbenkörpers. Um die Grauachse herum sind die bunten Farberscheinungen angeordnet, und zwar immer in der Reihenfolge des Farbenkreises. Die Systeme unterscheiden sich im Prinzip lediglich durch die Abstände der sechs Grundfarben zu Schwarz und Weiß.

So unlogisch es bei Lambert war, additive und subtraktive Grundfarben mit Schwarz auf einer Ebene anzuordnen, so unlogisch muß es auch beim IBK-System und seinen Abwandlungen sein, alle sechs Grundfarben in eine Ebene mit Weiß zu bringen. Bei Runge und Ostwald liegen die sechs Grundfarben auf einer Ebene zwischen Schwarz und Weiß. Lediglich der Würfel hat, wie wir gesehen haben, den Vorzug, daß die subtraktiven Grundfarben näher beim Weiß, die additiven näher beim Schwarz liegen. Das entspricht ohne Zweifel ihrer spektralen Gesamtenergie besser. Aber logisch scheinen auch die Abstandsverhältnisse im Würfel nicht zu sein. Bei ihm ist die Entfernung zwischen der Ein-Drittel-Farbe Grün und der Zwei-Drittel-Farbe Magentarot genauso groß wie diejenige zwischen Schwarz und Weiß. Beide Entfernungen sind Körperdiagonale. Der Abstand von einem Farbpunkt in einem Farbenraum zu einem anderen Farbpunkt muß aber um so größer sein, je größer der Unterschied der spektralen Energie der Farbreize ist. Die größte Ausdehnung eines Farbenraums müßte also konsequenterweise zwischen den beiden Punkten Schwarz und Weiß liegen. Alle anderen Abstände müßten geringer sein.

Aus diesen Überlegungen heraus machte sich der Autor auf die Suche nach einem neuen Farbenkörper. Er ging davon aus, welche Forderungen an ein neues Farbsystem zu stellen seien und welche man mit Bestimmtheit nicht stellen kann. Dabei kam er zu nachstehenden Überlegungen hinsichtlich dessen, was nicht gefordert werden kann:

a) die Möglichkeit der praktischen Ausfertigung des Systems zum Beispiel in Form von Musterkarten.
b) Die genaue empfindungsgemäße Gleichabständigkeit aller Farbnuancen im Farbenraum.
c) Die ausnahmslose Darstellung a l l e r sichtbaren Farberscheinungen.

Dies ist wie folgt zu begründen:

a) Noch gibt es keine Farbstoffe, die den theoretischen Anforderungen an optimale subtraktive Grundfarben entsprechen. Somit ist es ausgeschlossen, das theoretisch richtige System praktisch zu realisieren. Selbst wenn diese Farbstoffe gefunden wären, wäre das Problem nicht gelöst, weil Toleranzen bei der Herstellung der Farbproben unvermeidlich wären, die sich auf das Aussehen auswirken müßten. Außerdem ist damit zu rechnen, daß Zeit- und Umwelteinflüsse im Laufe von Monaten oder

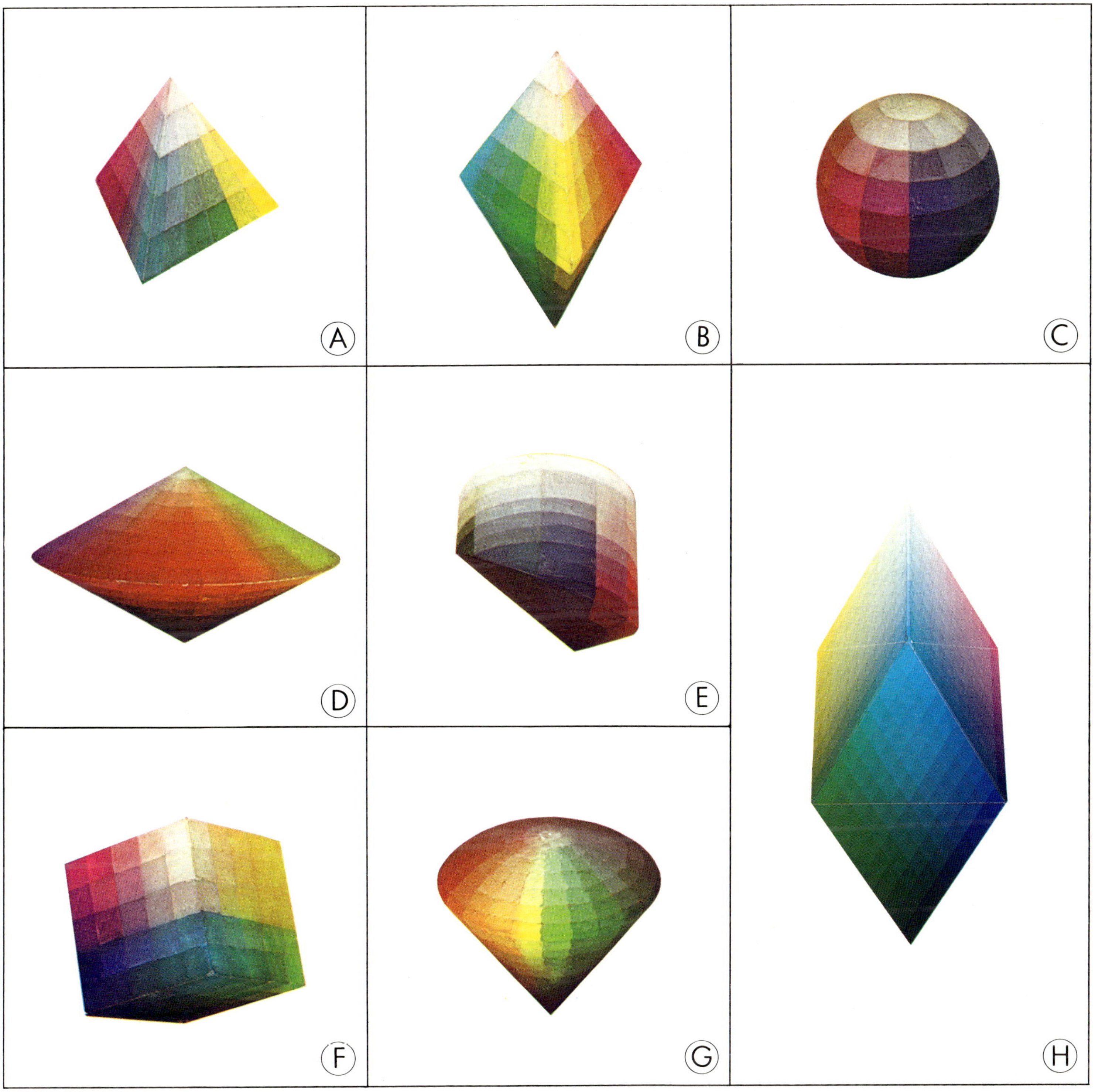


Abb. 67 Verschiedene Farbenkörper: Heinrich Lambert (1728 bis 1777) (A), Tobias Mayer (1745) (B), Philipp Otto Runge (1777 bis 1810) (C), Wilhelm Ostwald (1853–1932) (D), Prase (1910) (E), Charpentier (1885) und Hickethier (1952) (F), DIN 6164 Prof. Manfred Richter (1962) (G), Harald Küppers (1958) (H).

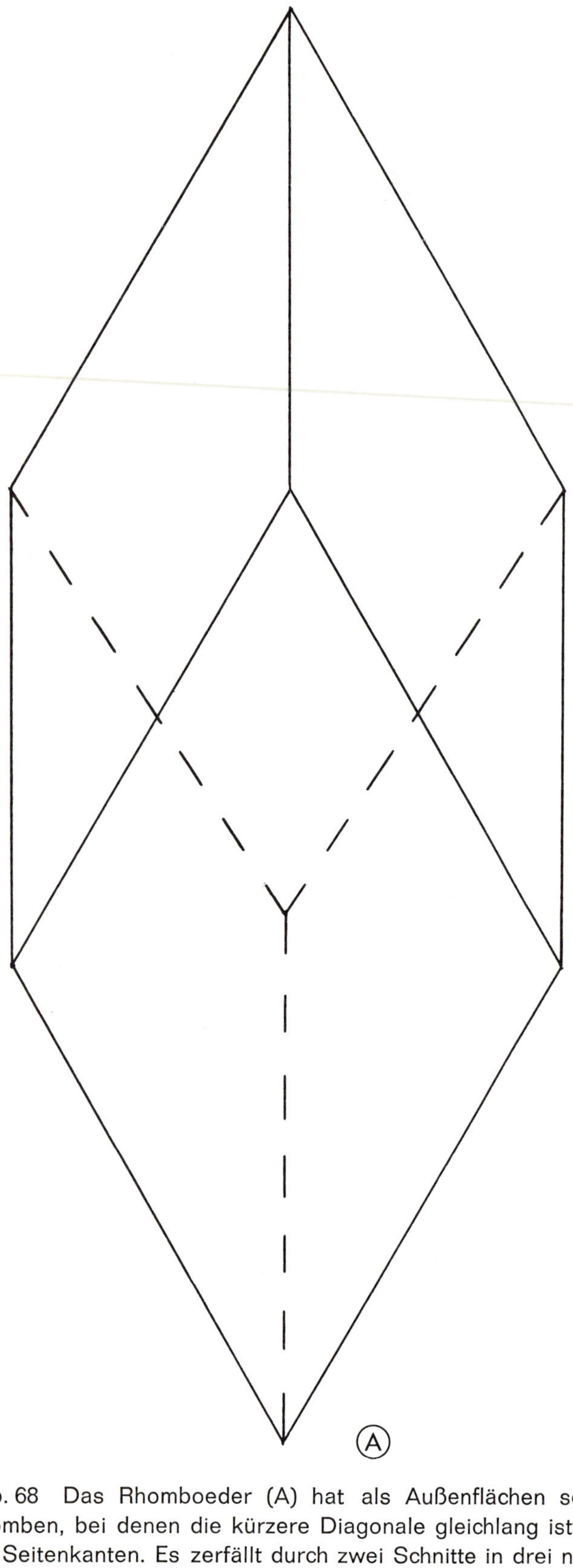

Ⓐ

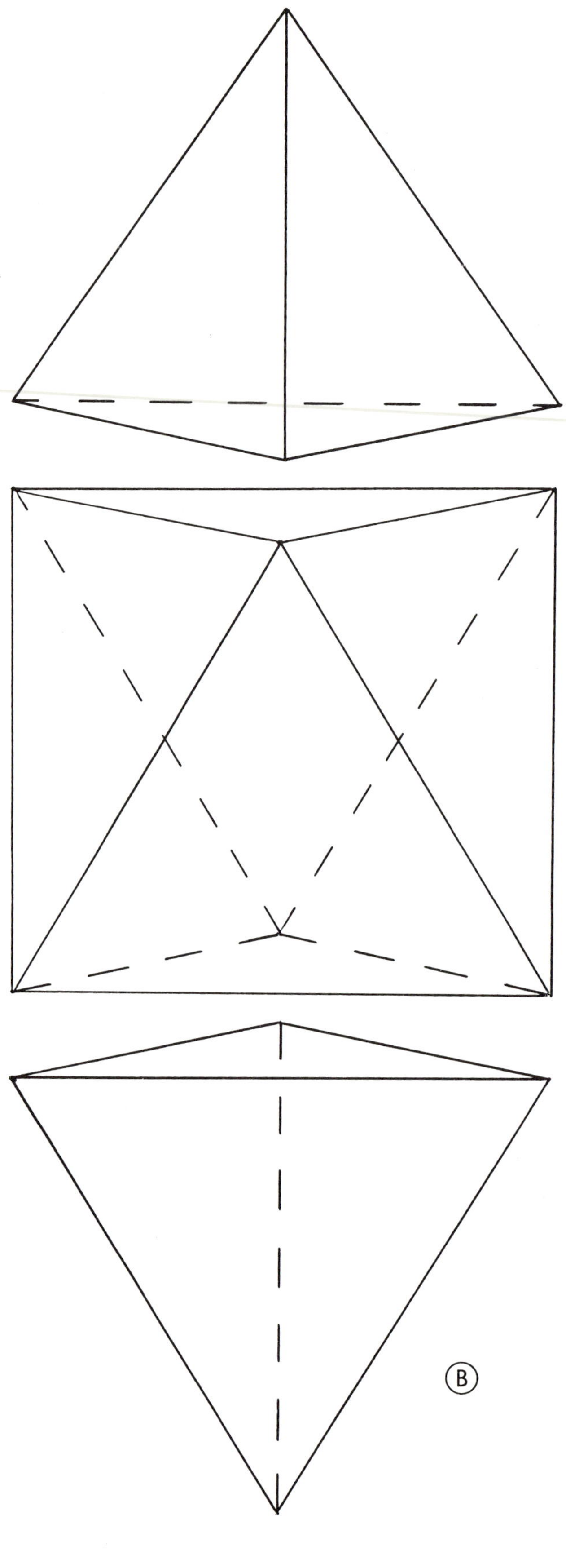

Ⓑ

Abb. 68 Das Rhomboeder (A) hat als Außenflächen sechs Rhomben, bei denen die kürzere Diagonale gleichlang ist wie die Seitenkanten. Es zerfällt durch zwei Schnitte in drei neue, symmetrische geometrische Körper, nämlich das Oktaeder und die beiden Tetraeder. Alle Außenflächen dieser drei neuen Körper sind gleichseitige Dreiecke.

Jahren Veränderungen der einzelnen Farbnuancen hervorrufen. Wenn in b) die empfindungsgemäße Gleichabständigkeit nicht gefordert wird, so deshalb, weil Gleichabständigkeit in diesem Fall immer eine Ermessenssache bleiben wird. Zwar läßt sich, wie Munsell nachgewiesen hat, die Beurteilung des »Normalbetrachters« herausfinden. Trotzdem muß diese Beurteilung in einem bestimmten Umfang fragwürdig bleiben. Außerdem ist es ja unmöglich, gleichzeitig allen Grundfarben den gleichen Rang, die gleiche Bedeutung einzuräumen und daneben genaue empfindungsgemäße Gleichabständigkeit zum oberen Prinzip zu erheben. Das eine schließt das andere aus. Da man deshalb nur wählen kann zwischen diesen beiden Faktoren, wurde hier der Gleichbewertung der Grundfarben der Vorrang gegeben.

Mit Punkt c) wird es schwierig. Die Frage, ob in einem System, welches auf den idealen, den optimalen Grundfarben aufbaut, alle nur denkbaren Farberscheinungen, also zum Beispiel auch die Leuchtkraft und Sättigung von monochromatischen Farblichtern, erfaßt sein können, läßt sich eindeutig noch nicht beantworten. Es darf nicht vergessen werden, daß an ein System gedacht ist, in dem es keine Fehlabsorptionen und Fehlremissionen von Grundfarben gibt. Deshalb ist man auf Spekulationen angewiesen. Niemand wird zur Zeit in der Lage sein, mit Sicherheit festzustellen, ob tatsächlich monochromatische Farblichter gesättigter aussehen können als solche optimalen Grundfarben oder Mischungen aus ihnen. Offenbar hat bis jetzt noch niemand diese Optimalfarben sorgfältig geprüft und mit monochromatischen Farben verglichen. Dabei wäre es gut möglich, diese Optimalfarben aus dem Spektrum auszusondern, um den Vergleich mit monochromatischen Lichtern durchzuführen, allerdings natürlich nur mit einem erheblichen technischen Aufwand.

Es ist zu vermuten, daß es keine Unterschiede geben wird. Alles weist darauf hin, daß man es in der Farbenlehre immer nur mit drei Faktoren zu tun hat: sowohl die Beschaffenheit des menschlichen Auges mit den drei verschiedenen Zapfentypen als auch die physikalischen Gegebenheiten im Spektrum, wobei hier das Fehlen der magentaroten Farben den Ausschlag gibt. Nicht zuletzt aber die Tatsache, daß es auch beim Mischen von Körperfarben immer nur drei Grundfarben geben kann.

Bei der Frage, welche Forderungen ein optimales Farbsystem denn erfüllen sollte, bleiben somit folgende Punkte übrig:

1. Es muß anschaulich sein. Als Schema und als Modell muß es leicht und von jedermann verstanden werden können.
2. Es muß einen festen und offensichtlichen Bezug zu den physikalischen Grundlagen bieten.
3. Es muß mit den physiologischen Funktionen des Sehorgans übereinstimmen.
4. Sowohl die additiven als auch die subtraktiven Farbmischgesetze müssen klar erkennbar sein.
5. Es muß logisch sein.
6. Alle Zusammenhänge müssen mathematisch leicht dargestellt werden können.

Bei der Betrachtung der bisherigen Farbsysteme und Farbenkörper fällt auf, daß man sich entweder empirisch auf das Aussehen der einzelnen durch Mischung entstandenen Farbnuancen oder auf die monochromatischen Farben des Spektrums bezogen hat (Ausnahme: Hickethier, der sich auf subtr. Grundfarben bezieht). Dies hält der Autor für falsch, da er der Meinung ist, daß die monochromatischen Farben nur Bausteine, nicht aber die Grundfarben selbst sein können. Die Grundfarben müssen nach seiner Ansicht Spektralbereiche überdecken, und zwar in der Form, wie dies bereits in vorhergehenden Kapiteln ausführlich beschrieben worden ist (siehe Abb. 32).

Bei der Suche nach einem besseren System, das die aufgezählten Bedingungen zu erfüllen vermag, entwickelte der Autor das »Rhomboeder« als neuen Farbenkörper. Es wird in den nächsten Kapiteln ausführlich beschrieben werden.

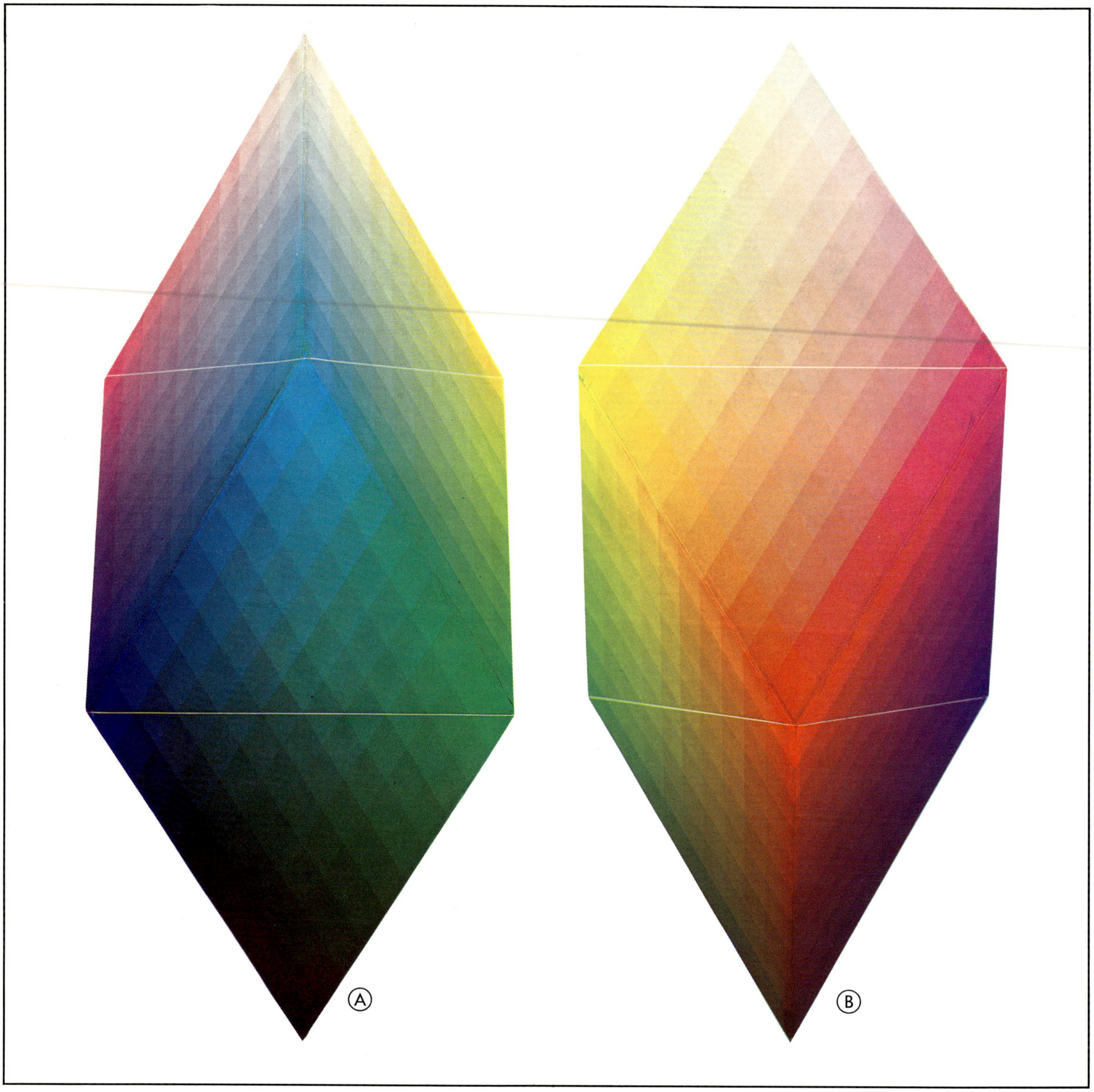


Abb. 69 Zwei Farbaufnahmen des Rhomboeders. Die Grauachse verläuft durch den Körper vom Schwarzpunkt an der unteren Spitze zum Weißpunkt an der oberen. Zwischen (A) und (B) hat eine Drehung um die Grauachse von 180° stattgefunden.

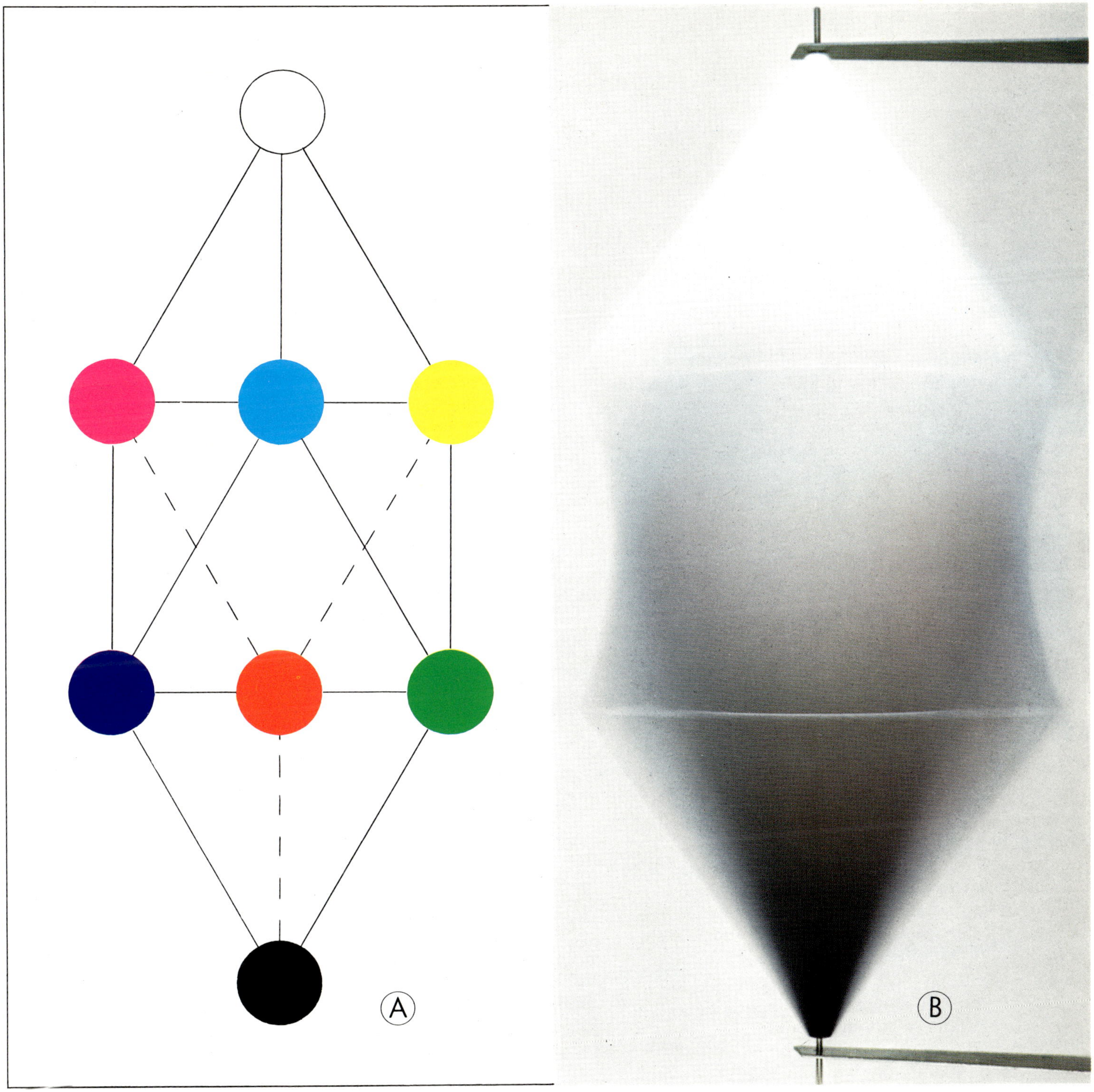


Abb. 70 (A) ist ein einfaches Schema, aus dem hervorgeht, wie die sechs Grundfarben, Schwarz und Weiß im Rhomboeder angeordnet sind. Wenn der in Abb. 69 gezeigte Farbenkörper in schnelle Umdrehung versetzt wird, neutralisieren sich die Farben auf seinen Außenflächen durch additive Mischung gegenseitig zu Unbunt, was man im Foto (B) erkennt.

# Das Rhomboeder-System

## Das Rhomboeder als geometrischer Körper

Das Rhomboeder (Abb. 67 H) ist ein regelmäßiger geometrischer Körper. Es hat sechs Außenflächen, deren Seitenkanten gleich lang sind, und acht Ecken. Insofern ähnelt es dem Würfel. Der Unterschied zu diesem besteht darin, daß die beiden Diagonalen einer Außenfläche nicht gleich lang sind. Vielmehr ist beim Rhomboeder die kürzere Diagonale gleich lang mit einer Außenkante, wie Abb. 68 A zeigt.

Demnach wird jeder Rhombus durch die kürzere Flächendiagonale in je zwei gleichseitige Dreiecke zerschnitten.

Führt man zwei Körperschnitte durch das auf der Spitze stehende Rhomboeder horizontal in der Weise aus, daß sie durch die kürzeren Diagonalen der Außenflächen verlaufen (siehe Abb. 68 b), so wird der eine symmetrische Körper in drei neue, in sich wieder völlig symmetrische geometrische Körper zerteilt.

Die auf diese Weise neu entstandenen Körper sind zwei Tetraeder und ein Oktaeder, die jeweils vier bzw. acht gleichseitige Dreiecke als Außenflächen haben.

Die Körperschnitte haben die senkrechte Raumachse des Rhomboeders in drei gleich lange Strecken zerschnitten. Demnach ist die Höhe der beiden Tetraeder die gleiche wie diejenige des Oktaeders.

## Anordnung der Farben im Rhomboeder

Abbildung 69 zeigt das auf der schwarzen Spitze stehende Rhomboeder von zwei Seiten. Der Weißpunkt bildet seine obere Spitze. Die Verbindungslinie zwischen der schwarzen und der weißen Spitze ist die Grauachse (Unbuntachse).

An dem Schema von Abb. 70 a erkennt man die Anordnung der Farben im Farbenkörper. Und zwar liegen die additiven Grundfarben, die Ein-Drittel-Farben, auf der Ebene, die die Grauachse in jenem Punkt schneidet, der ein Drittel der Gesamtentfernung von Schwarz entfernt ist. Diese Ebene ist ein Dreieck, wie bereits im vergangenen Kapitel festgestellt wurde. Die Eckpunkte dieses Dreiecks sind die Grundfarben Violettblau, Grün und Orangerot.

Dementsprechend liegen die subtraktiven Grundfarben, die Zwei-Drittel-Farben, auf jener Schnittfläche, die die Grauachse bei zwei Dritteln der Gesamtentfernung, bezogen auf den Schwarzpunkt, schneidet. Auch diese Fläche ist bekanntlich ein gleichseitiges Dreieck. Seine Ecken sind die Grundfarben Gelb, Magentarot und Cyanblau.

Die acht Eckpunkte des Farbenkörpers, nämlich die drei subtraktiven Grundfarben, die drei additiven Grundfarben, Schwarz und Weiß, sind die extremen Punkte des Farbenraumes. Zwischen ihnen sind alle anderen Farbnuancen regelmäßig und kontinuierlich angeordnet.

Dreht man das Rhomboeder um seine Grauachse mit einer Geschwindigkeit, die so groß ist, daß das Auge die einzelnen Farben nicht mehr unterscheiden kann, so verliert sich die Farbigkeit vollständig, und es ist lediglich ein unbunter Verlauf vom Schwarzpunkt zum Weißpunkt zu erkennen. Abb. 70 b zeigt das sich drehende Rhomboeder, das vorher auf Abb. 69 von zwei Seiten aus in Ruhestellung zu sehen war. Natürlich dienen diese farbigen Ausfertigungen des Farbenkörpers nur dazu, das Verständnis zu erleichtern. Es wurde darauf hingewiesen, daß es aus technischen Gründen nicht möglich ist, den Farbenkörper genauso auszufertigen wie es theoretisch richtig wäre, weil dazu nicht nur die fehlerlosen Optimalfarben fehlen, sondern noch andere technische Schwierigkeiten hinzukommen.

Dieses Farbsystem ist auf der Existenz von optimalen Grundfarben aufgebaut. Deshalb muß erklärt werden, wie die sechs Grundfarben, nämlich die drei additiven und die drei subtraktiven, darin wirken.

Hierzu seien noch einmal die beiden Farbfotos von Abb. 69 herangezogen. Die subtraktiven Grundfarben durchdringen den Körper von einer Außenfläche zur gegenüberliegenden. Dies geschieht in der Weise, daß sie auf der einen Außenfläche an jedem Punkt in voller Sättigung enthalten sind. Die Farbsättigung nimmt nun in Richtung auf die gegenüberliegende Außenfläche mehr und mehr ab, bis auf der gegenüberliegenden Fläche selbst diese Ausgangsfarbe gar nicht mehr vorhanden ist.

Es gibt also drei Außenflächen, in denen je eine subtraktive Grundfarbe gar nicht vertreten ist. Sie zeigen demnach die Mischmöglichkeiten von jeweils zwei subtraktiven Grundfarben.

Jede dieser drei sich im Weißpunkt berührenden Außenflächen bildet eine Bezugsebene für die subtraktive Farbmischung. Der senkrechte Abstand eines beliebigen Farbpunktes im Farbenraum zu jeder der drei Bezugsebenen gibt den Sättigungswert der Mischung für die entsprechenden subtraktiven Grundfarben an. Das heißt, daß der senkrechte Abstand zur Bezugsebene dem Sättigungswert dieser Grundfarbe entspricht. Liegt ein Farbpunkt auf der Bezugsebene selbst, so ist der Abstand gleich Null und demgemäß auch der Sättigungswert gleich Null. Ist der optimale Abstand gegeben, nämlich 100 %, so ist auch der Sättigungswert 100 %.

Für die additive Farbmischung gilt analog das, was für die subtraktive gesagt worden ist. Je eine der drei Außenflächen, die sich im Weißpunkt berühren, repräsentiert eine additive Grundfarbe in voller Sättigung. Verlaufend läßt die Sättigung mehr und mehr nach, indem sie den Körper durchdringt. Auf

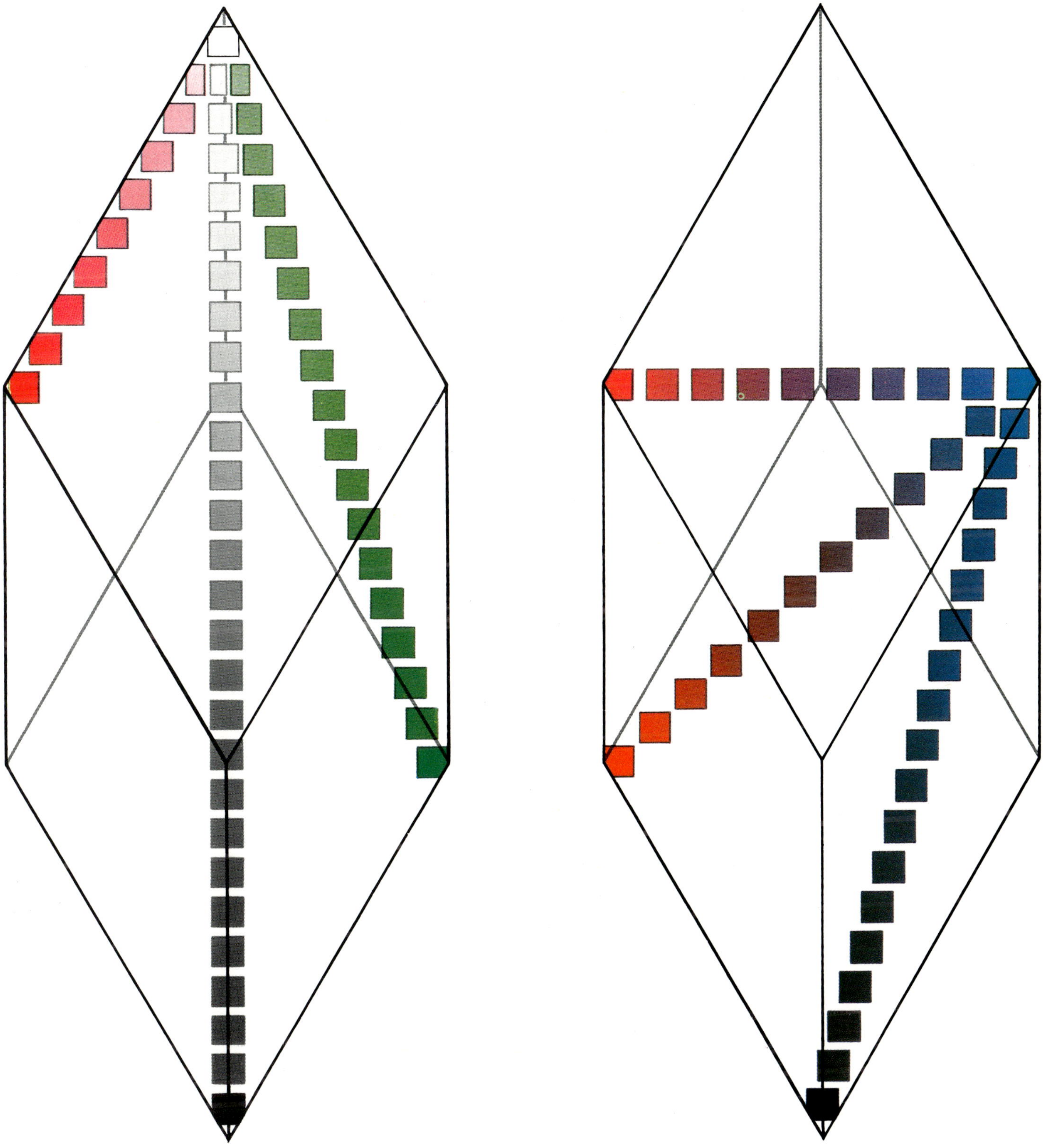

Abb. 71 Die Farben-Abstandsverhältnisse im Rhomboeder unterscheiden sich grundsätzlich von denjenigen in allen anderen Farbenkörpern. Die größte Entfernung liegt zwischen der optisch dunkelsten und der optisch hellsten Möglichkeit des Sehens, zwischen Schwarz und Weiß. Die Entfernung zwischen einer Zwei-Drittel-Farbe und Weiß muß geringer sein als diejenige zwischen einer Ein-Drittel-Farbe und Weiß.

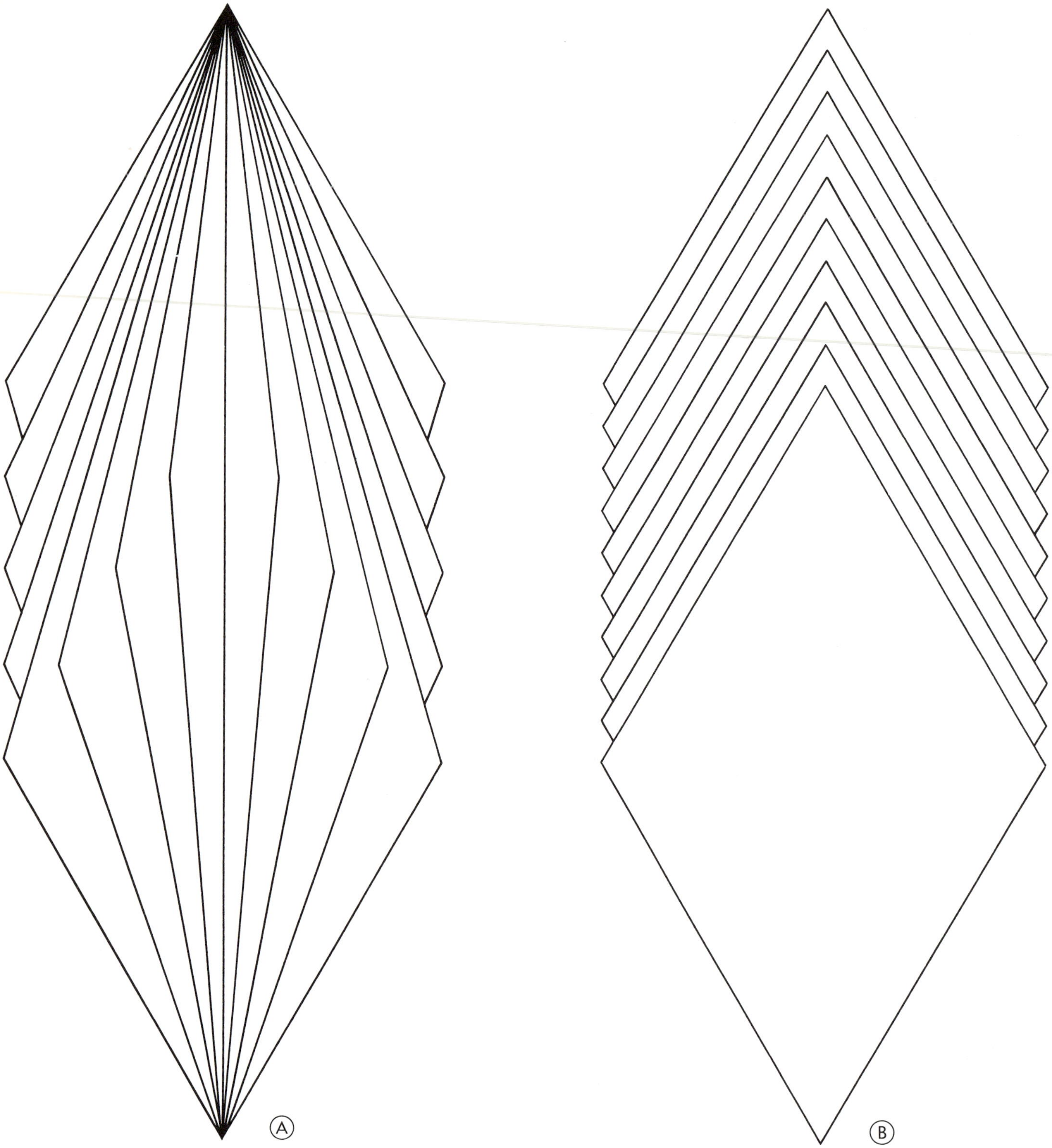


Abb. 72 Bei senkrechten Schnitten durch die Grauachse ergeben sich Farbtonebenen (A). Schnitte, die parallel zu den Außenflächen durchgeführt werden, sind Sättigungsebenen (B). Während man theoretisch unendlich viele Schnitte dieser Art durch den Körper führen kann, bezieht sich (A) auf den 24teiligen Farbenkreis (12 Körperschnitte) und (B) auf den 10stufigen Flächenverlauf (also 8 Körperschnitte, Oberfläche und Grundfläche).

der gegenüberliegenden Außenfläche ist diese additive Grundfarbe dann gar nicht mehr enthalten.

Die drei Außenflächen, bei denen je eine additive Grundfarbe nicht enthalten ist, berühren sich im Schwarzpunkt. Sie zeigen die reinen Mischungen aus je zwei additiven Grundfarben. Diese drei sich im Schwarzpunkt berührenden Flächen bilden ein zweites Bezugssystem. Ein beliebiger Farbenpunkt im Farbenraum weist durch seinen Abstand zu den additiven Bezugsflächen seinen Mischungsanteil an jeder additiven Grundfarbe nach. Auch hier entspricht der Abstand dieses Punktes zu der Bezugsfläche dem Sättigungsanteil. Liegt ein Farbenpunkt auf der Bezugsfläche selbst, so ist der Sättigungsanteil gleich Null. Befindet er sich bei 100 % der möglichen Entfernung von der Bezugsebene, so ist die optimale Sättigung gegeben.

Es ist deutlich zu erkennen, daß in diesem Farbsystem die Punkte Schwarz und Weiß ein enormes Gewicht erhalten haben. Weiß ist der Schnittpunkt der drei Bezugsebenen für das subtraktive System, Schwarz derjenige der drei Bezugsebenen für das additive System.

Demgemäß kann für jeden Punkt im Farbenraum sowohl die Beziehung zur subtraktiven als auch diejenige zur additiven Farbmischung definiert werden. Sein Abstand zu den drei subtraktiven Bezugsebenen gibt das Mischungsverhältnis der drei subtraktiven Grundfarben. Sein Abstand zu den additiven Bezugsebenen bestimmt sein Mischungsverhältnis in bezug auf die additiven Grundfarben. Dabei ist natürlich der Abstand eines Punktes von einer bestimmten subtraktiven Bezugsebene die Differenz zwischen der Gesamtentfernung der beiden entsprechenden Außenflächen und dem Abstand von der additiven Bezugsebene.

Weil sich dies etwas schwierig anhört, sei es an einem Beispiel erläutert: Ein bestimmter Farbenpunkt hat einen Abstand zur Bezugsebene für die subtraktive Grundfarbe Magentarot von 60 %. Sein Abstand zur Bezugsebene der additiven Grundfarbe Grün muß demnach 40 % des Gesamtabstandes betragen.

Da in diesem Farbenraum die einzelnen Farbpunkte nach einer mathematisch logischen Konsequenz angeordnet sind, wundert es nicht, daß auch die Abstände der extremen Punkte zueinander folgerichtig erscheinen, wie Abb. 71 zeigt. Die größte Entfernung in diesem Farbenraum liegt zwischen dem Schwarzpunkt und dem Weißpunkt. Nur diese beiden Punkte haben diese optimale Entfernung, denn nur diese beiden entsprechen dem »Alles« (energiegleiches Spektrum) und dem »Nichts« (Fehlen von sichtbaren elektromagnetischen Schwingungen). Der Abstand von einer additiven Grundfarbe zu einer subtraktiven Grundfarbe ist entsprechend kürzer.

Alle Abstände zwischen Farbpunkten in diesem System entsprechen der Gesamtenergie der für jeden Farbpunkt zugehörigen Farbreize. Das Rhomboeder-System ist also ein energiebezogenes quantitatives Ordnungssystem.

Um die Verhältnisse im Farbenraum genau studieren zu können, wollen wir auf die gleiche Weise, wie Hickethier es vorgeschlagen und im Würfel durchgeführt hat, den Sättigungsverlauf der einzelnen Grundfarben in zehn Stufen einteilen. Dabei gehen wir von der Vorstellung aus, daß die Menge von Farbstoff oder Lichtenergie, die zur optimalen Sättigung einer Grundfarbe nötig ist, in neun gleiche Teile zerlegt wird. Jeder Teil soll »Farbanteil« heißen. Die Sättigungsstufe Null hätte also null Farbanteile und die Sättigungsstufe Neun hätte neun Farbanteile. Zusammen wären somit für jede Farbe zehn Sättigungsstufen gegeben. Der einzelne »Farbanteil« kann also als quantitative Grundeinheit gelten. (Siehe auch Abb. 42.)

Natürlich darf dabei nicht vergessen werden, daß der Farbenraum an sich aus unendlich vielen Punkten besteht. Durch die Aufteilung des stufenlosen Sättigungsverlaufes in einen Stufenverlauf mit zehn Sättigungsstufen erhält man aber, wie dies auch beim Zahlensystem von Hickethier der Fall ist, 1 000 systematisch angeordnete Farbenpunkte im Farbenraum, die genauen Aufschluß über die Beziehungen und Veränderungen geben.

Alle Zusammenhänge werden sehr viel verständlicher, wenn man für die betreffenden Farbenpunkte im Farbenraum die Farbanteile an den entsprechenden Grundfarben nennen kann. Die größtmögliche Zahl von Farbanteilen ist 27. Sie ist bei der subtraktiven Farbmischung bei Schwarz, bei der additiven Farbmischung bei Weiß gegeben.

Da die Grundfarben selbst als gleichberechtigt und gleichwertig betrachtet werden, sind die einzelnen Farbanteile auch gleichberechtigt und gleichwertig. Die Farbanteile sind also als Grundeinheiten einander gleichgestellt. Dies hat den enormen Vorteil, daß der Bildinhalt eines beliebigen Farbbildes, z. B. eines Farbdias, als klarbegrenzter geometrischer Körper im Innern des Rhomboeders auffindbar ist.

## Sättigungsebenen des Rhomboeders

Wie bereits im vorhergehenden Kapitel dargelegt, wird der Rhomboeder regelmäßig und kontinuierlich von den Grundfarben durchdrungen. Es stehen die sich gegenüberliegenden Außenflächen in einer bestimmten Beziehung zueinander. Wenn auf einer Außenfläche alle Farbnuancen liegen, die neun Sättigungsanteile an einer bestimmten Grundfarbe haben, so befinden sich auf der gegenüberliegenden all jene, in denen diese Grundfarbe gar nicht mehr vertreten ist. Diese letztgenannte ist jeweils die Bezugsebene für die entsprechende Grundfarbe. Auf ihr liegen alle Farbnuancen, die einen Sättigungsanteil von Null an dieser betreffenden Grundfarbe haben. Demnach ist diese Bezugsebene die Sättigungsebene Null für diese Grundfarbe. Werden nun parallel zu dieser Bezugsebene acht Schnitte durch den Körper ausgeführt, so ergeben sich zusammen mit den beiden Außenflächen zehn Sättigungsebenen (Abb. 72 B).

Diese zehn Sättigungsebenen haben im Farbenraum gleichen Abstand voneinander. Auf jeder Sättigungsebene liegen Farbnuancen, die gleiche Farbanteile von einer Grundfarbe haben. Die Farbnuancen auf der nächsten Sättigungsebene haben jeweils einen Farbanteil dieser Grundfarbe mehr bzw. weniger.

Werden diese acht Schnitte in jeder der drei möglichen Richtungen, also parallel zu jeder der drei Bezugsebenen ausgeführt, so entstehen insgesamt 30 Sättigungsebenen, nämlich zehn von jeder Grundfarbe. Die 1 000 fixierten Punkte im Far-

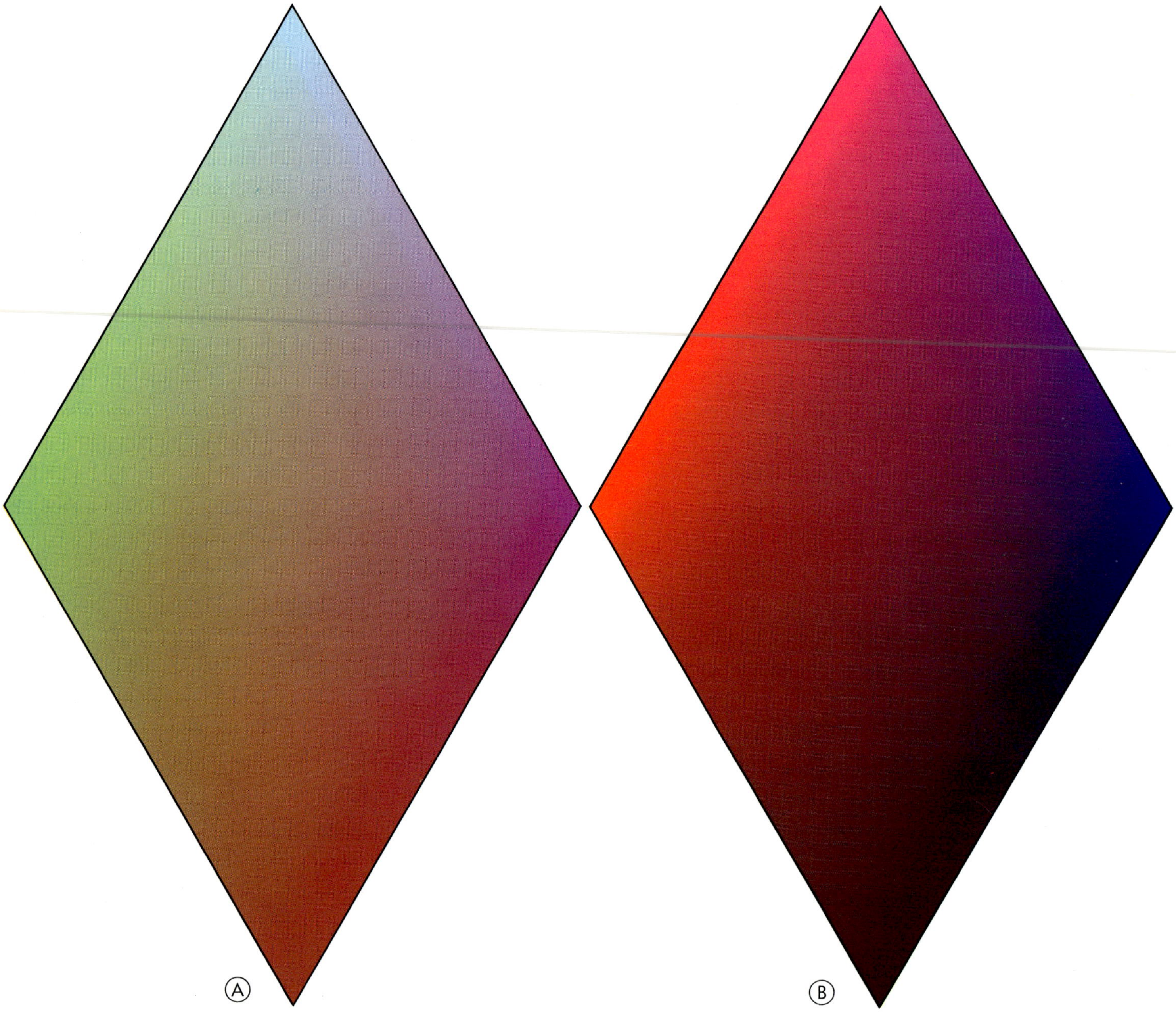

Abb. 73 Auf der Sättigungsebene (A) liegen sämtliche Mischungen, die einen Sättigungswert von 44,44% an der subtraktiven Grundfarbe Cyanblau haben. Auf dieser Ebene liegen also Mischungen mit 4 Farbanteilen Cyanblau. Dagegen haben alle Mischungen auf der Sättigungsebene (B) einen Sättigungsanteil von 100% an der subtraktiven Grundfarbe Magentarot. Somit handelt es sich um die Sättigungsebene 9 von Magentarot.

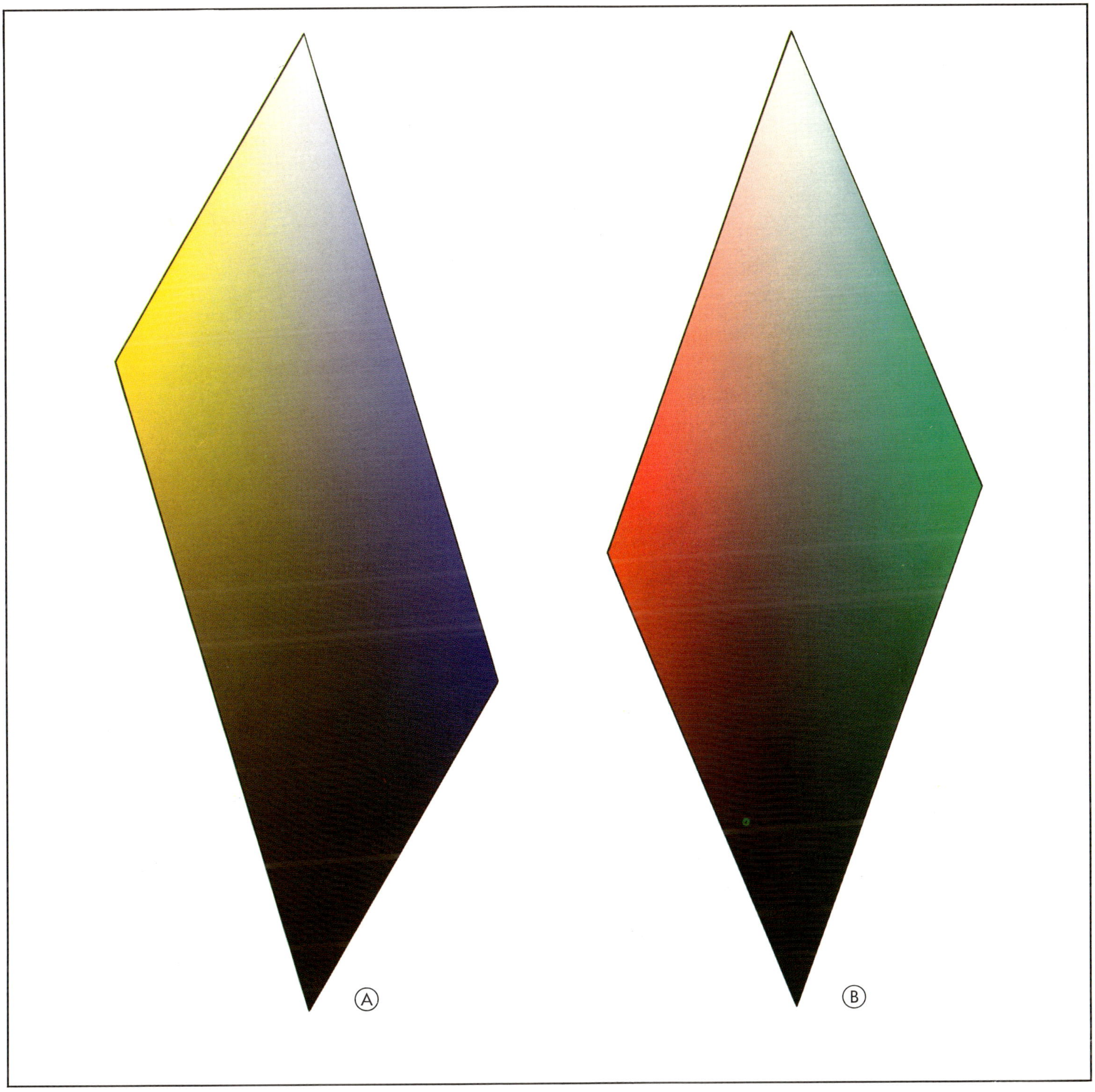


Abb. 74 Die Form der Farbtonebenen ändert sich je nach Lage des Farbtonschnittes. Immer handelt es sich aber um Parallelogramme.
Kürzer als in (A) kann die kürzeste Seitenkante nicht werden.

Die Form der Parallelogramme ändert sich durch die Lage der Farbpunkte auf der Verbindungslinie zwischen zwei Grundfarben, wie man bei (B) erkennt.

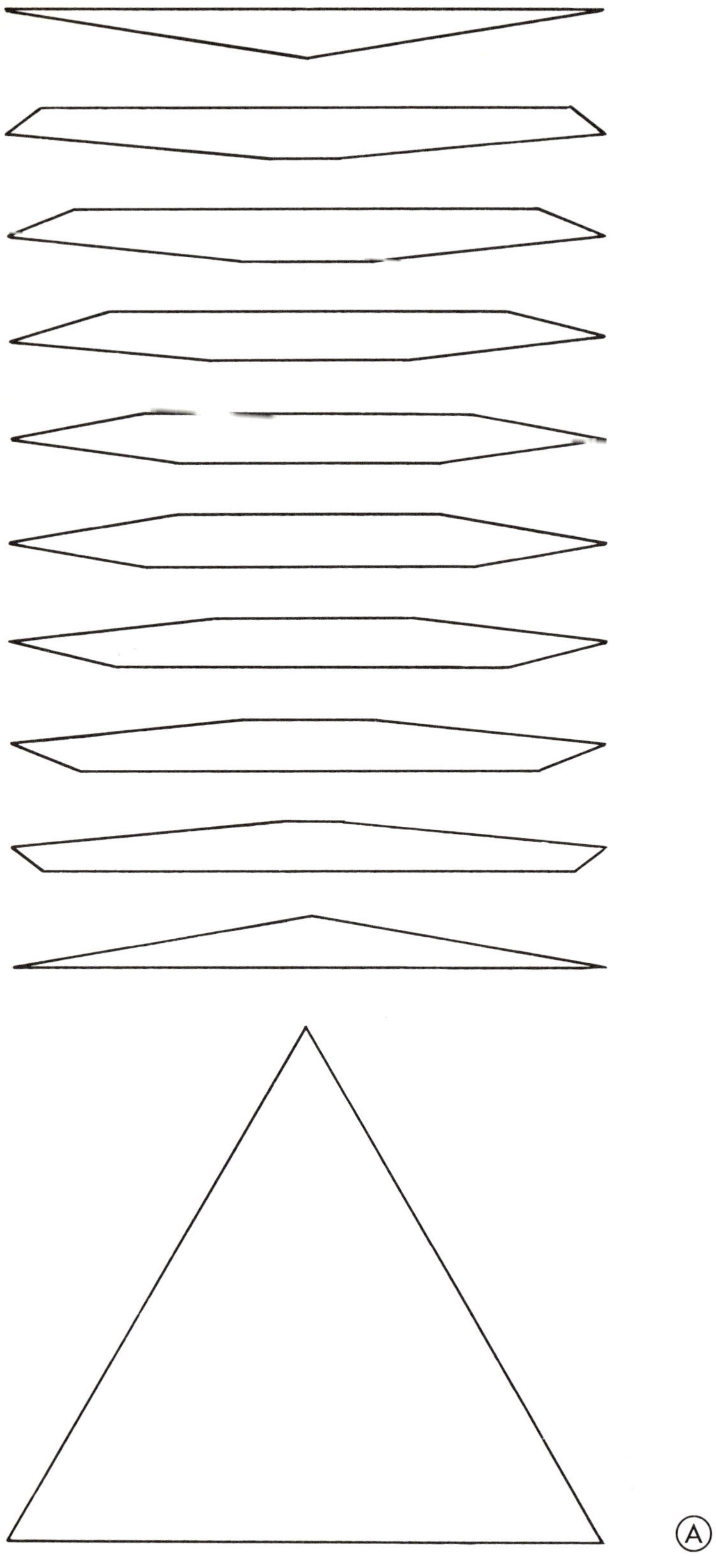


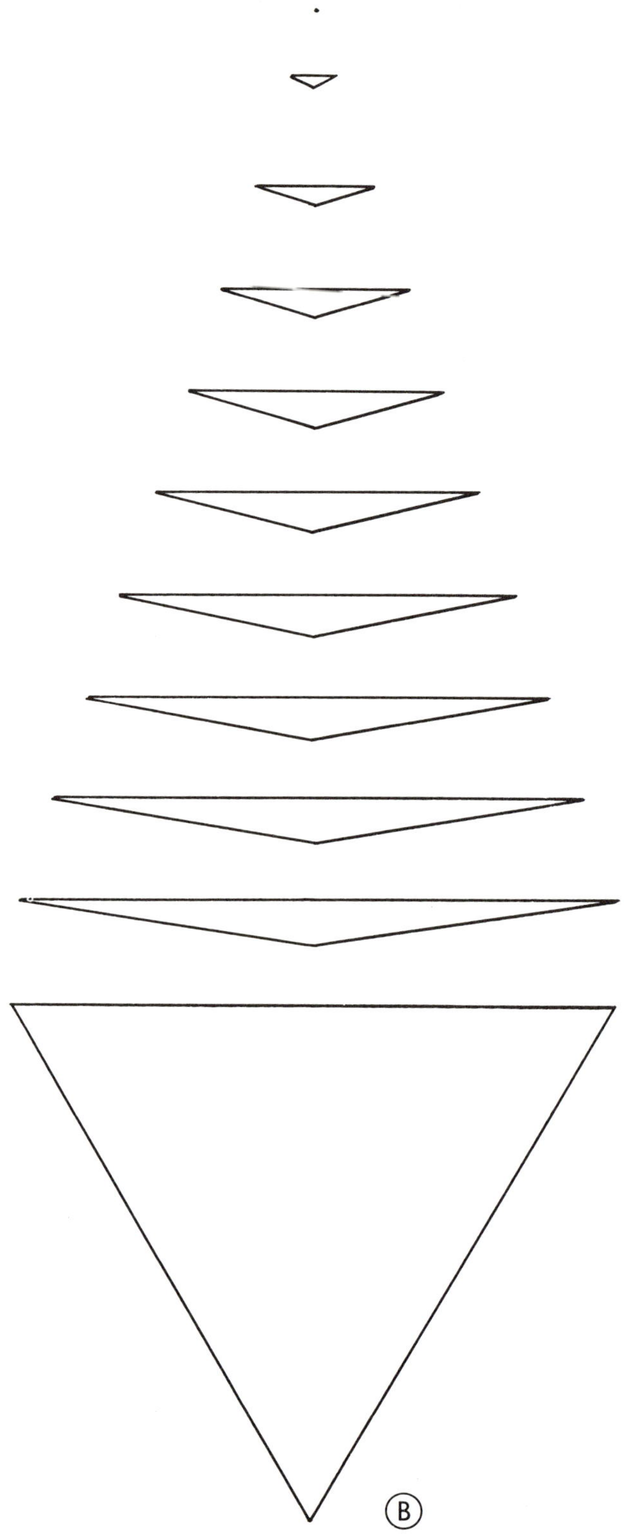


Abb. 75 Farbanteilsebenen sind horizontale Schnitte durch das auf der schwarzen Spitze stehende Rhomboeder. Oben rechts sieht man, daß die Form der Schnitte im Bereich der Tetraeder Dreiecke sind, die sich in ihrer Größe voneinander unterscheiden (B).

Aus Dreiecken werden Sechsecke, wenn die Schnittflächen im Oktaeder liegen (oben links). In (A) und (B) sind unten die Grundfläche und die Oberfläche des Oktaeders in der Draufsicht gezeigt.

benraum sind somit die Schnittpunkte dieser 30 Sättigungsebenen.

Die 1 000 Punkte wurden, daran muß noch einmal erinnert werden, auf diese Weise aus einer unendlichen Anzahl von Farbpunkten aus dem Farbenraum ausgewählt. Natürlich kann man auch eine geringere oder größere Anzahl von Sättigungsschnitten durch den Körper durchführen. Immer gilt, daß alle Farbnuancen, die auf einer Ebene liegen, welche parallel zu der entsprechenden Bezugsebene verläuft, gleichen Sättigungsanteil an der betreffenden Grundfarbe haben.

Zwei farbig ausgeführte Sättigungsebenen zeigt Abb. 73. A ist die Sättigungsebene 4 der subtraktiven Grundfarbe Cyanblau. Das bedeutet, daß bei der subtraktiven Farbmischung jede Farbnuance auf dieser Fläche vier Farbanteile Cyanblau hat. Dies entspricht bekanntlich einem Sättigungsgrad von 44,44 %. Die Sättigungsebene 9 von der subtraktiven Grundfarbe Magentarot zeigt die Abb. 73 B. Auf ihr liegen bei der subtraktiven Mischung alle Farbnuancen, die neun Sättigungsanteile Magentarot besitzen, alle jene Farbnuancen also, in denen die Optimalfarbe Magentarot mit voller Sättigung vertreten ist.

## Farbtonebenen des Rhomboeders

Führt man durch das Rhomboeder senkrechte Schnitte so aus, daß sie durch die Grauachse verlaufen, so erhält man Farbtonebenen. Die Schnittrichtung kann dabei beliebig um die Grauachse gedreht werden. Mit beliebig vielen Schnitten kann man also zu einer beliebig großen Anzahl an Farbtonebenen kommen, wie sich auf Abb. 72 A erkennen läßt.

Allerdings genügen schon 12 Schnitte mit Winkelabständen von je 30 Grad, um für alle Farbtöne des 24teiligen Farbenkreises die Farbtonebenen sichtbar zu machen.

Diese sind stets Parallelprogramme. Sie können allerdings, wie aus Abb. 74 hervorgeht, die unterschiedlichste Form haben. Immer sind Schwarz und Weiß zwei der Eckpunkte des Parallelogramms. Der dritte Eckpunkt wird von einer bestimmten »Vollfarbe« gebildet, der vierte ist die Komplementärfarbe zu dieser Vollfarbe. Dabei rutscht der Eckpunkt einer bestimmten Farbtonebene um so näher zum Weiß hin, je größer die gesamte spektrale Energie dieses Farbtons ist. Natürlich nähert er sich umgekehrt auf die gleiche Weise um so mehr dem Schwarzpunkt an, je geringer die gesamte spektrale Energie wird.

Dabei ist die größtmögliche Annäherung der Parallelogrammecke ans Weiß durch die Lage der Farbpunkte für die subtraktiven Grundfarben gegeben. Die Lage der Farbpunkte für die additiven Grundfarben kennzeichnet die größtmögliche Annäherung ans Schwarz.

Die Verbindung zwischen der Weißecke und der Schwarzecke einer jeden Farbtonebene ist die Grauachse. Diese zerschneidet das Parallelogramm in zwei Dreiecke, die exakt die gleiche Funktion haben wie die farbtongleichen Dreiecke in Ostwalds Doppelkegel. Nur handelt es sich hier nicht um gleichseitige Dreiecke, sondern um unregelmäßige. Aber zwei farbtongleiche Dreiecke, die zusammen auf einer Farbtonebene liegen, sind natürlich deckungsgleich und, wie aus dem vorher Gesagten schon hervorgeht, komplementär zueinander.

Die Anordnung auf den beiden in Abb. 74 gezeigten Farbtonebenen läßt erkennen, daß eine Farbnuance um so heller wird, je mehr sie sich dem Weißpunkt nähert. Sie wird um so dunkler, je enger sie beim Schwarzpunkt liegt. 74 A zeigt eine Farbtonebene, bei der die Eckpunkte die größtmögliche Annäherung an den Schwarzpunkt und an den Weißpunkt erreicht haben, da es sich um die Zwei-Drittel-Farbe Gelb und um die Ein-Drittel-Farbe Violettblau handelt. Bei Abb. 74 B sind die Eckpunkte des Parallelogrammes entsprechend dem Aussehen der Vollfarben mehr zur Mitte hin verschoben.

## Farbanteilgleiche Ebenen (Helligkeitsebenen)

Farbanteilgleiche Ebenen (Helligkeitsebenen) erhält man, wenn Schnitte in einem Winkel von 90 Grad zur Grauachse durch das Rhomboeder ausgeführt werden.

Auf ihnen liegen jeweils die Farbnuancen, die eine gleiche Anzahl von Farbanteilen haben. Dabei spielt es keine Rolle, ob diese Farbanteile von einer Grundfarbe oder von drei Grundfarben stammen. Lediglich die Zahl der Farbanteile muß gleich sein. Natürlich lassen sich auch hier wieder unendlich viele Schnitte durch den Farbenraum denken. Entsprechend dem hier gewählten System seien aber nur 27 Schnitte ausgeführt, da ja die größtmögliche Zahl von Farbanteilen 27 ist. Auf diese Weise lassen sich die Gegebenheiten ausgezeichnet verfolgen.

Selbstverständlich wäre es denkbar gewesen, die farbanteilgleichen Ebenen einfach »Helligkeitsebenen« zu nennen. Dies ist aber deswegen etwas problematisch, weil dabei die unterschiedliche Hellempfindung, wie in Abb. 11 erklärt wurde, unberücksichtigt bleibt.

Farbanteilgleiche Ebenen können die unterschiedlichsten Formen haben, wie aus Abb. 75 hervorgeht. 75 A zeigt farbanteilgleiche Schnitte im Bereich des Oktaeders, und zwar im oberen Teil der Abbildung in der Perspektive, 75 B im Bereich des Tetraeders. Daraus resultiert, daß die Form dieser Schnitte »Nullecke« (also Punkte), Dreiecke und Sechsecke sein können. Auch die Größe der Schnittflächen ist sehr unterschiedlich.

Dort, wo die Punkte Schwarz und Weiß liegen, d. h. die Farbnuancen mit 27 Farbanteilen und 0 Farbanteilen, beginnt bzw. endet das gesamte Farbsystem. Es gibt jeweils nur eine einzige Farbnuance mit diesen Werten. Sobald man sich von diesen Nullpunkten nur ein wenig mit der Schnittstelle auf der Grauachse in den Körper hineinbewegt, entstehen Dreiecksschnitte, die bis zu den Farbanteilebenen 9 und 18 immer größer werden. Diese beiden Ebenen 9 und 18 wurden bereits bekannt bei der Zerlegung des Rhomboeders in zwei Tetraeder und einen Oktaeder. Sie sind die Grenzflächen zwischen diesen Körpern. Abb. 75 unten zeigt sie noch einmal in der Aufsicht.

Sobald die farbanteilgleiche Schnittebene innerhalb des Oktaeders liegt, entsteht die Form eines Sechseckes, das zunächst drei sehr lange und drei sehr kurze Seitenkanten aufweist. Je weiter sich die Schnittebene zur Mitte des Oktaeders hin verlagert, desto gleichmäßiger lang werden die Außen-

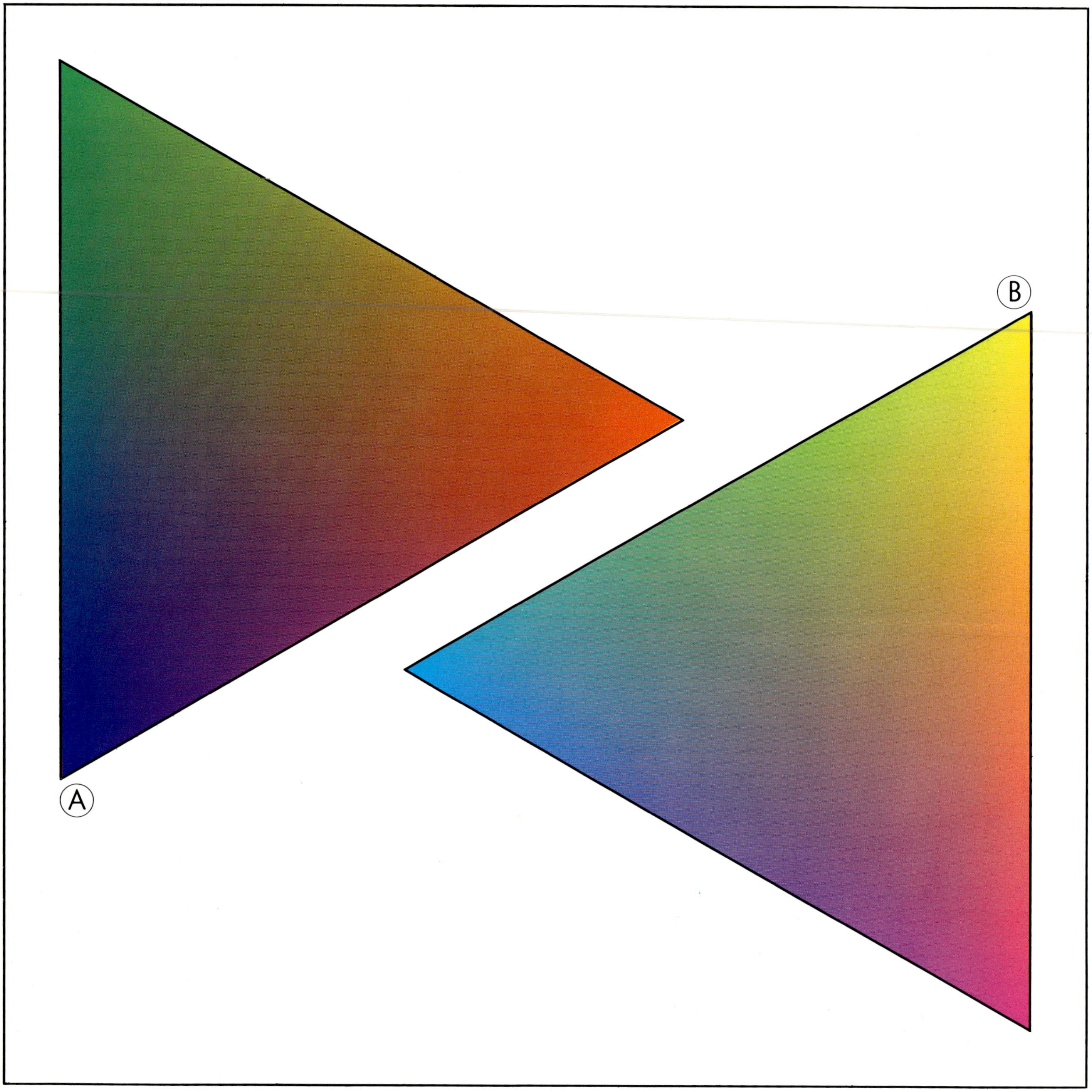


Abb. 76 Farbanteilsebenen kann man auch »Helligkeitsebenen« nennen. (A) und (B) sind Grundfläche und Oberfläche des Oktaeders (siehe auch Abb. 75 A und B). Auf (A) liegen alle Farbmischungen, die den gleichen Helligkeitswert haben wie die additiven Grundfarben, auf (B) diejenigen, die den gleichen Helligkeitswert wie die subtraktiven Grundfarben besitzen.

Abb. 77 Nebeneinandergestellt sieht man hier das bereits bekannte Schema der Anordnung der Farben im Rhomboeder und die Helligkeitswerte für die 27 Farbanteilsschnitte. In Spalte I wird die Quersumme der Farbanteile bei der subtraktiven, in Spalte II bei der additiven Mischung angegeben. In Spalte III schließlich erkennt man, daß sowohl bei der subtraktiven als auch bei der additiven Mischung der Farbreiz der gleiche ist. ▷

| I | II | III | |
|---|---|---|---|
| S | A | E | |
| 0 | 27 | 100,00% | $^3/_3$ |
| 1 | 26 | 96,30% | |
| 2 | 25 | 92,59% | |
| 3 | 24 | 88,89% | |
| 4 | 23 | 85,19% | |
| 5 | 22 | 81,48% | |
| 6 | 21 | 77,78% | |
| 7 | 20 | 74,07% | |
| 8 | 19 | 70,37% | |
| 9 | 18 | 66,67% | $^2/_3$ |
| 10 | 17 | 62,96% | |
| 11 | 16 | 59,26% | |
| 12 | 15 | 55,56% | |
| 13 | 14 | 51,85% | |
| 14 | 13 | 48,15% | |
| 15 | 12 | 44,44% | |
| 16 | 11 | 40,74% | |
| 17 | 10 | 37,04% | |
| 18 | 9 | 33,33% | $^1/_3$ |
| 19 | 8 | 29,63% | |
| 20 | 7 | 25,93% | |
| 21 | 6 | 22,22% | |
| 22 | 5 | 18,52% | |
| 23 | 4 | 14,81% | |
| 24 | 3 | 11,11% | |
| 25 | 2 | 7,41% | |
| 26 | 1 | 3,70% | |
| 27 | 0 | 0,00% | $^0/_3$ |

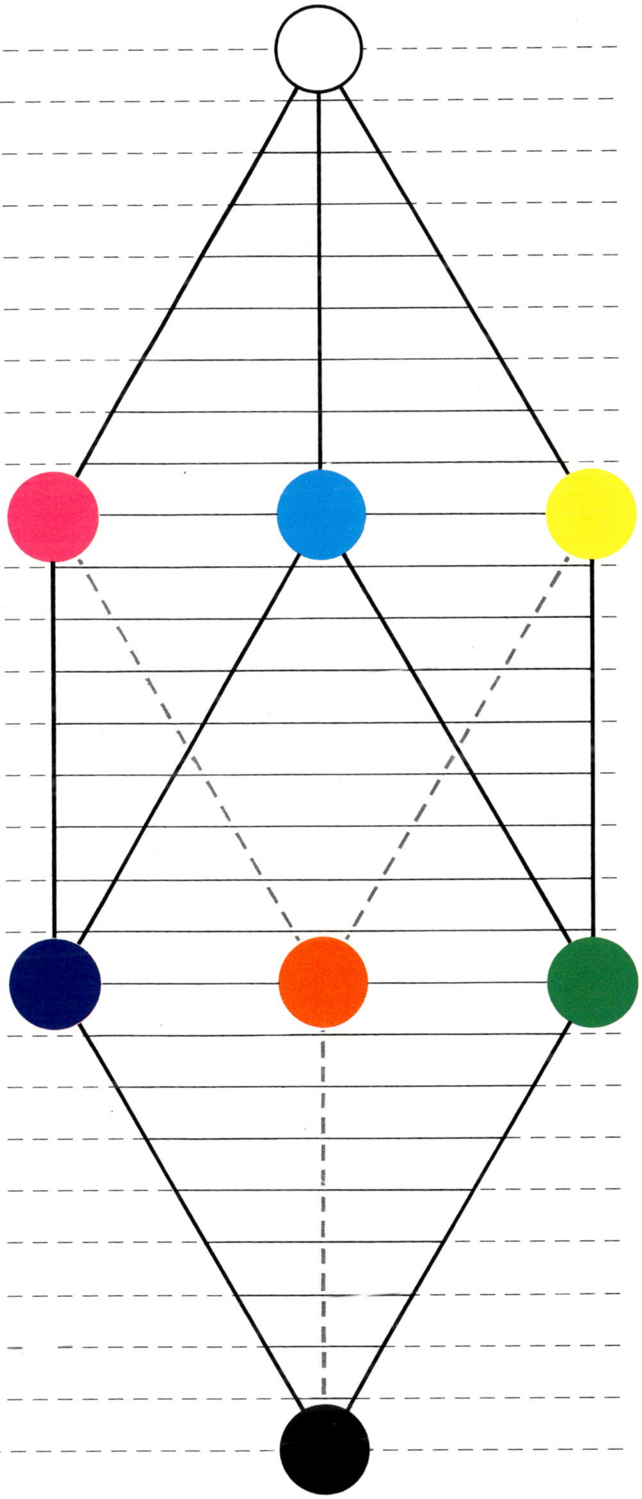

kanten des Sechseckes, bis genau in der Mitte des Oktaeders ein regelmäßiges Sechseck vorhanden ist.

Zum Verständnis der Farbanteilebenen ist es gut, sich wiederum des Systems Hickethier zu bedienen. Denn dieses System läßt sich natürlich unverändert für die Betrachtung der besagten 1 000 Schnittpunkte verwenden. Nur ist natürlich daran zu denken, daß stets Farbanteile von theoretisch richtigen Optimalfarben gemeint sind.

Es ist bekannt, daß jede dreistellige Kennzahl zur Bezeichnung einer Farbnuance nach dem System Hickethier den Sättigungsgrad und damit die Farbanteile an den drei subtraktiven Grundfarben angibt. Man erkennt also auf den ersten Blick, aus welchen Farbanteilen sich eine Mischung zusammensetzt. Errechnet man nun die Quersumme einer solchen Kennzahl, so erhält man damit sofort die Angabe, auf welcher farbanteilgleichen Ebene eine bestimmte Farbnuance liegen muß. Die Kennzahl 246 zum Beispiel hat eine Quersumme von 12 (2+4+6). Diese Farbnuance liegt mit allen anderen Farbnuancen gleicher Quersumme auf der farbanteilgleichen Ebene 12. Das ist also zum Beispiel auch ein Grau 444 oder ein Gelborange 930.

Die farbanteilgleichen Schnitte der Ebenen 18 und 9 sind in Abb. 76 zu sehen. Es ist dabei nicht verwunderlich, daß die anteilgleiche Ebene 18 (76 A) wesentlich dunkler aussieht als die anteilgleiche Ebene 9 (76 B), denn die Farben mit einer Quersumme von 18 müssen in der subtraktiven Farbmischung viel dunkler sein, weil sie viel näher beim Schwarzpunkt (27 Anteile) liegen als die Farben mit der Quersumme 9.

Bei beiden farbanteilgleichen Dreiecken ist aber die prinzizielle Anordnung gleich. Je weiter entfernt eine Farbnuance vom Mittelpunkt des Dreiecks ist, desto farbiger ist sie. Der Mittelpunkt ist jeweils der Punkt absoluter Neutralität. Je näher die Lage einer Farbnuance am Mittelpunkt liegt, desto verschleierter, verhüllter, unbunter muß sie sein.

In der schematischen Darstellung des Rhomboeders auf Abb. 77 sind die 27 farbanteilgleichen Schnitte gezeigt. Links neben dem Schema befinden sich drei Skalen. Die erste Spalte zeigt die Quersumme der Farbanteile aller Farbnuancen auf der entsprechenden farbanteilgleichen Ebene bei der subtraktiven Mischung. Die zweite Spalte zeigt dasselbe, jedoch für die additive Mischung. Dabei ergibt der Wert der ersten Spalte und der Wert der zweiten Spalte zusammengezählt immer 27. Die Ursache dafür ist die gleiche, die auch schon bei der Erklärung der Sättigungsebenen gegeben worden ist. Dort ergaben der Sättigungswert der subtraktiven Mischung und der Sättigungswert der additiven Mischung zusammen 100 %, d. h. die ganze Entfernung von einer Außenfläche zur anderen. Aus demselben Grund müssen die Quersummen der subtraktiven Mischung und der additiven Mischung für dieselbe farbanteilgleiche Ebene zusammen 27 ergeben.

Die dritte Spalte zeigt den Prozentsatz der spektralen Energie jedes einzelnen Farbtones im Verhältnis zum energiegleichen Spektrum an. Dabei ist für die subtraktive und für die additive Mischung die Zahl identisch, denn hier geht es ja nur noch um den Farbreiz, unabhängig davon, wie er zustande gekommen ist. Es spielt auch keine Rolle, ob durch Aufbringen von neun Farbanteilen auf weißes Papier ein Drittel der spektralen Gesamtenergie absorbiert wurden, so daß zwei Drittel übrig bleiben oder ob diese zwei Drittel bei der additiven Mischung dadurch zustande gekommen sind, daß insgesamt 18 Farbanteile zusammengeblendet worden sind. In jedem der beiden Fälle wird die spektrale Energie des Farbreizes gegenüber dem energiegleichen Spektrum einen Wert von 66,66% betragen.

Die Darstellung der Abb. 77 kann man (mit der bereits erwähnten Einschränkung) durchaus als Helligkeitsverlauf im Rhomboeder bezeichnen. Die subtraktive Ebene 27 bedeutet optimale Dunkelheit. Die Helligkeit der einzelnen Farbnuancen wird immer größer, je geringer ihre subtraktive Quersumme wird, bis sie beim Weiß ihren Höchstwert erreicht hat.

## Die Unbuntebenen

Blickt man von oben auf das Rhomboeder, so erkennt man ein Sechseck, in dessen Mittelpunkt Weiß liegt. Dies ist in Abb. 78 A gezeigt. Das äußere, farbig ausgeführte Sechseck ist die Körperbegrenzung des Rhomboeders, die, und zwar in der Verlaufrichtung der Grauachse, auf eine Fläche projiziert ist.

Diese farbig ausgeführte äußere Körperbegrenzung ist die Unbuntfläche Null des Rhomboeders. Sämtliche auf ihr angeordneten Farbnuancen haben den Unbuntwert bzw. den Unbuntgrad Null. Es sind also Farben optimaler Buntheit.

Die Unbuntebenen des Rhomboeders sind Mantelflächen von sechsflächigen gleichmäßigen Prismen, welche ineinanderstehen und welche die Grauachse als gemeinsame Achse haben. Auch hier gibt es natürlich wieder unendlich viele Unbuntebenen.

Um im dekadischen System zu bleiben, haben wir insgesamt 10 Unbuntebenen angeordnet. Die Unbuntebene Null ist, wie wir schon wissen, die äußere Körperbegrenzung. Auf ihr befindet sich lediglich noch eine Linie, nämlich die Verbindung zwischen den Farbenpunkten der subtraktiven Grundfarben und der additiven Grundfarben. Diese Linie ist auch in Abb. 78 C dargestellt.

Die Bezugsebenen für den Grad der Unbuntheit sind die Unbuntebenen Null. Je weiter ein Farbpunkt im Farbenkörper von seiner Unbuntebene entfernt ist, desto größer ist sein Unbuntanteil bzw. sein Unbuntfaktor. Die größtmögliche Entfernung zur Unbuntebene Null ist im Mittelpunkt der Darstellung erreicht. Hier handelt es sich um die Grauachse, nämlich den größtmöglichen Grad der Unbuntheit.

Aus diesen Überlegungen leitet sich ab, daß die bisherige Darstellung des Farbenkreises, wie wir ihn in Abb. 35 kennengelernt haben, nicht logisch ist. Im Farbenkreis liegen alle Farben mit gleichem Buntheitsfaktor gleichberechtigt nebeneinander. Die bessere Anordnung scheint das Farbensechseck von Abb. 78 B zu sein. Den sechs Grundfarben ist hier eine überragende, besondere Stellung eingeräumt. Sie befinden sich an den sechs Ecken des Sechsecks. Dies entspricht ihrer besonderen Bedeutung innerhalb des Rhomboeder-Systems und innerhalb der Farbmischgesetze. Die Verbindungen zwischen diesen Punkten extremer Farbigkeit müssen geradlinig sein.

Die Abb. 78 C soll noch einmal vor Augen führen, wie das Wirken im Farbenraum sich darstellt, wenn man es lediglich aus der Perspektive der Buntheit betrachtet. Der zackige Farbenring bedeutet die größtmögliche Buntheit. Er entspricht der Anordnung in dem Schema, das wir auch in Abb. 77 wieder vor Augen hatten. Auf dieser Unbuntfläche Null ist lediglich noch die Linie des zackigen Farbensechseckes vorhanden. Je größer die Unbuntheit wird, desto weiter liegt ein Farbenpunkt im Innern des Farbenraumes. Die Unbuntflächen nehmen an Flächenausmaß zunächst zu. Wenn ein bestimmter Punkt überschritten ist, nimmt die Ausdehnung der Flächen wieder ab, bis wiederum lediglich eine Linie überbleibt, nämlich die Linie der größten Unbuntheit, die Grauachse, die in der Darstellung als Senkrechte gezeigt ist.

Buntheit und Unbuntheit sind zwei Begriffe, die sich gegenseitig ergänzen wie Weiß und Schwarz. An sich wäre es gleichgültig, ob man Buntheit oder Unbuntheit sagt, ob man von Buntheitsebene oder Unbuntheitsebene spricht. Lediglich wenn es um die Abstandsverhältnisse im Rhomboeder geht, muß man sich auf die Unbuntheit beziehen, denn der Unbuntfaktor in einer Farbnuance entspricht dem Abstand der Farbnuance zur Unbuntebene Null und nicht dem Abstand zur Grauachse.

Mit dem Zahlensystem Hickethier läßt sich der Buntheitsgrad, wie wir schon wissen, definieren.

Die Buntheit ist die Summe derjenigen Farbanteile, die in einer Mischung den Unbuntwert übersteigen. Man kann demnach jede Farbnuance in einen Unbuntwert und in einen Buntwert zerteilen. Zum Beispiel die Farbnuance 225:

222 = Unbuntwert<br>
+003 = Buntwert<br>
=225 = Farbnuance

Will man nun den Grad der Buntheit ermitteln, so muß man die Buntwerte auf die einzelnen sechs Grundfarben beziehen (nicht etwa nur auf die drei subtraktiven).

Analog zu Hickethiers Zahlensystem kann man die größtmögliche Buntheit mit dem Buntheitsfaktor 9 bezeichnen:

090 = Buntheitsfaktor 9<br>
099 = Buntheitsfaktor 9

Dabei wird die Kennziffer 090 auf Magentarot, die Kennziffer 099 auf Violettblau bezogen. In beiden Fällen ergibt sich dadurch der Buntheitsfaktor 9.

Mischungen mit den gleichen Anteilen an den subtraktiven Grundfarben haben den Buntheitsfaktor 0, weil kein Farbanteil den Unbuntwert überragt:

000 = Buntheitsfaktor 0<br>
111 = Buntheitsfaktor 0<br>
999 = Buntheitsfaktor 0

Bei einer Kennzahl der subtraktiven Mischung, in der lediglich zwei subtraktive Grundfarben vorhanden sind, ergibt sich z. B. für die Farbnuance 940 folgende Rechnung:

440 = Buntheitsfaktor für Orangerot = 4<br>
+500 = Buntheitsfaktor für Gelb = 5<br>
=940 = Buntheitsfaktor = 9

Dasselbe gilt für eine Farbnuance, die mit der subtraktiven Kennzahl 358 bezeichnet wird:

333 = Unbuntwert<br>
+025 = Buntwert<br>
=358 = Farbnuance

Den Buntheitsfaktor der Farbnuance 940 errechnet man folgendermaßen:

333 = Unbuntwert. Buntheitsfaktor = 0<br>
+022 = Buntheitsfaktor für Violettblau = 2<br>
+003 = Buntheitsfaktor für Cyanblau = 3<br>
=358 = Buntheitsfaktor = 5

## Einteilung der Farben in Gruppen

Es ist nötig, noch einmal auf die Abb. 68 B zurückzukommen. Dort wurde gezeigt, daß das Rhomboeder in drei neue geometrische Körper zerfällt, wenn je ein Schnitt durch jene Ebenen ausgeführt wird, auf denen die additiven beziehungsweise die subtraktiven Grundfarben ihren Platz haben.

Das kann nicht zufällig sein, sondern muß eine tiefere Bedeutung besitzen. Ganz offensichtlich handelt es sich um eine zwangsläufige Einteilung der unendlich vielen Farbnuancen in drei feste Gruppen. Wie unterscheiden sich diese drei Gruppen voneinander, wie grenzen sie sich gegenseitig ab?

Dazu sei mit der Betrachtung desjenigen Tetraeders begonnen, dessen Eckpunkte Weiß und die subtraktiven Grundfarben Gelb, Magentarot und Cyanblau sind. Aus Abb. 77 ging hervor, daß in diesem Stück des Rhomboeders all jene Farbnuancen ihren Platz haben, deren subtraktive Quersumme zwischen O und 9 liegt. Keine Farbnuance, deren Quersumme auch nur um einen Bruchteil größer wäre als 9, kann in diesem Tetraeder liegen, denn die farbanteilsgleiche Ebene 9 bildet die Grenzfläche.

Abbildung 79 zeigt in einem Schema die Grenzwirkung, die bei den Quersummen 9 und 18 entsteht. 79 A ist eine cyanblaue Fläche, die in optimaler Sättigung auf dem weißen Papier liegt. Diese Farbnuance hat die Kennzahl 009 mit der Quersumme 9. Diese cyanblaue Farbe ist also einer der unendlich vielen Punkte auf der farbanteilsgleichen Ebene 9 (Abb. 76 B), in diesem Fall ein Eckpunkt, da es sich um eine Grundfarbe handelt.

Die Fläche von Abb. 79 A ist in kleine Dreiecke aufgeteilt, um den Vorgang schematisch deutlicher zu machen. Bei 79 A sind von 9 kleinen Dreiecken 9 cyanblau. Das soll bedeuten, daß die Fläche mit 9 Farbanteilen bedeckt ist, also optimale Sättigung gegeben ist. Bei 79 B dagegen sind von 9 kleinen Dreiecken nur noch 8 cyanblau. Eines ist weiß. Das soll versinnbildlichen, daß man es hier mit 8 Farbanteilen Cyanblau zu tun hat. Diese sind nicht in der Lage, das weiße Papier mit voller Farbsättigung zu überdecken. Also wird dieser nicht überdeckte Bestandteil Weiß das Aussehen der cyanblauen Farbe beeinflussen und wir werden ein verweißlichtes Cyanblau erhalten.

Die farbanteilgleiche Ebene der Quersumme 9 enthält grundsätzlich alle jene Farben, die genau zwei Drittel der Energie des energiegleichen Spektrums besitzen. Es ist dabei völlig

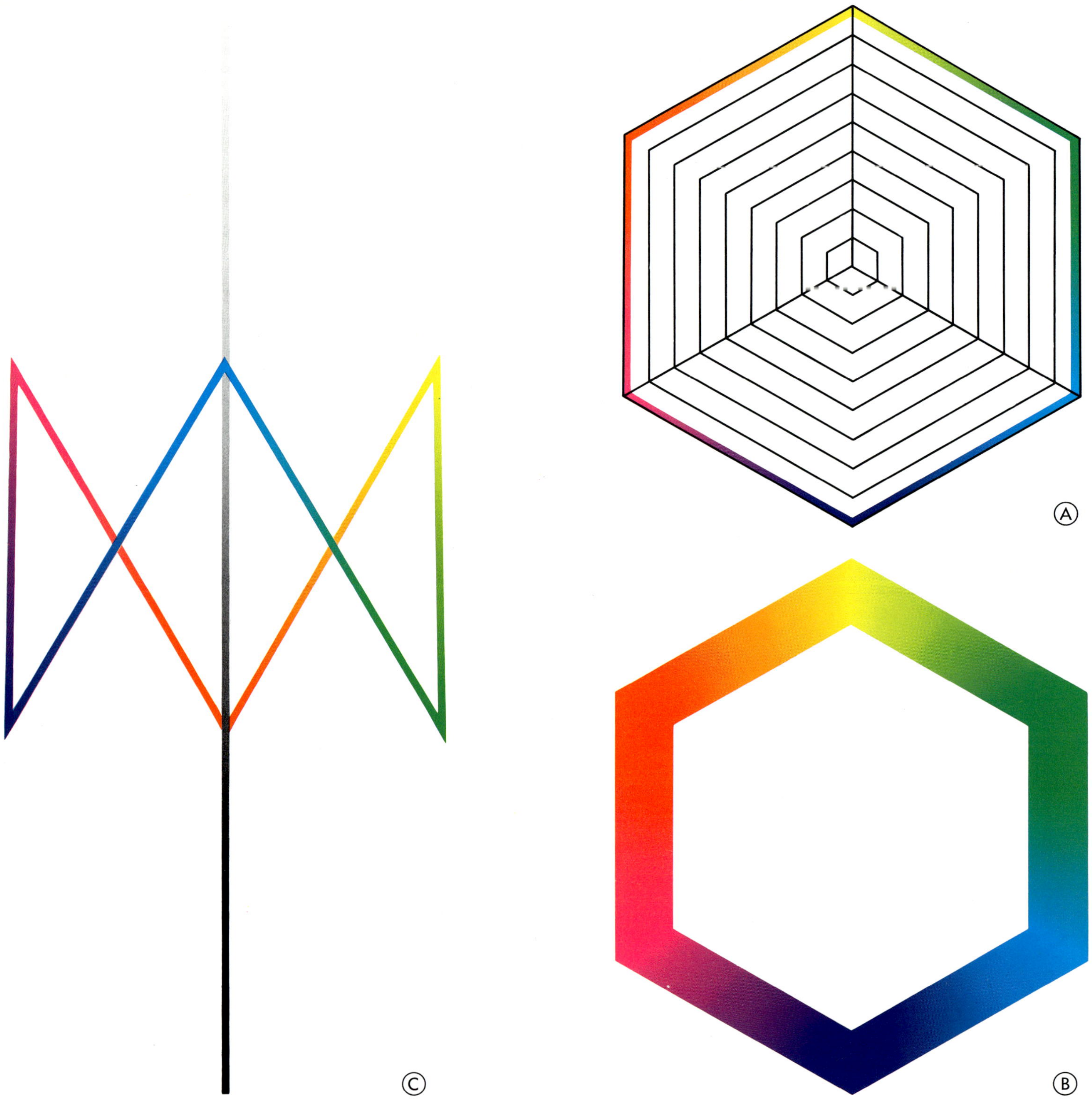


Abb. 78 Blickt man von oben auf das Rhomboeder, dann sieht man ein Sechseck, wie A es zeigt. Die farbig ausgeführten Verbindungslinien zwischen den Grundfarben sind die Außenbegrenzungen des Körpers. Sie liegen auf der Unbuntebene Null. Der Unbuntgrad steigt an, je weiter die Unbuntebene sich der Grauachse nähert. Abb. B zeigt, daß die Darstellung der reinen Farben im Farbenkreis nicht logisch ist. Aus A ergibt sich die Form des Farbensechsecks B. Schließlich erkennt man in C, wie alle sichtbare Farbigkeit zwischen der Unbuntlinie (senkrechte Grauachse) und dem zackenförmigen Sechseck optimaler Buntheit angeordnet ist. Die Darstellung jeder beliebigen Farbnuance läßt sich reduzieren auf eine Kombination der Fläche des Farbensechsecks mit der Linie optimaler Unbuntheit.

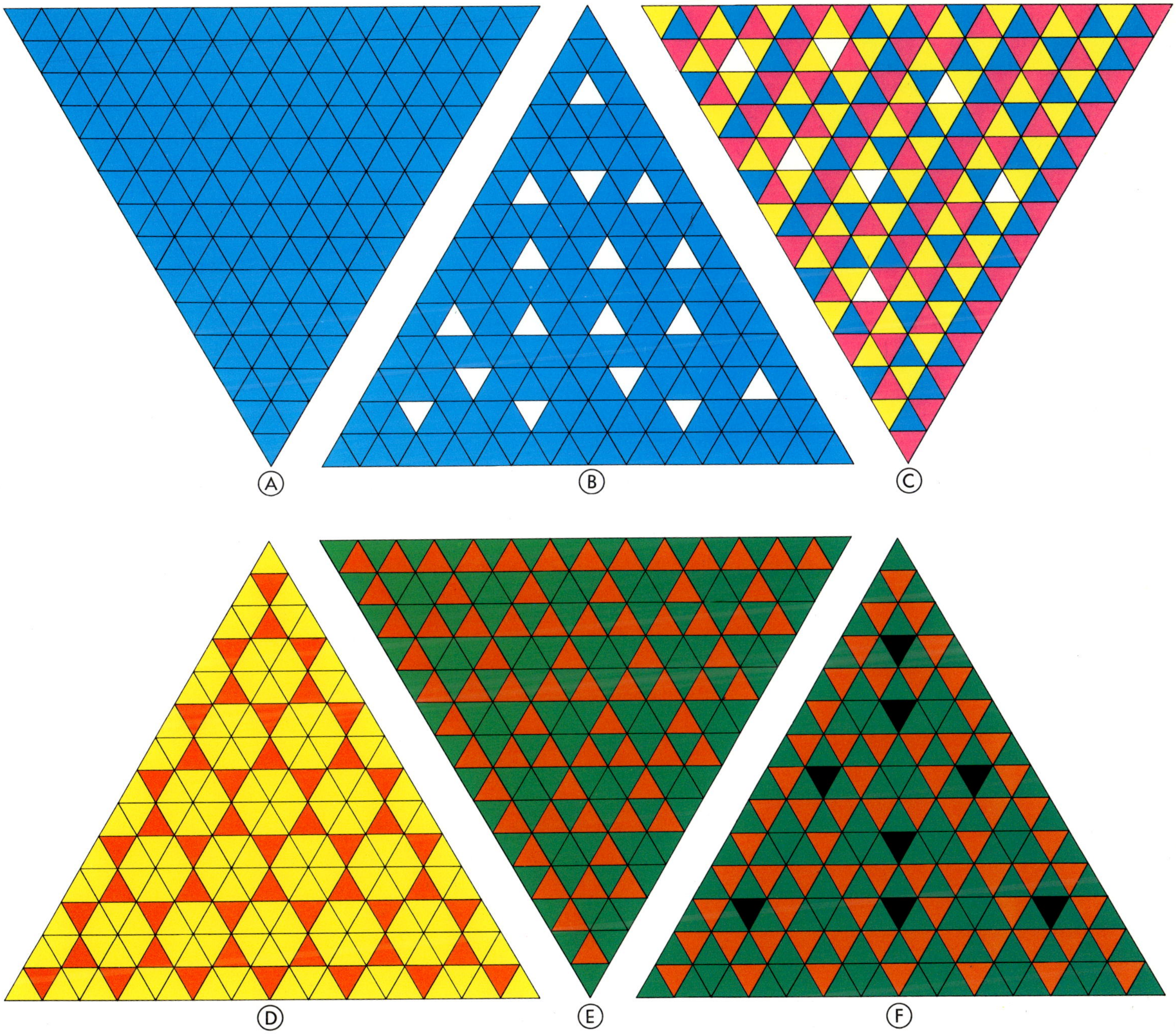


Abb. 79 Die Aufteilung der Flächen in kleine Dreiecke symbolisiert die Aufteilung in Farbanteile. Sind von 9 kleinen Dreiecken 9 cyanblau wie in (A), so bedeutet dies optimale Sättigung. Eine Verweißlichung kann erst stattfinden, wenn die Zahl von 9 Farbanteilen unterschritten wird (B). Dabei spielt es keine Rolle, ob die 9 Farbanteile von einer Grundfarbe sind oder von mehreren, wie in (C). Bei Mischungen mit Quersummen zwischen 9 und 18 ist volle Farbigkeit gegeben (D + E). Kommt auch nur ein einziger Farbanteil dazu, tritt eine Verschwärzlichung ein, wie in (F) zu sehen ist.

unerheblich, ob es sich um bunte oder unbunte Farben handelt. Auf dieser Ebene liegt genauso das Grau mit der subtraktiven Kennzahl 333 wie das optimale Magentarot oder ein Grün mit der subtraktiven Kennzahl 504.

All jene Farbnuancen, die einen größeren Energiewert haben als zwei Drittel des energiegleichen Spektrums, liegen im oberen Tetraeder des Rhomboeders. Der Farbton von Abb. 79 C soll schematisch einen Farbton zeigen, der unbunt ist, dessen Quersumme aber nur um den Bruchteil eines ganzen Farbanteiles geringer ist als 9.

Diese Farbfläche, die aus gleichvielen magentaroten, gelben und cyanblauen Dreiecken besteht, weist nur wenige weiße Dreiecke auf. Dies ist also eine der typischen Farbnuancen des oberen Tetraeders, das deswegen »Weiß-Tetraeder« genannt sei, weil der Weißpunkt auf seiner Spitze liegt.

Aus den hier angeführten Überlegungen geht hervor, daß alle verweißlichten Farben im Weiß-Tetraeder zu finden sind. Bei der erneuten Betrachtung der cyanblauen Fläche in Abb. 79 A leuchtet ein, daß eine Farbe, deren subtraktive Quersumme 9 ist, nicht verweißlicht sein kann. Denn das weiße Papier kann keinen Einfluß mehr auf das Aussehen dieser Farbnuance haben. Dabei ist es abermals völlig gleichgültig, ob es sich um eine reine bunte Farbe, wie das hier gezeigte Cyanblau, oder um eine unbunte Farbe wie das Grau 333 handelt. Auch das Grau 333 kann nicht verweißlicht sein, da nach diesem Schema an jeder Stelle des weißen Papiers, ähnlich wie in 79 C, jedoch ohne die dort vorhandenen weißen Dreiecke, eine Zwei-Drittel-Farbe vorhanden ist.

Im Oktaeder liegen all jene Farbnuancen, deren subtraktive Quersummen zwischen 9 und 18 liegen. Abbildung 79 D zeigt das Schema einer Farbnuance mit der subtraktiven Quersumme 11. Zu den neun Farbanteilen Gelb sind zwei Farbanteile Magentarot dazugekommen. Kämen noch weitere sieben Farbanteile Magentarot dazu, so wäre die gesamte Fläche Orange und die entstandene Farbnuance hätte eine subtraktive Quersumme 18. Diese Farbnuance würde auf der farbanteilgleichen Ebene liegen, die die Grenze zum Schwarz-Tetraeder bildet.

Eine andere Farbnuance mit der Quersumme 18 zeigt 79 E. Hier ist das Schema einer Farbnuance mit der subtraktiven Kennzahl 927 zu sehen. Zu den neun Farbanteilen Gelb (volle Fläche) sind zwei Farbanteile Magentarot und sieben Farbanteile Cyanblau gekommen. Das Schema zeigt, daß an jeder Stelle des Papiers noch eine Ein-Drittel-Farbe, nämlich entweder Grün oder Orangerot, voll wirksam ist.

Also enthält das Oktaeder all jene Farbnuancen, die weder verweißlicht noch verschwärzlicht sind.

Bei 79 F ist zu erkennen, daß sofort eine Verschwärzlichung eintritt, wenn zu der subtraktiven Quersumme von 18 Farbanteilen auch nur der Bruchteil eines weiteren Farbanteiles hinzukommt. Erst in diesem Moment fangen die subtraktiven Grundfarben an, sich gegenseitig auszuschalten.

Im Vergleich zu der Farbnuance 927 von 79 E ist die Farbnuance 937 von 79 F bereits verschwärzlicht. Eines von neun kleinen Dreiecken ist schwarz. Sobald die Grenze von 18 Farbanteilen überschritten ist, muß eine Verschwärzlichung eintreten. Sämtliche Nuancen mit subtraktiver Quersumme von über 18 liegen in dem Tetraeder mit der schwarzen Spitze, das wir »Schwarz-Tetraeder« nennen wollen.

Das Schwarz-Tetraeder enthält alle verschwärzlichten Farbnuancen.

Es gibt also drei große Gruppen von Farben:

a) Die verweißlichten Farben des Weiß-Tetraeders
b) Die Vollfarben des Oktaeders
c) Die verschwärzlichten Farben des Schwarz-Tetraeders.

Eine Sonderstellung gegenüber den unendlich vielen Farbpunkten innerhalb des Farbenkörpers nehmen jene ein, die auf den Außenflächen angeordnet sind. Bei den Farbnuancen, die auf jenen Außenflächen ihren Platz haben, welche sich im Weißpunkt berühren, handelt es sich um alle reinen subtraktiven Mischungen, um Mischungen aus nur zwei subtraktiven Grundfarben.

Bei den anderen drei Außenflächen, die sich im Schwarzpunkt berühren, handelt es sich um alle reinen additiven Farbmischungen, um Mischungen also, an denen nur zwei additive Grundfarben beteiligt sind.

Hieraus ergibt sich eine weitere Gruppierung aller Farbnuancen: Alle reinen Farbnuancen befinden sich auf den Außenflächen. Alle anderen befinden sich innerhalb des Farbenkörpers. Aber wie sind sie zu benennen? Sicherlich sind Worte wie »gedämpft«, oder »getrübt« oder »gebrochen« prinzipiell nicht geeignet. Das naheliegendste ist daher, sie »unreine« Farben zu nennen.

Demnach gibt es sowohl bei den beiden Tetraedern als auch beim Oktaeder reine, unreine und unbunte Farbnuancen. Alle Farbnuancen des Farbenraumes lassen sich demzufolge in neun zwangsläufig entstehende Gruppen einteilen:

1. Reine verweißlichte Farben
2. Unreine verweißlichte Farben
3. Unbunte verweißlichte Farben
4. Reine Vollfarben
5. Unreine Vollfarben
6. Unbunte Vollfarben
7. Reine verschwärzlichte Farben
8. Unreine verschwärzlichte Farben
9. Unbunte verschwärzlichte Farben

Zunächst einmal wurde die Einteilung der Farben in Gruppen ausschließlich an der subtraktiven Mischung erklärt. Und zwar nur deswegen, um die ganze Sache nicht unnötig zu komplizieren, um sie überschaubar zu machen.

Nun bleibt aber noch der Nachweis zu führen, daß die gleiche Erklärung auch von der additiven Mischung her gegeben werden kann. Dazu ist es nötig, das Zahlensystem von Hickethier, welches bisher verwendet wurde, zu modifizieren. In Zukunft soll unterschieden werden zwischen subtraktiver Kennzahl und additiver Kennzahl. Abb. 80 zeigt zwei Reihen von beliebigen Farbnuancen. Links neben ihnen steht die jeweilige subtraktive Kennzahl, rechts neben ihnen die additive. Je nachdem, ob es sich um die eine oder andere Art von Kennzahl handelt, steht vor der Zahl selbst ein S (subtraktiv) oder ein A (additiv).

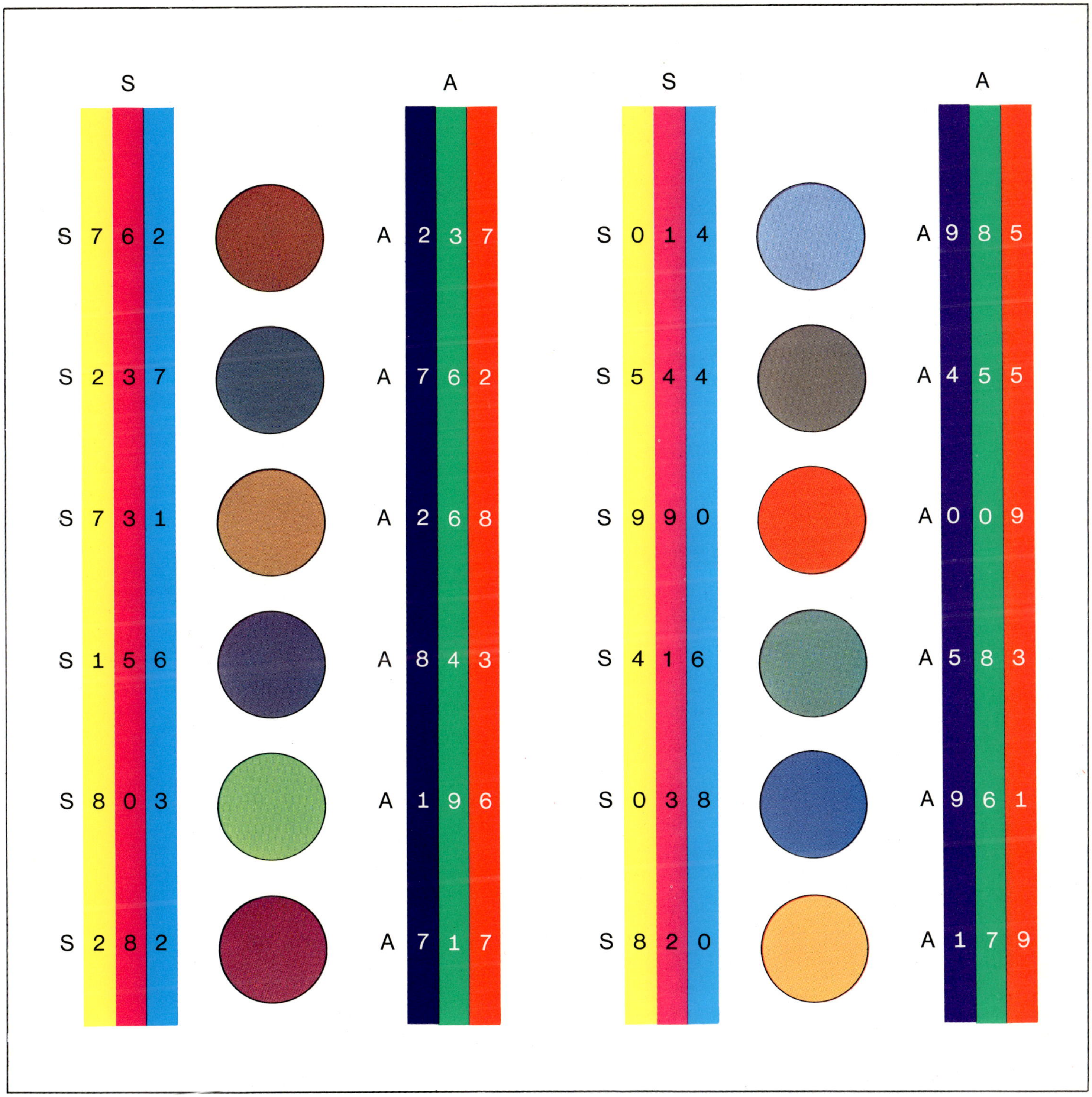


Abb. 80 Das Zahlensystem von Hickethier läßt sich modifizieren, indem man für die subtraktive Mischung ein S und für die additive Mischung ein A vor die Kennzahl stellt. Der gleiche Farbton kann auf diese Weise in bezug auf sein Mischungsverhältnis an der subtraktiven und additiven Mischung bezeichnet werden. Addiert man die Kennzahlen zusammen, so erhält man jeweils 999.

Um die Darstellung möglichst anschaulich zu machen, steht jede Kennzahl auf einem farbigen Untergrund. Der Farbton dieses Untergrundes entspricht der zugehörigen Grundfarbe.

Das erste Beispiel ist eine Farbnuance mit der subtraktiven Kennzahl S 762. Die zugehörige additive Kennzahl ist A 237. Auf den ersten Blick ist zu ersehen, daß sich beide Zahlen zu 999 ergänzen.

Also steht die subtraktive Kennzahl für eine bestimmte subtraktive Grundfarbe in einem festen Verhältnis zur additiven Kennzahl für die entsprechende additive Grundfarbe.

Der subtraktiven Grundfarbe Gelb entspricht die additive Grundfarbe Violettblau, der subtraktiven Grundfarbe Magentarot die additive Grün und der subtraktiven Grundfarbe Cyanblau die additive Orangerot.

Subtraktive und additive Farbanteile zusammen ergeben jeweils den Wert 9.

| | |
|---|---|
| Gelb | S 900 + A 099 = 999 |
| Magentarot | S 090 + A 909 = 999 |
| Cyanblau | S 009 + A 990 = 999 |
| Violettblau | S 099 + A 900 = 999 |
| Grün | S 909 + A 090 = 999 |
| Orangerot | S 990 + A 009 = 999 |
| Weiß | S 000 + A 999 = 999 |
| Schwarz | S 999 + A 000 = 999 |

Diese Aufstellung zeigt noch einmal, was schon längst bekannt ist, daß nämlich die subtraktiven Grundfarben Zwei-Drittel-Farben und die additiven Grundfarben Ein-Drittel-Farben sind. Für den Farbreiz einer subtraktiven Grundfarbe, zum Beispiel Gelb, werden 9 Farbanteile dieser Farbe für die optimale Sättigung benötigt. Um die gleiche Farbe Gelb zu erzielen sind bei der additiven Mischung die beiden entsprechenden additiven Grundfarben in voller Sättigung erforderlich, nämlich die Farben Grün und Orangerot. In bezug auf den Farbreiz sagt demnach die Kennzahl S 900 das gleiche aus wie die Kennzahl A 099. Beide weisen darauf hin, daß das Grün-Drittel und das Orangerot-Drittel des Spektrums als Farbreiz voll vorhanden sind.

Dasselbe gilt für alle übrigen Zahlen dieser Aufstellung. Es braucht sicherlich nicht im einzelnen noch erklärt zu werden.

Nun zurück zu Abb. 80. Beim Betrachten der senkrechten Spalten wird deutlich, daß der Farbreiz einer bestimmten Farbnuance, nämlich die spektrale Verteilung, die in das Auge gelangt, sowohl durch eine subtraktive als auch durch eine additive Kennzahl exakt bezeichnet werden kann. Wiederum muß natürlich daran erinnert werden, daß diese Überlegungen nur dann richtig sein können, wenn man es mit den theoretisch richtigen Optimalfarben ohne Fehlremission und Fehlabsorption zu tun hat.

Demnach sind verweißlichte Farblichter solche, deren additive Kennzahl eine Quersumme ergibt, die größer ist als 18. Verschwärzlichte Farblichter sind jene mit einer geringeren additiven Kennzahl als 9. Als Vollfarben sind alle Farbnuancen zu bezeichnen, deren additive Quersumme zwischen 9 und 18 liegt.

Im einzelnen kann der Beweis dann analog geführt werden, wie dies für die subtraktive Mischung geschehen ist.

## Das Ordnungssystem des Rhomboeders

Unser Rhomboeder ist ein Farbenraum. In diesem Farbenraum gibt es unendlich viele Punkte, von denen jeder eine Farbnuance repräsentiert. Diese unendlich vielen Farbenpunkte sind logisch angeordnet in bezug auf die optimalen (theoretisch richtigen) subtraktiven und additiven Grundfarben. Somit existieren einfache mathematische Zusammenhänge.

Es gibt ein System von drei subtraktiven Bezugsebenen für die subtraktive Farbmischung. Dies sind jene Ebenen, auf denen die Außenflächen des Rhomboeders liegen, die sich im Weißpunkt berühren.

Und es existiert ein System von drei Bezugsebenen für die additive Farbmischung. Dies sind jene Ebenen, auf denen die drei Außenflächen des Rhomboeders liegen, die sich im Schwarzpunkt berühren.

Es gibt weiter eine unendliche Zahl von Ebenen, die parallel zu diesen Bezugsebenen den Farbenkörper durchschneiden. Dies sind die sättigungsgleichen Ebenen oder Sättigungsebenen. Sie durchziehen den Farbenkörper in drei verschiedenen Richtungen:

1. In der Gelb-Violettblau-Richtung
2. In der Magentarot-Grün-Richtung
3. In der Cyanblau-Orangerot-Richtung.

Darüber hinaus wird der Farbenraum durchschnitten von einer unendlichen Anzahl farbanteilsgleicher Ebenen. Dies sind jene Ebenen, die in einem Winkel von 90° durch die Grauachse laufen.

Außerdem gibt es noch eine unendliche Anzahl von Ebenen, die die Grauachse in ihrer Verlaufrichtung schneiden, die farbtongleichen Ebenen beziehungsweise die Farbtonebenen.

Und schließlich haben wir noch die Unbuntebenen, die auf Mänteln von sechsflächigen regelmäßigen Prismen liegen, deren gemeinsame Achse die Grauachse ist.

Demnach gibt es für jeden Punkt im Farbenraum sechs Bezugsmöglichkeiten:

1. Sättigungsebenen der Gelb-Violettblau-Richtung
2. Sättigungsebenen der Magentarot-Grün-Richtung
3. Sättigungsebenen der Cyanblau-Orangerot-Richtung
4. Farbanteilsebenen
5. Farbtonebenen
6. Unbuntebenen.

Für die Definition eines beliebigen Punktes im dreidimensionalen Farbenraum ist die Angabe von drei beliebigen dieser sechs möglichen Arten von Ebenen ausreichend. Dabei spielt es keine Rolle, ob die angegebenen Werte sich auf das additive oder auf das subtraktive Bezugssystem richten, ob Farbtonebenen, Farbanteilsebenen oder Unbuntebenen bekannt sind. Immer lassen sich aus drei entsprechenden Angaben alle übrigen Bezüge einer Farbnuance, eines Farbpunkts bestimmen, nämlich:

a) Das subtraktive Mischungsverhältnis
b) Das additive Mischungsverhältnis
c) Der Farbton
d) Die Helligkeit (genauer: die Menge der Farbanteile bzw. die spektrale Energie).

e) Der Grad der Unbuntheit

Ohne weiteres kann für jeden beliebig angenommenen Farbpunkt ausgesagt werden, welcher der großen Gruppen von Farben die betreffende Farbnuance zuzuordnen ist. Sie gehört

1. zu den reinen verweißlichten Farben, wenn sich der Farbpunkt auf einer der Mantelflächen des Weiß-Tetraeders befindet,
2. zu den unreinen verweißlichten Farben, wenn sich der Farbpunkt innerhalb des Weiß-Tetraeders befindet,
3. Zu den unbunten verweißlichten Farben, wenn sich der Farbpunkt auf der Grauachse im Weiß-Tetraeder befindet.
4. zu den reinen Vollfarben, wenn sich der Farbpunkt auf einer der Mantelflächen des Oktaeders befindet,
5. zu den unreinen Vollfarben, wenn sich der Farbpunkt im Innern des Oktaeders befindet,
6. zu den unbunten Vollfarben, wenn sich der Farbpunkt auf der Grauachse im Oktaeder befindet.
7. zu den reinen verschwärzlichten Farben, wenn sich der Farbpunkt auf einer der Mantelflächen des Schwarz-Tetraeders befindet.
8. zu den unreinen verschwärzlichten Farben, wenn sich der Farbpunkt im Innern des Schwarz-Tetraeders befindet.
9. zu den unbunten verschwärzlichten Farben, wenn sich der Farbpunkt auf der Grauachse im Schwarz-Tetraeder befindet.

Damit man sich diese Zusammenhänge möglichst klar vor Augen führen kann, sind in Abb. 81 und 82 Modelle der Farbenkörper vorhanden, die man ausschneiden und zusammenkleben kann.

Aus Abb. 81 läßt sich ein Modell des Rhomboeders herstellen. Aus Abb. 82 lassen sich die beiden Tetraeder und das Oktaeder zusammenkleben. Damit diese Seiten des Buches nicht herausgeschnitten zu werden brauchen, sind beide Abbildungen auf den Innenklappen des Schutzumschlages noch einmal mitgedruckt worden.

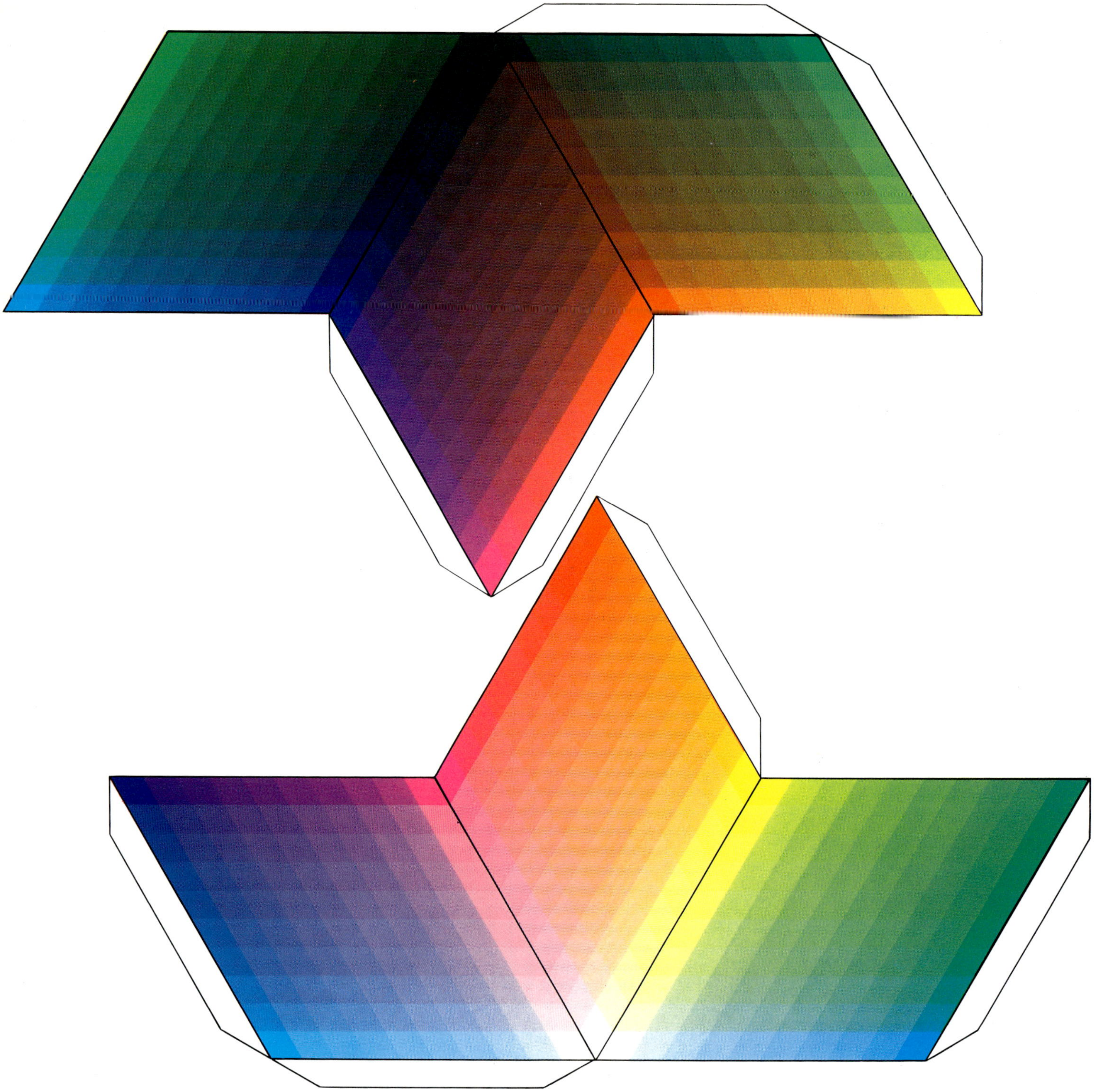

Abb. 81 Modell des Rhomboeders zum Zusammenkleben. Die Abbildung ist auf der Innenseite des Schutzumschlages zum Ausschneiden wiederholt.

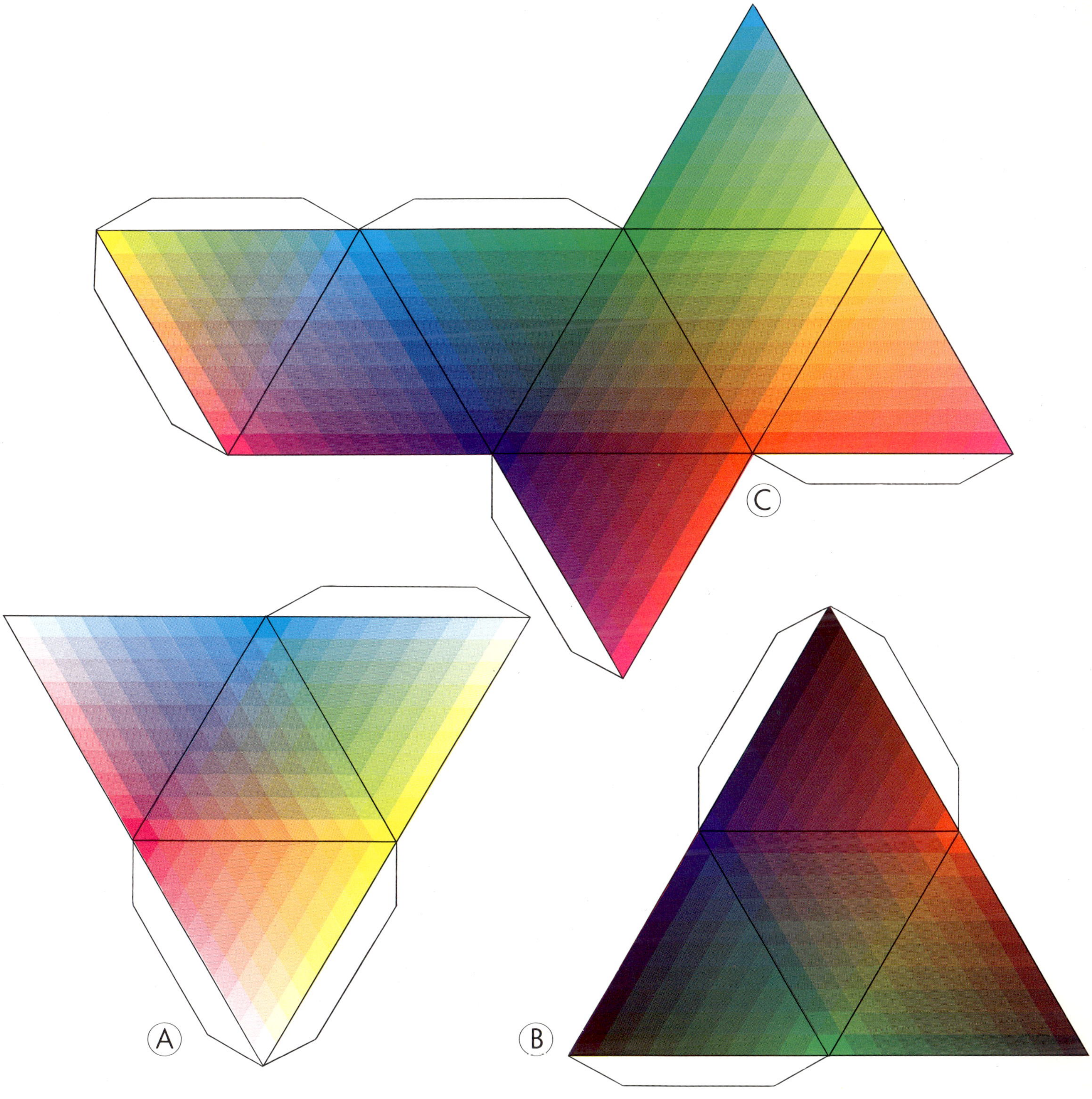


Abb. 82 Modelle der beiden Tetraeder (A) und (B) und des Oktaeders (C) zum Zusammenkleben. Sie sind auf den Innenklappen des Schutzumschlages wiederholt, um sie ausschneiden zu können.

Abb. 83 Goethe schlug vor, in den Spitzen eines Dreieckes die subtraktiven Grundfarben anzuordnen. Zwischen jeweils zwei von ihnen liegt der Farbton, der entsteht, wenn man von jeder Ausgangsfarbe 50% zusammenmischt. Mischt man diese zweifarbigen Mischungen wiederum zu je 50% miteinander, so entstehen die innenliegenden Farbnuancen. Die Mengenverhältnisse sind in (B) gezeigt. In (C) erkennt man die Lage dieser neun Farbpunkte auf der farbanteilsgleichen Ebene S 9.

# Schlußbetrachtungen

## Ein neues Mischgesetz: Die integrierte Mischung

Wir haben die additive Mischung kennengelernt und die subtraktive. Durch zwingende Schlußfolgerungen wurde nachgewiesen, daß beide Mischgesetze dem gleichen Grundprinzip gehorchen. Schließlich ist es immer der Farbreiz, der beim Betrachter eine entsprechende Farbempfindung auslöst. Es sind also immer sichtbare elektromagnetische Schwingungen in einem bestimmten Mischungsverhältnis, die im Auge eines Betrachters einen physiologischen Prozeß auslösen. Dabei muß es gleichgültig sein, wie dieser Farbreiz entstanden ist, ob durch Addition oder durch Subtraktion. Wichtig ist lediglich die spektrale Zusammensetzung.

Die Gesetze der subtraktiven Mischung gelten nur, wenn man lasierende subtraktive Grundfarben in Schichten übereinander bringt, wie dies in der Farbfotografie oder beim Mehrfarbendruck der Fall ist.

Die subtraktiven Gesetze gelten deshalb dann nicht, wenn man Farbpasten oder Farbstoffe direkt miteinander vermischt. In diesem Fall können aber auch die additiven Mischgesetze nicht angewendet werden.

Dieser Zusammenhang ist einleuchtend, wenn man bedenkt, daß die subtraktive Mischung unabdingbar als Ausgangsbasis das Weiß benötigt. Nur auf seiner Grundlage können die subtraktiven Mischgesetze wirksam werden. Bei der additiven Mischung ist es analog. Unabdingbare Ausgangsbasis ist bei ihr das Schwarz. Mischt man aber Farbpasten oder Farbstoffe zusammen, so ist weder Weiß noch Schwarz als Ausgangsbasis vorhanden. Die direkt durcheinander gemischten Farben wirken nur gegeneinander, und zwar unabhängig davon, ob es sich um lasierende oder um deckende handelt.

Bedenkt man diese Zusammenhänge, so kommt man zu der Erkenntnis, daß es zwischen der additiven und der subtraktiven Mischung noch ein drittes Mischgesetz geben muß. Dieses muß immer dann gelten, wenn Körperfarben direkt miteinander vermischt werden.

Jedes winzige Pigment in einer Farbpaste oder in einem Farbstoff absorbiert nämlich einen bestimmten Teil des weißen Lichtes. Deshalb ist es ja farbig. Hier ist Subtraktion wirksam geworden. Da die einzelnen Pigmente in ihrer mikroskopischen Kleinheit nicht einzeln wahrgenommen werden können, weil das Auflösungsvermögen der Netzhaut dazu nicht ausreicht, vermischen sich ihre Remissionen aber additiv.

Also ist ein Teil der subtraktiven und ein Teil der additiven Mischung im Spiel. Die beiden Mischgesetze sind gewissermaßen ineinander verzahnt. Sowohl die subtraktiven als auch die additiven Grundfarben müssen zur Verfügung stehen. Und da als Basis weder Weiß noch Schwarz vorhanden ist, müssen beide ebenfalls hinzugenommen werden.

Wegen des Ineinanderwirkens der subtraktiven und der additiven Mischgesetze hat der Autor diesem neuen Gesetz den Namen »Integrierte Mischung« gegeben. Dieses Gesetz hat er folgendermaßen formuliert:

1. Die acht integrierten Grundfarben heißen:
   Weiß
   Gelb
   Magentarot
   Cyanblau
   Violettblau
   Grün
   Orangerot
   Schwarz.
2. An einer integrierten Mischung können höchstens vier der acht integrierten Grundfarben beteiligt sein, nämlich:
   Weiß,
   eine Zwei-Drittel-Farbe,
   eine Ein-Drittel-Farbe,
   Schwarz.
3. Eine integrierte Mischung muß immer, (bezogen auf das dekadische Farbanteil-System) neun Farbanteile haben. (Das entspricht einer Menge von 100%.)
4. Die Farbanteile, die zur Mischung benötigt werden, ermittelt man nach dem Kennzahlensystem von Hickethier. Dies geschieht in gleicher Weise, wie zur Feststellung des Buntheitsfaktors.
5. Der Unbunt-Faktor gibt die Anteile von Schwarz an, die für die Mischung benötigt werden.
6. Der Bunt-Faktor gibt die Anzahl der Anteile an den bunten Grundfarben an, die zur Mischung erforderlich sind. Und zwar getrennt nach Ein-Drittel-Farben und nach Zwei-Drittel-Farben.
7. Wird durch Schwarzanteile und Farbanteile der bunten Grundfarben die Summe von neun Farbanteilen nicht erreicht, so ist die Differenz zu neun die Anzahl der in der Mischung benötigten Weißanteile.
8. Die integrierte Mischung gilt immer dann, wenn Körperfarben, also Farbpasten oder Farbstoffe, direkt durcheinander gemischt werden.
9. Die acht integrierten Grundfarben müssen in bezug auf ihre Sättigung und ihre Farbkraft (Pigmentierung) aufeinander abgestimmt sein.
10. Solange die acht integrierten Grundfarben die theoretischen geforderten Voraussetzungen in bezug auf ihre spektralen Eigenschaften nicht voll erfüllen, gibt es Abweichungen. Trotzdem lassen sich die Gesetze der integrierten Mischung praktisch anwenden, indem man sie auf acht integrierte Grundfarben bezieht, die den bestmöglichen Kompromiß darstellen.

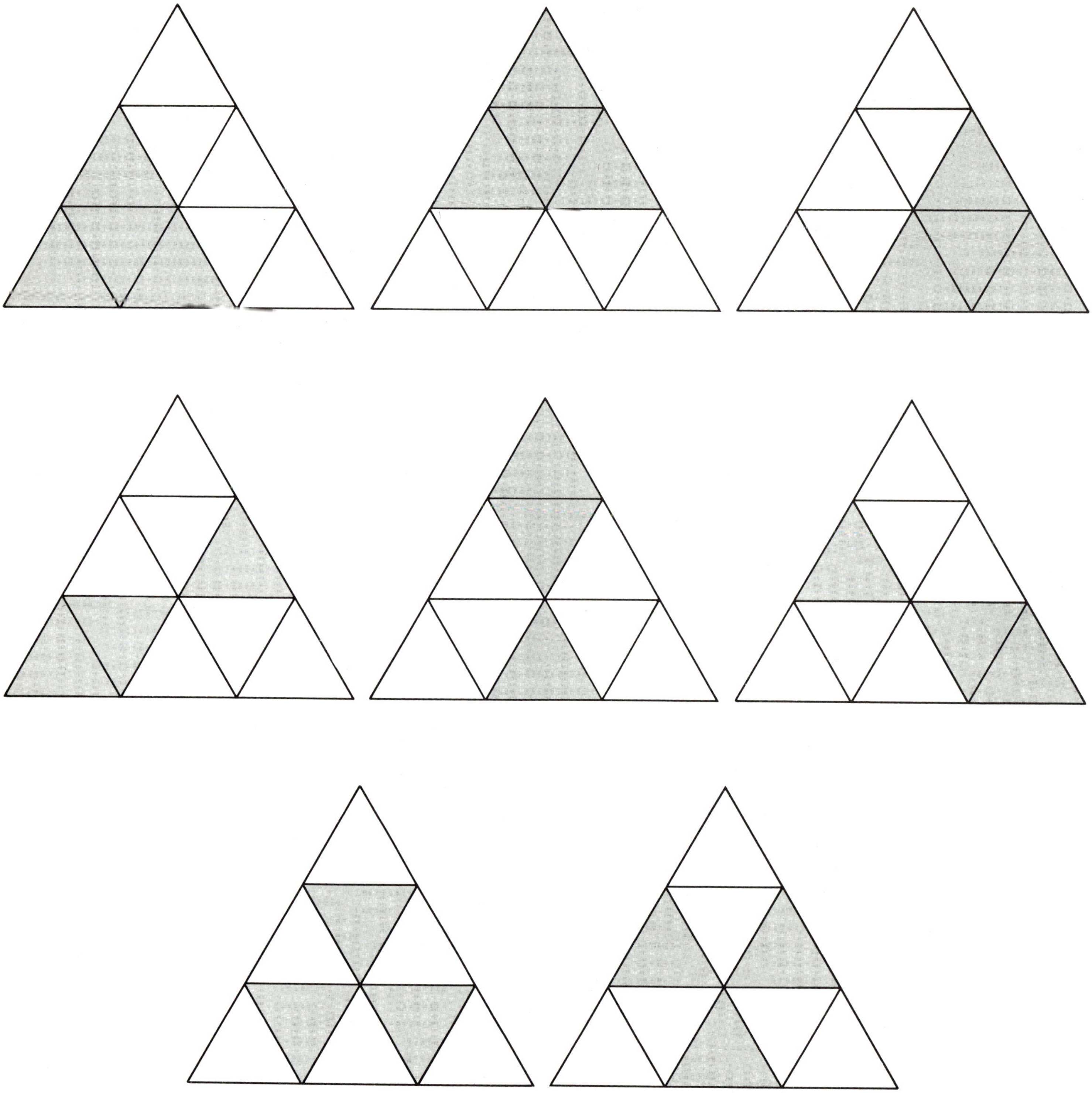

Abb. 84 Auswahlharmonien aus den 9 Farbnuancen des harmonischen Farbdreiecks von Abb. 83. Interessant ist es, die Lage der entsprechenden Farbpunkte in Abb. 83 C zu studieren.

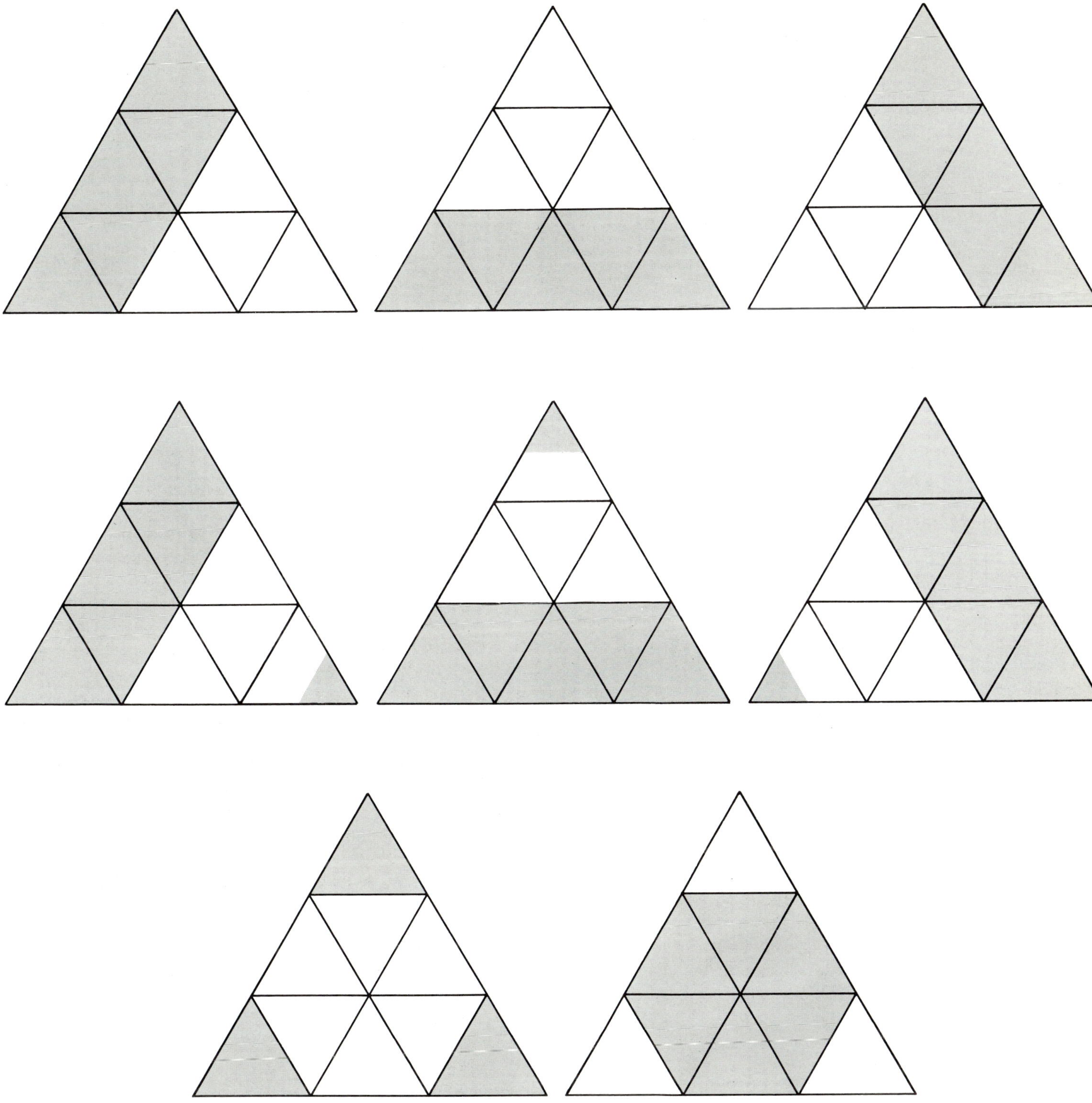

Abb. 85 Auch dies sind Auswahlharmonien aus dem harmonischen Farbdreieck von Abb. 83. Auch hier ist es ratsam, die Lage der entsprechenden Farbpunkte auf der Farbanteilsebene 9 in Abb. 83 C nachzuprüfen.

11. Die idealen integrierten Grundfarben müssen folgende spektralen Eigenschaften besitzen:
   a) Weiß muß das energiegleiche Spektrum voll remittieren.
   b) Die bunten Grundfarben müssen optimale Ein-Drittel-Farben bzw. Zwei-Drittel-Farben sein.
   c) Schwarz darf überhaupt nicht remittieren.

In allen Fällen, wo man erst mischt und dann aufträgt oder färbt, gilt die integrierte Mischung. Man muß immer mit insgesamt 9 Farbanteilen arbeiten, da sonst das Mengenverhältnis der Mischung nicht mehr stimmen würde. 9 Farbanteile entsprechen nämlich einem normalen Farbauftrag, einer Farbschichtdicke, und man hat es bei der integrierten Mischung ja immer nur mit einer Farbschicht zu tun. Deshalb ist es nicht möglich, von den subtraktiven Grundfarben auszugehen, denn bekanntlich können in dem geschilderten subtraktiven System, für welches der Farbdruck oder die Farbfotografie die besten Beispiele sind, insgesamt 27 Farbanteile in drei Schichten variiert werden.

Da beim Durcheinandermischen von Farbpasten oder Farbstoffen die Anzahl von 9 Farbanteilen nicht überschritten werden darf, genügen die subtraktiven Grundfarben nicht, um alle Mischungsergebnisse zu produzieren. Es ist daher eine neue Ausgangsbasis erforderlich. Diese ist gegeben in den acht integrierten Grundfarben.

Das sind nämlich jene 8 Farben, die bereits in Abb. 5 vorgestellt wurden.

Eine beliebige subtraktive Mischung muß zunächst einmal analysiert werden auf ihre Bestandteile an jeder dieser 8 genannten Farben. Als Beispiel diene zunächst die Farbnuance S 363. Der Schwarzanteil ist hierbei jene Menge von Farbanteilen, die in allen drei subtraktiven Grundfarben gemeinsam vorhanden ist. In diesem Fall ist es der Unbuntwert S 333. Das entspricht 3 Anteilen Schwarz in der gewünschten Mischung. Die Farbigkeit dieser Farbnuance kommt zustande durch 3 Farbanteile Magentarot (S 030), die den Unbuntwert überragen. Würden entsprechend dieser Erkenntnis 3 Farbanteile Schwarz mit 3 Farbanteilen Magentarot zusammengemischt, dann stimmte das Mengenverhältnis aber nicht, weil jetzt erst 6 Farbanteile insgesamt gegeben wären. Dieser Mischung müssen daher noch 3 Farbanteile Weiß hinzugefügt werden, um auf insgesamt 9 Farbanteile zu kommen. Weiß ist also immer die Ergänzung, die nötig ist, um 9 Farbanteile zu erhalten.

Demnach ergibt sich für die Farbnuance S 363 folgende Rechnung:

| | |
|---|---|
| 3 Farbanteile Schwarz | = S 333 |
| + 3 Farbanteile Magentarot | = S 030 |
| + 3 Farbanteile Weiß | = S 000 |
| = 9 Farbanteile | = S 363 |

In einer Farbnuance S 759 ist der Buntfaktor durch die Farbanteile S 204 gegeben, die sich zu den Unbuntanteilen S 555 addieren. Für die Mischung sieht die Rechnung somit folgendermaßen aus:

| | |
|---|---|
| 5 Farbanteile Schwarz | = S 555 |
| + 2 Farbanteile Grün | = S 202 |
| + 2 Farbanteile Cyanblau | = S 002 |
| = 9 Farbanteile | = S 759 |

Hier ist kein Weiß beteiligt, weil die neun möglichen Farbanteile bereits vergeben sind. Wichtig ist die Erkenntnis, daß an einer solchen Mischung wie S 759 der im Buntanteil S 204 enthaltene Wert für Grün von S 202 nicht etwa aus Gelb und Cyanblau bestehen darf, weil sonst das Mengenverhältnis gestört wird. Vielmehr handelt es sich um 2 Farbanteile der grünen Grundfarbe.

Die komplizierteste Mischmöglichkeit ergibt sich bei Farbnuancen wie z. B. S 238. Diese Mischung muß folgendermaßen entstehen:

| | |
|---|---|
| 2 Farbanteile Schwarz | = S 222 |
| + 1 Farbanteil Violettblau | = S 011 |
| + 5 Farbanteile Cyanblau | = S 005 |
| + 1 Farbanteil Weiß | = S 000 |
| = 9 Farbanteile | = S 238 |

## Gesetze der Farbharmonie

Regeln für das harmonische Zusammenwirken von Farben aufzuspüren, haben sich neben anderen besonders Runge und Goethe bemüht. Auch Ostwald war davon überzeugt, daß Farbharmonien auf bestimmten zwangsläufigen Zusammenhängen beruhen. Sein Modell war der 24teilige Farbenkreis, um dessen Mittelpunkt er ein Dreieck oder ein Quadrat drehte. In jeder beliebigen Stellung, so meinte er, würden die Spitzen von Dreieck bzw. Quadrat auf Farben zeigen, die miteinander harmonieren. Ostwalds Harmonie-Theorie wurde von Künstlern seiner Zeit viel verlacht und verspottet. Trotzdem ist ein ähnliches Modell, das sich allerdings auf den gesamten Farbenraum des Doppelkegels bezieht, in Amerika weiterentwickelt und ausgeführt worden [9].

Interessante Beiträge zur Ermittlung von Farbharmoniegesetzen lieferten Field und Itten [3]. In jüngster Zeit haben Albers [16] und Mante [17] diese Ideen wieder aufgegriffen und versucht, sie neu zu formulieren.

So wertvoll all diese Arbeiten im einzelnen auch sein mögen, bisher ist es nicht gelungen, Farbharmoniegesetze auf eine objektive Basis zu stellen und überzeugend zu begründen.

Man darf erwarten, daß sich Farbharmonien aus eindeutigen Beziehungen zwischen den einzelnen Farbnuancen ableiten lassen. Das Gemeinsame, das Verbindende, das Ergänzende oder das Maß der Verschiedenheit, das Trennende, wird sich als Ursache für Harmonien herausstellen. Farben können aber nur in vier bestimmten Arten Beziehungen zueinander haben:

1. In bezug auf ihren Farbton,
2. in bezug auf ihre Helligkeit (Zahl ihrer Farbanteile),
3. in bezug auf den Grad ihrer Unbuntheit und
4. in bezug auf ihre Sättigungsverhältnisse, bezogen auf die Grundfarben.

Andere Beziehungen sind nicht vorstellbar.

Nun verfügt das Rhomboeder-System über eine unendlich große Anzahl von Farbtonebenen, Helligkeitsebenen (bzw. Farbanteilsebenen), Unbuntebenen und Sättigungsebenen. Der Farbenraum wird durch diese Ebenen in sechs verschiedenen Richtungen systematisch aufgegliedert. Es erscheint dem Autor als ziemlich sicher, daß sich die Zusammenhänge von Farbharmonien und -disharmonien auf diesen unendlich vielen Ebenen finden lassen.

Es ist zu vermuten, daß harmonisch zueinander stehende Farbnuancen in bestimmten Formen auf diesen Ebenen angeordnet sind, seien es Linien, Dreiecke, Vielecke, Kreise oder Teile dieser Formen. Es ist auch zu erwarten, daß die Regelmäßigkeit der geometrischen Anordnung in einer bestimmten Beziehung zum Zusammenwirken der betreffenden Farbharmonie steht.

Dabei wird es in jeder Ebene Harmonien geben, die mit größerem oder kleinerem Abstand regelmäßig oder unregelmäßig um den Unbuntpunkt oder die Unbuntachse angeordnet sind. Andere Harmonien werden wahrscheinlich nur in Teilgebieten oder Randzonen einer bestimmten Ebene liegen.

Auch läßt sich denken, daß Harmonien auf den Mänteln geometrischer Körper innerhalb des Rhomboeders liegen, z. B. auf dem Mantel einer Kugel.

Das harmonische Dreieck Goethes deutet auf die Schlüssigkeit dieser Erwartungen. Es ist nämlich interessanterweise in seinem Aufbau identisch mit der Farbanteilsebene 9 des Rhomboeders (Abb. 76 B). Greift man sich aus der Farbanteilsebene 9 die von ihm vorgeschlagenen Farben heraus und ordnet sie in seiner Weise an, so erhält man das in Abb. 83 A gezeigte Dreieck. 83 B gibt die subtraktiven Kennzahlen für die 9 ausgewählten Farbnuancen an. Dabei war es nötig, mit Brüchen zu operieren, um die Mengenverhältnisse in bezug auf die subtraktiven Grundfarben zu zeigen. Bekanntlich liegen ja auf einer Farbanteilsebene unendlich viele Farbpunkte, die nach dem Hickethierschen Kennzahlensystem alle die gleiche Quersumme besitzen. Deshalb kann man mit den ganzen Zahlen im dekadischen System natürlich nur einen geringen Teil davon benennen. Mit den Brüchen haben wir uns darüber hinweggeholfen.

Die Dreiecke in Abb. 84 und 85 geben einen Hinweis darauf, wie nach den Vorschlägen Goethes Auswahlharmonien aus diesem harmonischen Dreieck auszusondern sind. Die schraffierten Partien in den Dreiecken zeigen Farbharmonien.

Diese eine Farbanteilsebene 9, die alle Farbnuancen mit der subtraktiven Quersumme 9 erfaßt, ist aber – das sei wiederholt – nur eine der unendlich vielen Ebenen im Rhomboeder-System. Die neun Farbnuancen der Abbildung 83 A wiederum sind nur eine winzige Auswahl aus den unendlich vielen Farbnuancen, die auf dieser Farbanteilsebene 9 liegen. Die Lage der neun Farbpunkte von Abb. 83 A auf der Farbanteilsebene wird in Abb. 83 C gezeigt. In dem großen Dreieck steht ein auf der Spitze stehendes kleineres gleichseitiges Dreieck. Der Unbuntpunkt dieser Farbanteilsebene ist der Mittelpunkt beider Dreiecke.

Beim Betrachten der Abb. 83 darf natürlich nicht vergessen werden, daß es sich bei den dort gezeigten Farbnuancen nur um angenäherte Harmonien handeln kann. Dies nämlich deshalb, weil die optimalen Harmonien erst dargestellt werden können, wenn die optimalen, die theoretisch richtigen Grundfarben zur Verfügung stehen. Es bietet allerdings keine Schwierigkeiten, wie das Beispiel gezeigt hat, die geforderte spektrale Zusammensetzung bzw. das Mischungsverhältnis der gesuchten Farben zu errechnen.

Harmonien werden sich durch die Mengenlehre erklären lassen. Die tastenden Versuche von Frau Dr. Jäckel-Hartenstein finden hier ihre Bestätigung. Die Mengenlehre scheint die geeignete Methode, um das Ausmaß von Übereinstimmung und von Verschiedenheit bei Farbnuancen festzustellen. Sie wird in der Lage sein, Differenzen und Gleichheiten quantitativ und qualitativ zu bestimmen. Aus diesen Elementen wird sich eine Gesetzmäßigkeit aufbauen lassen, die es gestattet, die Wirkung von Farben zueinander im voraus zu berechnen.

Um den gesamten Farbenraum für den praktischen Gebrauch zu erschließen, um dem Künstler den Zugriff zu allen Harmonien zu ermöglichen, genügte es sicherlich, entsprechend dem dekadischen Hickethierschen Kennzahlensystem eine überschaubare Auswahl der unendlich vielen Ebenen darzustellen. Bleibt man dabei, den Sättigungsverlauf der Grundfarben in zehn Sättigungsstufen darzustellen, um sich an dieses dekadische System anzupassen, so erhält man eine Anzahl von insgesamt 79 Ebenen des Farbenraumes:

| | |
|---|---|
| 12 | Farbtonebenen |
| + 27 | Helligkeits-(Farbanteils-)Ebenen |
| 10 | Unbuntebenen |
| + 10 | Sättigungsebenen in Gelb-Violettblau-Richtung |
| + 10 | Sättigungsebenen in Magentarot-Grün-Richtung |
| + 10 | Sättigungsebenen in Cyanblau-Orangerot-Richtung |
| = 79 | Ebenen insgesamt. |

Wird die hier angebotene Basis das Herauskristallisieren und das Formulieren objektiver Farbharmoniegesetze zu einer reinen Fleißarbeit machen?

## Kaum etwas ist endgültig

Man darf annehmen, daß die Menschen seit jeher fasziniert gewesen sind vom Wunder der Farbigkeit ihrer Umwelt. Bereits Platon hat über die Merkwürdigkeit von Farberscheinungen nachgegrübelt. Das »Phänomen Farbe« konnte aber nicht erklärt werden, bis Newton der Nachweis gelang, daß alle Farbigkeit bereits in einem weißen Sonnenstrahl enthalten ist.

Viele haben sich an dem Problem versucht, Berufene und Unberufene. Manche konnten die Erkenntnisse in Richtung auf eine Lösung des Rätsels ein Stück weiterbringen.

Andere blieben erfolglos, weil sie sich nicht trennen mochten von vorgefaßten Meinungen. Zu ihnen gehört auch Goethe, der sich weigerte, die physikalischen Ergebnisse von Newtons Versuchen in seinen Überlegungen einzubeziehen. Sie paßten nicht in sein romantisches und mystisches Weltbild.

Seit Isaak Newton vor etwa 250 Jahren als erster Mensch einen Lichtstrahl durch ein Glasprisma schickte und so in seine farbigen Bestandteile zerlegen konnte, rückte die Möglichkeit, die Naturgesetze der Farbe und die Farbmischgesetze auszudeuten, in greifbare Nähe.

Es sind viele Theorien aufgestellt worden. Systeme und Farbenkörper wurden entwickelt. Wesentliche hat das Kapitel »Kritik der Farbsysteme« (Abb. 67) vorgestellt. In allen steckt sicherlich ein Stück der richtigen Lösung.

Erstaunlich ist es, daß noch niemand den Versuch wagte, alle Details aus dem großen Bereich der Farbenlehre zu studieren, zu ordnen und in einem umfassenden Gesamtsystem zu einer gemeinsamen Funktion zusammenzufügen. Natürlich benötigt man für eine solche Arbeit die Überzeugung, daß sich alle Einzelerscheinungen, sei es die subtraktive Mischung oder die additive, seien es die physikalischen Gegebenheiten oder die physiologischen, aus ein und demselben Gesetz heraus erklären lassen.

Dies war für den Autor der Ausgangspunkt seiner Bemühungen. Es wurde am Anfang vorausgesetzt, daß es nicht mehrere Gesetze, daß es nicht mehrere richtige Lösungen geben kann. Und es wurde hier versucht, alle Details logisch miteinander zu verbinden. Aus diesen Bemühungen kristallisierte sich plötzlich eine geometrische Form heraus, das Rhomboeder.

Wenn man die Geschichte der Farbenlehre verfolgt, so sieht man, daß die Erkenntnisse schrittweise möglich wurden. Der bedeutendste, eigentlich auch der erste Schritt war die Entdekkung Newtons. Wissenschaftliche Erkenntnisse sind im allgemeinen keine Einzelleistungen. Sie bauen jeweils auf denjenigen Erkenntnissen auf, die viele andere Menschen vorher bereits gewonnen haben.

Trotzdem gibt es gelegentlich Lösungen, die sofort richtig sind und die späterhin nicht mehr angetastet werden, z. B. die Gesetze des Pythagoras. Der Autor möchte nicht so vermessen sein, zu behaupten, daß das Rhomboeder-System eine solche Lösung sei. Er hält dies aber durchaus für möglich.

Kann seine Arbeit all jenen, die darum ringen, die Zusammenhänge in bezug auf Farbe zu verstehen, eine Hilfe sein?

Harald Küppers ▷

## Dank des Autors

Herrn Dr. Walter Dotzel, der meine Manuskripte teilweise durchgesehen hat, danke ich herzlich für seine Ratschläge. Ebenfalls danke ich Herrn Prof. Dr.-Ing. Fritz Lautenschlager, der mich auf einige Ungenauigkeiten dieser Arbeit hinwies. In seinen Vorlesungen habe ich seinerzeit wesentliche Anregungen für meine Gedanken gefunden. Auch Herrn Prof. Dr. Manfred Richter bin ich dankbar für einige Hinweise. Herrn Dr.-Ing. Terstiege und der Bundesanstalt für Materialprüfung bin ich sehr verbunden für aktive Hilfestellung bei der Beschaffung wesentlichen Bildmaterials.

Ich habe mich weiter zu bedanken bei Herrn Klaus-Peter Guth, der mir bei der Gestaltung und Ausarbeitung der Vorlagen für die Abbildungen entscheidend geholfen hat, und bei Herrn Wolfgang Goldbeck, der sich für die optimale lithografische Reproduktion unermüdlich einsetzte.

Besonderen Dank aber habe ich meinen Mitgesellschaftern im Reproduktionstechnischen Unternehmen »Wittemann + Küppers KG« abzustatten, den Herren Hermann Wittemann, Karl-Heinz Pickerd und Wilhelm H. Müller. Nur durch ihre tatkräftige Unterstützung war es möglich, die umfangreichen und kostspieligen Reproduktionen für ein solches Werk überhaupt wirtschaftlich zu tragen.

Dem Verlag danke ich für die gediegene Form, in welcher dieses Buch erscheinen kann.

Nicht zuletzt aber haben meine Frau und meine Kinder Anteil am Zustandekommen dieser Arbeit, weil sie immer Verständnis dafür aufbrachten, wenn ich keine Zeit für sie hatte.

Frankfurt/Main, 11. März 1972 Harald Küppers

# Merksätze

## Merksätze: »Farbe als Problem«

1. Das Problem »Farbe« kann aus den verschiedensten Blickwinkeln betrachtet werden, nämlich aus der Sicht der
a) Naturwissenschaften
b) Farbtheorie
c) Technik
d) Chemie
e) Biologie
f) Medizin
g) Psychologie
h) Kunst
i) Philosophie
2. Man kann sich ein Denkschema vorstellen, bei dem das Problem »Farbe« von verschiedenen Fachgebieten aus betrachtet wird. Es ergibt sich ein »Problemkreis«. Als dritte Dimension kann die historische Entwicklung der Erkenntnisse hinzugenommen werden. Es entsteht das Denkmodell eines Kegels.

## Merksätze: »Farbe und Sprache«

3. Das Wort »Farbe« hat in der deutschen Sprache keine präzise Bedeutung. Es kann folgendes meinen:
a) Die Eigenschaft von Materie, Licht unterschiedlich zu remittieren oder durchzulassen.
b) Die unterschiedliche spektrale Zusammensetzung von Emissionen.
c) Die ins Auge treffenden sichtbaren elektromagnetischen Schwingungen, nämlich den Farbreiz.
d) Die im Gehirn erzeugte Farbempfindung.
e) Färbemittel und Einfärbematerialien.
4. Der Mensch kann etwa 10 000 Farbnuancen gut unterscheiden. Die deutsche Sprache hat aber nur etwa zehn ursprüngliche echte Farbnamen zur Verfügung. Damit ist es völlig unmöglich, einen gemeinten Farbton genau zu bezeichnen.

## Merksätze: »Welche Farbnamen sind richtig?«

5. Die ursprünglichen Farbnamen meinen nicht präzise Farbnuancen, sondern breite Farbbereiche.
6. Beim Studium von Fachliteratur ist es notwendig, sich klar darüber zu werden, was der Autor mit den verwendeten Farbnamen tatsächlich meint.

## Merksätze: »Eigentlich ist alles Grau«

7. Materie ist unbunt. Farbempfindung entsteht erst als Ergebnis eines physiologischen Prozesses innerhalb eines Individuums.
8. Materie hat die Eigenschaft, vom auffallenden weißen Licht einen Teil zu absorbieren und einen anderen Teil zu remittieren oder durchzulassen. So kommt ihr farbiges Aussehen zustande.
9. Die Farbempfindung im Gehirn wird hervorgerufen durch unterschiedliche Farbreize, also durch elektromagnetische Schwingungen verschiedener Wellenlängen.
10. Körperfarben sind eine relative Eigenschaft der Materie. Ihr Aussehen ist abhängig vom vorhandenen Licht. Ändert sich die spektrale Zusammensetzung des Lichtes, so kann sich auch das Aussehen der Körperfarben verändern.
11. Pflanzen entziehen dem Licht einen Teil der Energie (Absorption). Sie benötigen ihn, um den Prozeß der Fotosynthese zu vollbringen.

## Merksätze: »Der Prozeß des Sehens«

12. Das Sehorgan besteht aus Auge und Sehnerv. Es hat die Aufgabe, optische Informationen zu sammeln und an das Gehirn weiterzugeben.
13. Das Auge besteht aus einem Linsensystem mit der Iris und der Netzhaut. Das Linsensystem kann verschieden weit entfernte Gegenstände nacheinander scharf auf der Netzhaut abbilden. Die Iris reguliert die Menge des einfallenden Lichtes. Die Netzhaut hat die Aufgabe, den physikalischen Reiz in eine physiologische Erregung umzuwandeln.
14. In der Netzhaut sind Zapfen und Stäbchen eingebettet. Die Zapfen registrieren qualitative und quantitative Unterschiede von sichtbaren Strahlungen, wobei man annimmt, daß es drei verschiedene Zapfentypen gibt, die für die drei Spektralbereiche Violettblau, Grün und Orangerot empfindlich sind. Die Stäbchen können nur quantitative Unterschiede, also Helligkeitsunterschiede, wahrnehmen.
15. Der Sehnerv leitet die physiologische Erregung zum Gehirn weiter, wo sowohl die Farbempfindung als auch das eigentliche Sehen entsteht.

## Merksätze: »Fehlsichtigkeiten«

16. Der blinde Fleck ist die Stelle der Netzhaut, von der aus der Nervenstrang zum Gehirn geleitet wird. An dieser Stelle ist das einzelne Auge blind.
17. Bei nachtblinden Menschen funktionieren die Stäbchen nicht.
18. Ursache für Farbenblindheit oder Farbenfehlsichtigkeit ist das fehlende oder das zu geringe Reaktionsvermögen der Zapfen für bestimmte Spektralbereiche.

## Merksätze: »Optische Täuschungen«

19. Unsere Augen können uns täuschen. Wir dürfen nicht immer glauben, was wir sehen.
20. Der Vorgang des Sehens ist normalerweise gekoppelt mit einem unbewußten verstandesmäßigen Erinnerungsvorgang.

21. Wir sehen die Dinge nicht immer so, wie sie sind. Oft sehen wir sie so, wie wir gewohnt sind, sie zu sehen.
22. Ein Gegenstand, der von vielen größeren umgeben ist, kann uns kleiner vorkommen als genau der gleiche Gegenstand, der von vielen kleineren umgeben ist.

## Merksätze: »Adaptation und Simultankontrast«

23. Die Anpassung des Auges an verschiedene Beleuchtungshelligkeiten nennt man Adaptation.
24. Nur Helligkeitsunterschiede im Blickfeld werden bewußt wahrgenommen. An Veränderungen der Gesamtbeleuchtung paßt sich das Auge unbewußt an.
25. Die Frage, ob ein Gegenstand als weiß empfunden wird oder nicht, hängt nicht von der absoluten Menge des von ihm remittierten Lichtes ab, sondern vielmehr vom Verhältnis seiner eigenen Remission zu derjenigen seiner Umgebung.
26. Steigerung des Kontrastes durch das Auge nennt man Simultankontrast.
27. Der farblose Simultankontrast läßt das gleiche Grau auf einem schwarzen Hintergrund heller erscheinen als auf einem weißen.
28. Farben können, wenn sie nebeneinanderstehen, ihr Aussehen gegenseitig beeinflussen. Diese Erscheinung nennt man farbigen Simultankontrast.
29. Der farbige Simultankontrast kann bewirken, daß der gleiche Farbton auf neutralem Grund farbiger, auf farbigem neutraler erscheint. Er kann auf dunklem Grund heller und auf hellem Grund dunkler aussehen. Der Farbton kann sich durch den farbigen Simultankontrast verschieben.
30. Farbige Umstellung nennt man die Tatsache, daß das Auge eine gewisse Zeit benötigt, um einen Farbton dauernd gleichmäßig zu sehen. Die Farbempfindung ändert sich, wenn man den Farbton längere Zeit betrachtet.
31. Den Vorgang der farbigen Umstimmung kann man leicht beobachten, indem man das eine Auge schließt, mit dem anderen längere Zeit einen Farbton betrachtet und danach abwechselnd mit jeweils einem Auge den gleichen Farbton anschaut.

## Merksätze: »Die Familie der elektromagnetischen Schwingungen«

32. Elektromagnetische Schwingungen gibt es in Wellenlängen zwischen 1000 Kilometern und dem Bruchteil eines milliardstel Millimeters.
33. Wellenlänge ist der Abstand von einem Wellenberg zum nächsten.
34. Licht ist elektromagnetische Strahlung, also Energie.
35. Elektromagnetische Schwingungen der Wellenlängen zwischen ca. 380 und 720 Nanometer sind für das Auge sichtbar.
36. Ein Nanometer ist der milliardste Teil eines Meters (ein millionstel Millimeter).
37. Zur Familie der elektromagnetischen Schwingungen gehören neben dem Licht auch der elektrische Strom, Funk- und Fernsehwellen, Wärme- und Röntgenstrahlen, Alphastrahlen und kosmische Strahlungen.

## Merksätze: »Das Spektrum des Lichtes«

38. Weißes Licht besteht aus elektromagnetischen Schwingungen verschiedener Wellenlängen.
39. Strahlungen verschieden großer Wellenlängen werden vom Auge als unterschiedliche Farben wahrgenommen.
40. Alle sichtbaren Farben sind im weißen Licht bereits enthalten. Farbe ist immer ein Teil des weißen Lichtes.
41. Durch Brechung eines Lichtstrahles in einem Glasprisma entsteht ein Spektrum.
42. Spektrum ist die Auffächerung der im Licht enthaltenen Strahlungen und ihre systematische Anordnung entsprechend ihrer Wellenlängen.
43. Die Farben des Spektrums sind Violettblau, Cyanblau, Grün, Gelb, Orangerot.
44. Farben nur einer einzigen Wellenlänge nennt man monochromatische Farben oder Spektralfarben.
45. Magentarot ist im Spektrum nicht enthalten, da es keine monochromatische Farbe ist. Magentarot ist eine aus anderen monochromatischen Farben zusammengesetzte Farbe.
46. Man erhält Magentarot, wenn man die beiden Enden des Spektrums, nämlich den orangeroten und den violettblauen Bereich übereinanderblendet.

## Merksätze: »Emissions- und Remissionskurven«

47. Licht ist nicht immer neutral weiß. Bedingt durch seine spektrale Zusammensetzung kann es farbig sein.
48. In Emissionskurven lassen sich die spektralen Verteilungen von Lichtarten, nämlich die »Lichtfarben« eindeutig darstellen.
49. Remissionskurven geben das Remissionsvermögen von Körperfarben an.
50. Auch das Tageslicht ist nicht konstant. Es ändert sich entsprechend dem Stand der Sonne und dem Wetter in seiner spektralen Zusammensetzung.
51. »Weiß« bedeutet die Summe aller sichtbaren elektromagnetischen Schwingungen gleicher Intensität.
52. »Schwarz« bedeutet das Fehlen von sichtbaren elektromagnetischen Schwingungen.
53. Körperfarben sehen grau aus, wenn vom weißen Licht alle elektromagnetischen Schwingungen gleichmäßig, aber in geringerer Intensität remittiert werden.
54. »Graues Licht« kann man nur sichtbar machen, wenn daneben weißes Licht als Bezugswert im Blickfeld ist.

## Merksätze: »Metamere Farben«

55. Der gleiche Farbton kann durch unterschiedlichste spektrale Zusammensetzung zustandekommen.
56. Gleich aussehende Farben, die jedoch verschiedene Spektral- oder Remissionskurven haben, nennt man metamere (bedingt gleiche) Farben.
57. Metamere Farben können bei einer bestimmten Lichtart gleich aussehen. Sie können sich aber bei einer anderen Lichtart deutlich voneinander unterscheiden.

58. Mengenmäßig gleiche Mischungen von metameren Farben können unterschiedlich aussehende Mischergebnisse hervorbringen.

## Merksätze: »Spektralanalyse und Farbtemperatur«

59. Die sichtbaren Strahlungen von glühenden oder brennenden Stoffen können in einem Spektrum aufgefächert werden. Man erhält für jede Materie eine charakteristische Emissionskurve. Dieser Vorgang wird Spektralanalyse genannt.
60. Ein »Schwarzer Strahler« ist ein Hohlkörper, der durch eine Öffnung bei Erhitzung sichtbare elektromagnetische Schwingungen aussendet.
61. Die Lichtfarbe eines bestimmten Lichtes kann man dadurch bezeichnen, daß man die Temperatur des schwarzen Strahlers angibt, bei welcher gleich aussehendes Licht ausgesendet wird. Dabei besteht nur eine optische Übereinstimmung der Lichtfarbe. Die Emissionskurven können verschieden sein.
62. Kelvin ist eine Gradeinteilung, die Celsius entspricht, jedoch beim absoluten Nullpunkt, d. h. bei minus 273°, beginnt.
63. Bei einer Farbtemperatur zwischen 5000 und 5500° Kelvin ist das Spektrum in allen Spektralbereichen ziemlich ausgeglichen. Steigt die Farbtemperatur über diesen Wert hinaus an, so nimmt der Anteil der kurzwelligen Strahlung zu. Sinkt sie unter diesen Wert ab, so vermindert sich der Anteil der kurzwelligen Strahlung, so daß überwiegend langwellige Strahlungen vorhanden sind.
64. Es gibt einfache Meßgeräte, welche die Farbtemperatur des Lichtes direkt anzeigen.

## Merksätze: »Polarisation und Interferenz«

65. Die Bewegung von Lichtwellen kann mit sich drehenden Spiralen verglichen werden. Sie ist dreidimensional.
66. Polarisiertes Licht schwingt nur noch in einer Ebene und ist deshalb zweidimensional.
67. Polarisationsfilter lassen nur aus einer bestimmten Richtung kommende Lichtstrahlen durch.
68. Mit Polarisationsfiltern kann man unerwünschte Reflexe und Überstrahlungen vermeiden (Anwendung: In der Fotografie, bei der Sonnenbrille, beim Mikroskopieren).
69. Dreht man zwei hintereinanderliegende Polarisationsfilter in geeigneter Weise, so wird das Licht weniger und weniger durchgelassen. Bei einem Winkel von 90° kann nur noch sehr wenig oder gar kein Licht die Filteranordnung passieren.
70. Interferenz ist die Überlagerung von verschiedenen Schwingungen. Die Energie der Schwingungen addiert sich, wenn zwei Wellenberge aufeinandertreffen. Sie löscht sich gegenseitig aus, wenn Wellenberg und Wellental zusammenkommen. Interferenzerscheinungen entstehen bei sehr dicht zusammenliegenden Flächen (Seifenblase, Ölfleck, Newtonsche Ringe).
71. Mit Hilfe von Polarisation und Interferenz können leuchtende Farben hervorgebracht werden, die sich bei Drehung eines der beiden Polarisationsfilter verändern. In der Kunst bedient man sich dieser Möglichkeit zur Herstellung von »Lichtobjekten«.

## Merksätze: »Eigenschaften von Körperfarben«

72. Eigenschaften von Körperfarben sind:
a) Farbigkeit
b) Transparenz
c) Lichtechtheit
d) Lackechtheit
73. Deckende Farben sind undurchsichtig, lasierende Farben sind durchsichtig.
74. Das Aussehen der Grundfarben für die Druckindustrie ist in DIN-Normen festgelegt. Die Normen DIN 16 538/39 werden als Standard angestrebt.
75. Durch Mischung der Grundfarben im Farbendruck können bestimmte grüne, orangerote und viloettblaue Farben nicht erzielt werden. Der Grund dafür sind Fehlabsorptionen und Fehlremissionen der Ausgangsfarben.
76. Farbnuancen, die durch Mischung der Grundfarben im Rasterdruck nicht erreichbar sind, können durch Zusatzfarben erzielt werden.
77. Zusatzfarben bedeuten beim Vierfarbendruck zusätzliche Druckgänge und damit zusätzliche Kosten.

## Merksätze: »Farbsättigung und Messung der Farbdichte«

78. Optimale Farbsättigung einer Farbe ist dann erreicht, wenn sie in ihrem Absorptionsbereich die größtmögliche Menge der auffallenden Schwingungen absorbiert und im Remissionsbereich die größtmögliche Menge remittiert.
79. Ist eine lasierende Farbe nicht voll gesättigt, erscheint sie verweißlicht. Ist dagegen der Sättigungspunkt überschritten, sieht sie verschwärzlicht aus.
80. Farbführungsschwankungen im Druck wirken sich auf die Leuchtkraft der Farben aus. Eine veränderte Farbsättigung in einzelnen Teildruckfarben bringt Verschiebungen von Mischfarben mit sich. Es entstehen »Farbstiche«.
81. Farbsättigung bzw. Farbführung kann mit Hilfe von Dichtemeßgeräten (Densitometern) kontrolliert werden.
82. In der Drucktechnik empfiehlt es sich, bei anspruchsvollen Aufträgen Farbkontrollmarken mitlaufen zu lassen, um die gleichmäßige Farbführung durch Messung zu kontrollieren.

## Merksätze: »Grundfarben und Farbenkreis«

83. Additive Mischung ist die Mischung von Farblichtern.
84. Die additiven Grundfarben heißen Violettblau, Grün und Orangerot.
85. Subtraktive Mischung ist die Mischung von Körperfarben.
86. Die subtraktiven Grundfarben heißen Gelb, Magentarot, Cyanblau.
87. Weiß repräsentiert die Gesamtheit der sichtbaren Lichtstrahlen.
88. Schwarz bedeutet das Fehlen von sichtbarem Licht.
89. Die additiven Grundfarben werden auch Ein-Drittel-Farben genannt.
90. Die subtraktiven Grundfarben werden auch Zwei-Drittel-Farben genannt.

91. Grau entsteht, wenn sämtliche sichtbaren Lichtstrahlen in geringerer Intensität remittiert werden.
92. Wenn man das Spektrum zu einem Kreis zusammenschließt und zwischen den beiden Spektrumsenden Magentarot einfügt, entsteht der Farbenkreis.
93. Die Differenz zwischen der Remissionskurve einer Grundfarbe und der theoretisch richtigen Optimalfarbe bezeichnet man als Fehlabsorption oder Fehlremission.
94. Fehlabsorptionen und Fehlremissionen der Grundfarben können Ursache für unbefriedigende Mischergebnisse sein.

## Merksätze: »Komplementärfarben«

95. Farblichter, die sich gegenseitig zu unbunt oder zu Weiß ergänzen, nennt man komplementär.
96. Körperfarben, die sich gegenseitig zu unbunt oder zu Schwarz ergänzen, nennt man komplementär.
97. Bei der additiven Mischung können, in bestimmten Grenzen, Komplementärfarben auch weißlicher sein, als diejenige Farbnuance, die eine vorhandene zu unbunt ergänzt.
98. Bei der subtraktiven Mischung können, in bestimmten Grenzen, Komplementärfarben auch schwärzlicher sein, als Farbnuancen, die eine vorhandene zu unbunt ergänzt.
99. Komplementärfarben sind Farben, die Emissions- oder Remissionskurven zu einem energiegleichen Spektrum oder aber zu energiegleichen Intensitäten innerhalb des Spektrums ergänzen. Darüber hinaus sind Komplementärfarben alle jene Körperfarben oder Farblichter, die gleiches optisches Aussehen haben, wie diese.

## Merksätze: »Additive Mischung«

100. Ausgangspunkt der additiven Mischung ist Schwarz. Es entspricht dem Nicht-Vorhandensein von sichtbaren elektromagnetischen Schwingungen.
101. Endpunkt der additiven Mischung ist Weiß. Es entspricht dem energiegleichen Spektrum und damit der Summe aller Farben.
102. Blendet man zwei additive Grundfarben übereinander, so entsteht der Farbton einer subtraktiven Grundfarbe. Aus zwei Ein-Drittel-Farben wird eine Zwei-Drittel-Farbe.
103. Die additive Mischung von Orangerot und Grün ergibt Gelb, von Grün und Violettblau ergibt Cyanblau, von Violettblau und Orangerot ergibt Magentarot.
104. Die additive Mischung aller drei additiven Grundfarben zusammen ergibt Weiß.
105. Weiß entspricht drei Dritteln des Spektrums.
106. Wenn man die additiven Grundfarben in jeweils 10 verschiedene Intensitätsstufen einteilt, so kann man durch Mischung 1000 verschiedene Farbnuancen erzielen. Diese sind bei der additiven Mischung in vollem Umfange aber nur dann wahrnehmbar, wenn ein weißes Vergleichslicht im Gesichtsfeld vorhanden ist, damit eine Adaptation der Augen verhindert wird.
107. Farbiges Fernsehen beruht auf dem Prinzip der additiven Mischung. Die verwendeten additiven Grundfarben Orangerot, Grün und Violettblau werden auch als Rot, Grün und Blau bezeichnet.

## Merksätze: »Subtraktive Mischung«

108. Ausgangspunkt der Farbentstehung durch Subtraktion ist das Weiß. Es repräsentiert alle sichtbaren elektromagnetischen Schwingungen.
109. Endpunkt der subtraktiven Farbmischung ist das Schwarz. Schwarz entsteht, wenn von Körperfarben bzw. Farbschichten sämtliche Lichtstrahlen absorbiert werden.
110. Wird die Absorption von je zwei subtraktiven Grundfarben wirksam, so entstehen Orangerot, Violettblau und Grün. Dies sind die gleichen Farbtöne, die wir bereits als additive Grundfarben kennengelernt haben. Bei der subtraktiven Zusammenmischung von zwei Zwei-Drittel-Farben entsteht als Farbreiz eine Ein-Drittel-Farbe. Das übrigbleibende sichtbare Drittel ist jener Spektralbereich, der von keiner der beiden subtraktiven Grundfarben absorbiert wird.
111. Die subtraktive Mischung aus Gelb und Magentarot ergibt Orangerot, diejenige aus Magentarot und Cyanblau ergibt Violettblau und diejenige aus Cyanblau und Gelb ergibt Grün.
112. Werden die drei lasierenden subtraktiven Grundfarben als gesättigte Farbschichten übereinander aufgetragen, so entsteht Schwarz.
113. Farbentstehung durch Subtraktion ist immer dann vorhanden, wenn Licht mit absorbierender Materie zusammentrifft.

## Merksätze: »Gleichzeitige additive und subtraktive Mischung«

114. Die Remissionen von Körperfarben lassen sich additiv mischen.
115. Additive Mischung der Remissionen von Farbproben auf einer Drehscheibe erfolgt, sobald die Drehgeschwindigkeit die Trägheitsgrenze der Augen überschreitet.
116. Additive Mischung von Remissionen erfolgt ebenfalls dann, wenn Flächen in kleinste Rasterelemente aufgelöst werden, die einzeln vom Auge nicht mehr wahrgenommen werden können.
117. Beim mehrfarbigen Rasterdruck haben wir es mit gleichzeitiger additiver und subtraktiver Farbmischung zu tun.

## Merksätze: »Abwandlungsmöglichkeiten einer Farbe«

118. Die Abwandlungsmöglichkeiten einer Farbe sind eindimensional.
119. Die Variationsmöglichkeiten einer beliebigen Farbe liegen auf der Linie zwischen optimaler Sättigung dieser Farbe und ihrem »Nicht-mehr-Vorhandensein«. Jede Körperfarbe kann gradlinig nach Weiß, jedes Farblicht gradlinig nach Schwarz abgewandelt werden.
120. Eine einzelne Farbe kann nur durch Variation ihrer Farbsättigung verändert werden.
121. Den kontinuierlichen gleichmäßigen Sättigungsverlauf zwischen 100 % und 0 % nennt man bei Farben den »stufenlosen Farbkeil« und bei Schwarz den »stufenlosen Graukeil«.
122. Werden Farbkeile oder Graukeile in Sättigungsstufen (Tonwertstufen) unterteilt, so nennt man sie Stufenkeile.

## Merksätze: »Mischmöglichkeiten von zwei Farben«

123. Zur systematischen Darstellung der Mischmöglichkeiten von zwei Farben sind zwei Dimensionen erforderlich.
124. Besonders geeignet zur Veranschaulichung der Mischmöglichkeiten von zwei Farben ist das Quadrat.
125. Die Farben sind im Quadrat so angeordnet, daß sie von einer Seitenkante zur gegenüberliegenden von voller Sättigung bis zum Nicht-mehr-Vorhandensein verlaufen. Die Verlaufrichtigen der beiden Ausgangsfarben bilden einen Winkel von 90%. Die vier Eckpunkte des Quadrates werden gebildet durch die beiden Ausgangsfarben, durch ihre volle Mischung miteinander und durch Weiß.
126. Durch Angabe der Entfernung eines Farbenpunktes von denjenigen Seitenkanten, welche die Sättigungslinien 0 % darstellen, kann mathematisch genau das Aussehen und das Mischverhältnis festgelegt werden.

## Merksätze: »Der Farbenwürfel«

127. Zur Darstellung der Mischmöglichkeiten von drei Farben sind drei Dimensionen erforderlich.
128. Die Mischmöglichkeiten der subtraktiven Grundfarben Gelb, Magentarot und Cyanblau lassen sich gut in einem Würfel anordnen.
129. Jede Grundfarbe durchdringt den Würfel von einer Außenfläche zur gegenüberliegenden. Dies geschieht von optimaler Sättigung bis zum Nicht-mehr-Vorhandensein.
130. Durch Angabe der Werte für die Entfernung zu den drei Bezugsflächen ist eindeutig die Lage eines Punktes im Farbenraum und damit das Verhältnis seiner Mischung bestimmt.
131. Der Abstand eines Farbenpunktes von einer Bezugsfläche entspricht dem Mengenanteil der entsprechenden Grundfarbe an der Mischung.

## Merksätze: »Das Zahlensystem Hickethier«

132. Jeder Farbkeil einer subtraktiven Grundfarbe wird in 10 Sättigungsstufen eingeteilt, die mit den Ziffern 0 bis 9 bezeichnet werden.
133. Dabei bedeutet 9 die volle Sättigung (99,99 %). 0 bedeutet, daß kein Farbanteil vorhanden ist, daß also keinerlei Körperfarbe auf weißes Papier aufgetragen wurde.
134. Die tausend Farbnuancen des Würfels werden mit dreistelligen Zahlen von 000 bis 999 gekennzeichnet.
135. Die erste Stelle einer Kennzahl gibt die Sättigungsanteile des Gelb, die zweite diejenigen des Magentarot und die dritte diejenigen des Cyanblau an.
136. Demnach bedeuten die Kennzahlen 000 Weiß, 999 Schwarz, 555 Grau, 900 Gelb, 090 Magentarot und 009 Cyanblau.
137. Kennzahlen mit einer 0 sind reine Mischungen von zwei Grundfarben.
138. Kennzahlen mit zwei Nullen sind Sättigungsstufen einer einzelnen Grundfarbe.
139. Die minimale Komplementärfarbe hat die kleinstmögliche Kennzahl, die eine vorhandene Farbe zu unbunt ergänzt (Kennzahl mit gleichen Ziffern). Die maximale Komplementärfarbe hat diejenige Kennzahl, die eine vorhandene zu 999 ergänzt.

## Merksätze: »Ostwalds Doppelkegel«

140. Ostwald ging von dem Gedanken aus, daß sämtliche gesättigten reinen Farbtöne in einem Farbenkreis enthalten sein müßten, der aus dem Spektrum entwickelt wird und bei dem die Spektrumsenden durch die magentaroten Farben zusammengeschlossen sind.
141. Er meinte, sämtliche Mischmöglichkeiten eines reinen Farbtons durch Mischung mit Weiß und Schwarz hervorbringen zu können.
142. Alle Mischmöglichkeiten eines reinen Farbtones stellte er in einem gleichseitigen Dreieck dar. Eckpunkte eines solchen Dreiecks waren die betreffende reine Farbe, Weiß und Schwarz.
143. Jede Farbnuance wurde durch eine Zahl und zwei Buchstaben gekennzeichnet. Die Zahl war die Nummer des reinen Farbtones auf dem Farbenkreis und damit gleichzeitig die Angabe für das betreffende farbtongleiche Dreieck. Der erste Buchstabe bedeutete den Weißanteil und der zweite den Schwarzanteil.
144. Wenn sämtliche farbtongleichen Dreiecke in der Reihenfolge des Farbkreises so angeordnet werden, daß die Weißpunkte und die Schwarzpunkte zusammen sind, ergibt sich die Form eines Doppelkegels.

## Merksätze: »Das IBK-System«

145. Das IBK-System baut auf der Grundlage der additiven Farbmischung auf.
146. Es ist besonders gut geeignet zum Vergleich verschiedener Lichtarten.
147. Bezugsgrößen sind die außerhalb des eigentlichen Farbenkörpers gelegenen Geraden X, Y und Z, die sich im Schwarzpunkt schneiden.
148. Durch das außerhalb des Farbenkörpers liegende Bezugssystem ist ein mathematisch exaktes Rechnen mit allen sichtbaren spektralen Farberscheinungen möglich.
149. Spektralfarben, die außerhalb der geradlinigen Verbindung zwischen zwei Primärvalenzen liegen, können zwar im Farbton, nicht aber in Sättigung durch Mischung dieser beiden Primärvalenzen erzielt werden.

## Merksätze: »DIN 6164«

150. Die DIN-Farbenkarte DIN 6164 hat den Zweck, Körperfarben anschaulich zu kennzeichnen.
151. Im System DIN 6164 sind die Farben weitgehend empfindungsgemäß gleich abständig angeordnet.
152. Die 24 Beiblätter der DIN-Farbenkarte entsprechen den Farbtönen des 24teiligen Farbenkreises. Jedes Beiblatt zeigt die Abwandlungsmöglichkeiten des entsprechenden Farbtones.
153. Senkrecht untereinander stehen Farbnuancen gleicher »Sättigung«, waagerecht nebeneinander Farbnuancen gleicher Dunkelstufe.
154. Jede Farbnuance wird durch eine Kombination von drei Ziffern gekennzeichnet, zwischen denen Doppelpunkte stehen. Dabei bedeutet die erste Ziffer die Nummer des Farbtones auf dem 24teiligen Farbenkreis, die zweite Ziffer die Sättigungsstufe und die dritte Ziffer die Dunkelstufe.

155. Die DIN-Farbenkarte ist so ausgeführt, daß für jede Farbnuance ein Einsteckkärtchen vorhanden ist, welches man zum praktischen Gebrauch herausnehmen kann.

## Merksätze: »Das Rhomboeder als geometrischer Körper«

156. Das Rhomboeder ist ein regelmäßiger geometrischer Körper mit acht Ecken und sechs Außenflächen. Die Außenflächen werden von Rhomben gebildet, bei denen die kürzere Flächendiagonale die Länge einer Seitenkante hat.

157. Durch zwei Körperschnitte, die durch die kürzeren Flächendiagonalen geführt werden, entstehen drei neue symmetrische geometrische Körper: zwei Tetraeder und ein Oktaeder. Sämtliche Außenflächen dieser neuen Körper sind gleichseitige Dreiecke.

## Merksätze: »Anordnung der Farben im Rhomboeder«

158. Im Rhomboeder sind die Farben so angeordnet, daß Schwarz die untere und Weiß die obere Spitze bildet. Die Grundfarben befinden sich auf den Ecken der Schnittebenen, durch die der Körper in Oktaeder und Tetraeder zerteilt wird.

159. Die additiven Grundfarben befinden sich auf jener Ebene, die die Grauachse bei einem Drittel ihrer Gesamtausdehnung in einem Winkel von 90 % schneidet.

160. Die subtraktiven Grundfarben befinden sich auf derjenigen Ebene, die die Grauachse bei zwei Dritteln ihrer Gesamtausdehnung in einem Winkel von 90 % schneidet.

161. Bei theoretisch richtiger Anordnung vermischen sich die Farben auf der Oberfläche des Rhomboeder zu unbunt, sobald der Körper in eine genügend schnelle Drehung um die Grauachse versetzt wird.

162. Die sechs theoretisch richtigen optimalen Grundfarben bilden zusammen mit Weiß und Schwarz die Ausgangsbasis für das System.

163. Die Bezugsebenen für die subtraktive Farbmischung sind jene Außenflächen die sich im Weißpunkt schneiden.

164. Die Bezugsebenen für das additive System sind jene, die sich im Schwarzpunkt schneiden.

165. Um die unendlich vielen Farbenpunkte im Farbenraum besser beurteilen zu können, wird die optimale Sättigung einer Grundfarbe in neun gleiche »Farbanteile« zerlegt. Dadurch entsteht ein Stufenkeil, bei dem jede Stufe einen Farbanteil mehr als die vorhergehende hat. Zusammen mit der Stufe 0 sind also 10 Sättigungsstufen gegeben.

166. In diesem System werden die Grundfarben und ihre Farbanteile gleichgestellt.

167. Bei insgesamt 27 möglichen Farbanteilen ergeben sich 1000 Farbenpunkte, die nach einem festen System im Farbenraum angeordnet sind.

## Merksätze: »Sättigungsebenen des Rhomboeders«

168. Zu den Bezugsebenen parallel geführte Schnitte durch den Körper nennen wir Sättigungsebenen.

169. Alle Farbpunkte auf einer Sättigungsebene haben den gleichen Sättigungsgrad der entsprechenden Grundfarbe.

170. Die Entfernung einer Sättigungsebene von der Bezugsfläche Null gibt eindeutig den Farbanteil an, den jede Farbmischung auf dieser Ebene an der entsprechenden Grundfarbe hat.

171. Sättigungsebenen haben immer die gleiche Form wie die Außenflächen des Rhomboeders.

172. Jeder Punkt im Farbenraum ist gleichzeitig Schnittpunkt von drei entsprechenden Sättigungsebenen. Deshalb ist die Lage des Punktes im Raum durch die Angabe der Sättigungsebenen eindeutig definiert.

## Merksätze: »Farbtonebenen des Rhomboeders«

173. Durch senkrechte Körperschnitte entlang der Grauachse entstehen Farbtonebenen.

174. Farbtonebenen haben immer die Form von Parallelogrammen. Sie werden durch die Grauachse in farbtongleiche Dreiecke von Komplementärfarben aufgeteilt. Die Form der Parallelogramme ändert sich entsprechend der Schnittrichtung.

175. Jedes farbtongleiche Dreieck zeigt die Variationsmöglichkeiten einer bestimmten Vollfarbe (Optimalfarbe) zu Schwarz, zu den verschiedenen Graustufen und zu Weiß hin.

## Merksätze: »Farbanteilebenen«

176. Auf Schnitten, die in einem Winkel von 90 Grad durch die Grauachse durchgeführt werden, liegen Farbnuancen mit gleicher Summe von Farbanteilen.

177. Die Quersumme einer Hickethierschen Kennzahl gibt die in dieser Mischung insgesamt vorhandenen Farbanteile der subtraktiven Mischung an. Dabei ist die größtmögliche Quersumme 27, die kleinstmögliche 0.

178. Die Quersumme einer Farbnuance gibt die farbanteilsgleiche Ebene an, auf der diese Farbnuance liegt.

179. Die Quersumme einer Kennzahl gibt gleichzeitig (mit der bekannten Einschränkung) die Helligkeit einer Mischung an. Bei der additiven Mischung ist eine Farbe um so heller, je größer die Quersumme ist, bei der subtraktiven ist sie um so heller, je kleiner die Quersumme ist.

180. Ein durch Subtraktion zustande gekommener bestimmter Farbreiz wird logischerweise die gleiche Helligkeit besitzen wie der gleiche Farbreiz, wenn er durch Farbaddition hervorgebracht wurde. Insofern läßt sich der Farbreiz in ein prozentuales Verhältnis zum energiegleichen Spektrum bringen, unabhängig davon, ob subtraktive oder additive Mischung im Spiele war.

## Merksätze: »Die Unbuntebenen«

181. Unbuntebenen liegen auf Mänteln von sechsflächigen Prismen, deren gemeinsame Achse die Grauachse ist.

182. Die Unbuntfläche Null ist jene äußere Mantelfläche des Prismas, auf der lediglich noch die Verbindungslinien der sechs Grundfarben, nämlich Violettblau, Cyanblau, Grün, Gelb, Orangerot, Magentarot liegen.

183. Der Abstand eines Farbenpunktes von der Unbuntebene Null gibt den Grad seiner Unbuntheit an.

184. Jede Farbnuance ist zusammengesetzt aus einem Unbuntwert und einem Buntwert.
185. Den Buntfaktor ermittelt man, indem man den Buntwert einer Farbnuance auf die sechs bunten Grundfarben bezieht.

## Merksätze: »Einteilung der Farben in Gruppen«

186. Durch die Zerlegung des Rhomboeders in zwei Tetraeder und einen Oktaeder entstehen die drei Gruppen der verweißlichten Farben, der Vollfarben und der verschwärzlichten Farben.
187. Die verweißlichten Farben haben ihren Platz im Weiß-Tetraeder.
188. Die Vollfarben haben ihren Platz im Oktaeder.
189. Die verschwärzlichten Farben haben ihren Platz im Schwarz-Tetraeder.
190. Vollfarben haben, bezogen auf das energiegleiche Spektrum, einen Prozentwert, der zwischen 33,33 und 66,66 % liegt.
191. Vollfarben sind solche Farben, deren Quersumme zwischen 9 und 18 liegt.
192. Bei der subtraktiven Mischung sind Farben mit einer Quersumme von weniger als 9 verweißlicht und solche mit einer Quersumme von mehr als 18 verschwärzlicht. Bei der additiven Mischung ist es umgekehrt.
193. Die Farben, die sich auf den Außenflächen befinden, sind reine Farben. Sie entstehen durch Mischung von nur zwei subtraktiven beziehungsweise additiven Grundfarben.
194. Farben innerhalb des Farbenkörpers sind unreine Farben. An ihrer Mischung sind jeweils die entsprechenden drei Grundfarben beteiligt.
195. Demnach gibt es neun Gruppen von Farben:
1. Reine verweißlichte Farben
2. Unreine verweißlichte Farben
3. Unbunte verweißlichte Farben
4. Reine Vollfarben
5. Unreine Vollfarben
6. Unbunte Vollfarben
7. Reine verschwärzlichte Farben
8. Unreine verschwärzlichte Farben
9. Unbunte verschwärzlichte Farben

196. Den Farbreiz der gleichen Farbnuance kann man sowohl durch eine subtraktive als auch durch eine additive Kennzahl bezeichnen. Bei der subtraktiven Kennzahl wird ein S, bei der additiven Kennzahl ein A vor die Zahl gestellt. Subtraktive und additive Kennzahl zusammen ergeben immer 999.

## Merksätze: »Das Ordnungssystem des Rhomboeders«

197. Das Rhomboeder ist ein Farbenraum mit unendlich vielen Punkten. Jeder Punkt in diesem Raum repräsentiert eine Farbnuance.
198. Jeder Farbenpunkt in diesem Farbenraum ist der Schnittpunkt von sechs verschiedenen Ebenen, nämlich:
1. einer Sättigungsebene der Gelb-Violettblau-Richtung
2. einer Sättigungsebene der Magentarot-Grün-Richtung
3. einer Sättigungsebene der Cyanblau-Orangerot-Richtung
4. einer Farbtonebene
5. einer Farbanteilsebene (Helligkeitsebene)
6. einer Unbuntebene

199. Die Angabe von drei beliebigen Ebenen dieser sechs Arten genügt, um die Lage eines Punktes im Raum und damit sein Aussehen, seine Mischungsbestandteile und seine übrigen Eigenschaften eindeutig zu definieren. Dabei spielt es keine Rolle, ob sich diese Angaben auf das additive oder auf das subtraktive System beziehen.

## Merksätze: »Ein neues Mischgesetz: Die integrierte Mischung«

200. Die integrierten Grundfarben sind Weiß, Gelb, Magentarot, Cyanblau, Violettblau, Grün, Orangerot, Schwarz.
201. An einer integrierten Mischung können nur vier der acht integrierten Grundfarben beteiligt sein.
202. An einer integrierten Mischung können beteiligt sein:
Weiß ,
eine Zwei-Drittel-Farbe,
eine Ein-Drittel-Farbe,
Schwarz.
203. Das Ergebnis einer integrierten Mischung bezieht sich immer auf neun Farbanteile.
204. Die benötigten Farbanteile ermittelt man in gleicher Weise wie den Buntheitsfaktor einer Farbnuance.
205. Der Unbunt-Faktor gibt die Anzahl der Farbanteile Schwarz an.
206. Der Buntfaktor gibt die Anzahl der bunten Farbanteile an. Und zwar getrennt nach Ein-Drittel-Farben und Zwei-Drittel-Farben.
207. Ergeben Schwarz-Anteile und bunte Farbanteile zusammen weniger als neun, so muß die Differenz zu neun in Form von Weiß-Anteilen hinzugefügt werden.
208. Das Gesetz der integrierten Mischung gilt immer dann, wenn Körperfarben direkt miteinander vermischt (zusammengerührt oder zusammengegossen) werden.
209. Die integrierten Grundfarben müssen aufeinander abgestimmt sein in bezug auf ihre Farbkraft und ihr Spektralverhalten.
210. Die praktischen Ergebnisse können nur soweit theoretisch richtig sein, wie die Ausgangsfarben die theoretischen Bedingungen erfüllen.

## Merksätze: »Gesetze der Farbharmonie«

211. Farbharmonien lassen sich quantitativ und qualitativ definieren in bezug auf Übereinstimmung und Verschiedenheit der Elemente Sättigung, Farbton, Helligkeit und Unbuntgrad.
212. Mit Hilfe der Mengenlehre kann man Farbharmonien und -disharmonien beschreiben.
213. Farbharmonien sind geometrische Formen innerhalb des Farbenraumes. Sie können liegen auf einer oder auf mehreren der vier verschiedenen Arten von Ebenen, nämlich auf
Sättigungsebenen,
Farbtonebenen,
Helligkeitsebenen oder
Unbuntebenen
oder auf Mänteln von geometrischen Körpern innerhalb des Rhomboeders.

## Literaturverzeichnis und Quellenhinweise

Ziffern in [ ] beziehen sich auf Quellenverweise im Text. o. J. = ohne Jahresangabe


**[16]** Josef Albers
Interaction of color
Verlag Du Mont Schauberg, Köln, 1970

Bayer Farben Revue
Sonderheft 3 · Farbmessung
Farbenfabriken Bayer AG,
Leverkusen, 1964

Dipl.-Ing. Dr. J. Bergmann
Kleine Farbenlehre
Philips Technische Bibliothek,
Hamburg, 1965

Prof. Dr. E. Biesalski
Pflanzenfarbenatlas
Musterschmidt-Verlag, Göttingen, 1957

**[10]** Dr. P. J. Bouma
Farbe und Farbwahrnehmung
Philips Technische Bibliothek,
Hamburg, 1951

British Color Council
Dictionary of Colours for Interior
Decoration, 1949

Walter Bruch
Kleine Geschichte des Fernsehens
Haude & Spenersche Verlagsbuchhandlung, Berlin 1967

**[9]** Color harmony manual
Container Corporation of America,
Chicago, 1958

Concentra GmbH – Gebr. Hartmann
Die Lichtechtheit grafischer Druckfarben
Hartmann-Farbenbücherei Heft 2,
1964 und 1969

Daniel-Grüter
Demonstrationsversuche aus der Optik
Musterschmidt-Verlag, Göttingen, 1948

Dr.-Ing. Wolfgang Dillenburger
Einführung in die Fernsehtechnik
Band 1
Fachverlag Schiele + Schön GmbH,
Berlin, 1964

**[12]** DIN-Farbenkarte DIN 6164
Beuth-Vertrieb GmbH, Berlin, 1962

Die Farbe
Zeitschrift für alle Zweige der
Farbenlehre
Musterschmidt-Verlag, Göttingen
Jahrgänge 1965 bis 1971

Die kleine Farbmeßtafel nach Ostwald –
Ausgabe A, o. J.
Frankh'sche Verlagshandlung, Stuttgart

Collier Photoengraving C.O., I.N.C.
The Four Color Process Guide, 1960
Graphic Publishing C.O., I.N.C.,
New York

Dr. Heinrich Frieling
Physiologische Raumgestaltung
Musterschmidt-Verlag, Göttingen, 1954

Dr. Heinrich Frieling
Der Farbenspiegel
Musterschmidt-Verlag, Göttingen, 1955

Dr. Heinrich Frieling
Praktische Farbenlehre
Verlag Albrecht Philler, Minden, 1956

Dr. Heinrich Frieling
Psychologische Raumgestaltung und
Farbdynamik
Musterschmidt-Verlag, Göttingen, 1954

Dr. Heinrich Frieling
Gesetz der Farbe
Musterschmidt-Verlag, Göttingen, 1968

Dr. Walter Gährisch
Farbe in Entwurf und Druck
Druckfarbenfabrik Hostmann-Steinberg,
Celle, o. J.

Hans Gaensslen
Das große Drei-Farben-Mischbuch
Otto Maier Verlag, Ravensburg, 1959

Hans Gaensslen
Das ABC von K+E
Berliner Union Stuttgart, 1954

Joh. Wolfg. von Goethe
Die Schriften zur Naturwissenschaft
Vierter Band zur Farbenlehre
Hermann Böhlau Nachf., Weimar, 1955

Heinz Gräf
Wunder des Lichts
Verlag Herder, Freiburg, 1953

Yves le Grand
Optique Physiologique
Revue D'Optique, Paris, Tome I 1964,
Tome III 1956

Yves le Grand
Les yeux et la vision
Verlag Dunod, Paris, 1959

Walter Haas
Farbfernsehen
Econ-Verlag, Düsseldorf, 1967

Eckart Heimendahl
Licht und Farbe
Walter de Gruyter & Co, Berlin, 1961

Hesselgrens Farbenatlas
Kurze Farbenlehre
T. Palmer A.B., Stockholm, 1967

Hesselgrens Färgblock
Color Center, Bromma, 1967

**[15]** Alfred Hickethier
Farbenordnung Hickethier
Verlag H. Osterwald, Hannover, 1952

Alfred Hickethier
Einmaleins der Farbe
Otto Maier Verlag, Ravensburg, 1963

Hostmann-Steinberg Druckfarben, Celle
H.S.-Farbenmischbuch 1962

Hostmann-Steinberg Druckfarben,
Celle, o. J.
Repro-Farbprüftafeln

Hostmann-Steinberg Druckfarben,
Celle, o. J.
Bunte Rotationsfarbe für den
Zeitungsdruck

Dipl.-Ing. W. A. Holm
Farbfernsehtechnik ohne Mathematik
Philips Technische Bibliothek,
Hamburg, 1968

Donald J. Hughes
»Das Neutron«
Kurt Desch Verlag, München 1959

Otto Hummel
Farbenmischlehre
Polygraph Verlag GmbH, Frankfurt 1957

Internationale Farbtagung
Düsseldorf 1961
Tagungsbericht
Musterschmidt-Verlag, Göttingen, 1964

**[3]** Johannes Itten
Kunst der Farbe
Otto Maier Verlag, Ravensburg, 1962

Friedrich Katscher
Das ist Physik
Büchergilde Gutenberg, Frankfurt, 1969

[6] Gerhard Klappauf
Einführung in die Farbenlehre
Teubner-Verlag, Leipzig, 1949

A. Kornerup – J. H. Wanscher
Taschenlexikon der Farben
Musterschmidt-Verlag, Göttingen, 1961

Kramer-Matschos
Farben in Kultur und Leben
Ernst Battenberg Verlag, Stuttgart, 1963

J. Kurz – W. Lebensaft
Farbmessung
Sonderdruck aus Zeitschrift für die
gesamte Textilindustrie

Verlag Heinrich Lapp,
Mönchengladbach, 1967

Lichtbilder zur Farbmetik
Bundesanstalt für Materialprüfung
(BAM), Berlin, 1965

[7] Licht und Sehen
in der Reihe »Wunder der Wissenschaft«
Time-Life International, N.V.,
Amsterdam, 1967

[2] Max Lüscher
Lüscher-Test
Testverlag, Basel, 1963

[1] Artur Lutz
Geschmack ist erlernbar
Verlag für Fachschrifttum,
München, 1956

[17] Harald Mante
Farb-Design
Otto Maier Verlag, Ravensburg, 1970

Marks
Farbe im und am Bau
Musterschmidt-Verlag, Göttingen, o. J.

Dr. Ing. Norbert Mayer
Technik des Farbfernsehens
Verlag für Radio-Kinotechnik,
Berlin, 1967/68

Dr. Aemilius Müller
Der ideale Farbenwürfel 125
Chromos-Verlag, Winterthur, 1952

Dr. Aemilius Müller
Elementare Farbenlehre
Chromos-Verlag, Winterthur, 1963

Dr. Aemilius Müller
3 Farbenwürfel 1000
Chromos-Verlag, Winterthur, 1951

Dr. Aemilius Müller
Die moderne Farbenharmonielehre
Chromos-Verlag, Winterthur, 1959

Dr. Aemilius Müller
Schweizer Standard-Farbenkarte
Chromos-Verlag, Winterthur, 1959

Dr. Aemilius Müller
Der mobile Farbenkörper 743
Chromos-Verlag, Winterthur, 1966

[13] Dr. Aemilius Müller
Praktische Farbenlehre
Chromos-Verlag, Winterthur, 1961

Dr. Aemilius Müller
Dekorative Farbkarte
1. Folge u. 2. Folge
Chromos-Verlag, Winterthur, o. J.

Dr. Aemilius Müller
Farbgeschmackprüfer
Chromos-Verlag, Winterthur, 1954

Dr. Aemilius Müller
Schweizer Studienfarbstoffe
Stufa Mischungstabellen
Chromos-Verlag, Winterthur, o. J.

Müllers Schweizer Schulfarbenatlas
Chromos-Verlag, Winterthur, 1955

Müllers Schweizer photometrische
Spektraltafel
Chromos-Verlag, Winterthur, 1947

Munsell
Book of Color
Munsell Color Corp. Baltimore Md/USA,
1929

Musterschmidt-Verlag, Göttingen
Farbton Harmonie (Farbenkreis)
nach Ostwald

Musterschmidt KG, Frankfurt
R.A.L.-Farben und ihre Verwendung,
1964

Dr. Antal Nemcsics
Das Zahlenpräferenz – Indexzahlen-
system
BME-Verlag, Budapest, 1966

Wilhelm Ostwald
Mathematische Farbenlehre Bd. 1
Unesma GmbH., Leipzig, 1921

[8] Wilhelm Ostwald
Physikalische Farbenlehre Bd. 2
Unesma GmbH., Leipzig, 1919

[8] Wilhelm Ostwald
Die Farbenfibel
Unesma GmbH., Leipzig, 1921

Henry Piéron
La sensation
presses universitaires de France, 1967

Piller-Druck Wien und Druckfarben-
fabrik Gebr. Schmidt, Frankfurt
G. S. Skala 1 nach DIN 16 509, o. J.

R. W. Pohl
Einführung in die Physik III. Band
Springer-Verlag, Berlin, 1943

Polaroid-Demonstrationfolien für
Schauversuche
Erwin Käsemann
Optische Werkstätten, Oberaudorf/Inn

RAL
Ausschuß für Lieferbedingungen und
Gütesicherung beim deutschen
Normenausschuß

Farbtafel RAL-F 1, 1964
Reflexfarben RAL- F 7

Callwey-Raum-Farbwähler
Verlag Georg D. W. Callwey, München

Paul Renner
Ordnung und Harmonie der Farben
Otto Maier Verlag, Ravensburg, 1947

Manfred Richter
Internationale Bibliografie der Farben-
lehre Band 1 1952
Band 2 1963
Musterschmidt-Verlag, Göttingen

Manfred Richter
Seminar Farbmetrik
BAM Berlin, April 1969,
Arbeitsunterlagen

[14] Philipp Otto Runge
Die Farbenkugel
Verlag Freies Geistesleben, 1959

Schmidiger/Grüttner
Color index
Rationelle Organisation Zürich, 1967

Werner Schultze
Farbenlehre und Farbenmessung
Springer Verlag, Heidelberg, 1966

G. Seufert
Farbnamenlexikon von A–Z
Musterschmidt-Verlag, Göttingen, 1955

[5] Stilling-Hertelsche Tafeln
Tafeln zur Prüfung des Farbensinnes
Georg Thieme Verlag, Stuttgart, 1952

Gerhard Streller, Grete Ostwald
Die kleine Farbenmeßtafel
nach Wilhelm Ostwald
Musterschmidt-Verlag, Göttingen, 1939

Marcus Tuner
Farbfernsehpraktikum
F. W. Rubens – Unna, 1967

Marcus Tuner
Farbe auf dem Bildschirm
F. W. Rubens – Unna, 1966

Dr. M. Waldmeier
Sonne und Erde
Büchergilde Gutenberg,
Frankfurt, 1945

J. H. Wanscher
Farbbestimmung von Blumen –
leichtgemacht
Musterschmidt-Verlag, Göttingen,
1953 und 1963

[4] Hans Werthmüller
Der Weltprozeß und die Farben
Ernst Klett Verlag, Stuttgart, 1950

Wilhelm Westphal
Kleines Lehrbuch der Physik
Springer-Verlag, Heidelberg, 1948

Kurt Wick – Rainer Wick
Form und Farbe
Ferd. Dümmlers-Verlag, Bonn, 1968

Robert F. Wilson
Farbe, Licht und Arbeit
Musterschmidt-Verlag, Göttingen, 1959

Robert F. Wilson
The practical Wilson color system
Musterschmidt-Verlag, Göttingen, o. J.
Nr. 204 signiert

[11] Günter Wyszecki
Farbsysteme
Musterschmidt-Verlag, Göttingen, 1960

Carl Zeiss
Grundlagen der Farbmessung, o. J.
Oberkochen/Württ.

## Abbildungsnachweis

| Bild Nr. | Quelle |
|---|---|
| 8 A+B | Foto-Studio Gerhard Thiel, Frankfurt, Gr. Bockenheimer Straße 45 |
| 10 A+B | Bundesanstalt für Materialprüfung, Berlin |
| 11 A+B | Bundesanstalt für Materialprüfung, Berlin |
| 12 B, C, D+E | Bundesanstalt für Materialprüfung, Berlin |
| 13–15 | Georg Thieme Verlag, Stuttgart, »Tafeln zur Prüfung des Farbsinnes«, 21. Auflage, Abb. 11, 19 und 21 |
| 19 A | dpa |
| B | Aus M. Forgaon: Arch. orthop. Unfall-Chir. 61, 66–84 (1967), J. F. Bergmann-Verlag, München |
| D, E, F+G | AEG-TELEFUNKEN, Frankfurt/Main |
| 26 | Foto-Studio Gerhard Thiel, Frankfurt, Gr. Bockenheimer Straße 45 |
| 63 | Color harmony manual, Container Corporation of America, Chicago, 1958 |
| 66 | DIN-Farbenkarte DIN 6164, Beuth-Vertrieb GmbH, Berlin, 1962 |
| 67 A, B, C, D, E, F, G | Oberregierungsrat Dr.-Ing. H. Terstiege, BAM, Berlin |